J. Štěpina

Die Einphasen-asynchronmotoren

Aufbau, Theorie und Berechnung

Springer-Verlag Wien New York

o. Prof. Dr.-Ing. Jaroslav Štěpina, Dr. Sc.
Lehrstuhl für Elektrische Maschinen
Universität Kaiserslautern, Bundesrepublik Deutschland

Softcover reprint of the hardcover 1st edition 1982

Mit 158 Abbildungen

CIP-Kurztitelaufnahme der Deutschen Bibliothek

Štěpina, Jaroslav:

Die Einphasenasynchronmotoren: Aufbau, Theorie und Berechnung/Jaroslav Štěpina. – Wien, New York: Springer, 1982.
ISBN-13:978-3-7091-8660-2

ISBN-13:978-3-7091-8660-2   e-ISBN-13:978-3-7091-8659-6
DOI: 10.1007/978-3-7091-8659-6

Vorwort

Die Einphasenasynchronmotoren werden in der technischen Literatur nur am Rande behandelt, weil ihre Leistung relativ klein und ihre Theorie und Berechnung komplizierter als die der Drehstrommotoren ist. Sie haben jedoch in den letzten Jahrzehnten eine derartig große Verbreitung gefunden, daß sie ein selbständiges, den modernen Berechnungsmöglichkeiten entsprechendes Werk ohne Zweifel verdienen.

Die vorliegende Monographie soll einerseits ein Lehrbuch für den Studenten, andererseits ein Nachschlagewerk für den im Beruf stehenden Ingenieur sein. Diese doppelte Zielsetzung führt zwangsweise zu einem Kompromiß, wenn der Umfang des Buches in erträglichen Grenzen bleiben soll. Man kann nämlich nicht dem durchaus berechtigten Interesse des Praktikers an den direkt anwendbaren Ergebnissen bis in alle Einzelheiten entgegenkommen und dabei gleichzeitig alle notwendigen Grundlagen ausführlich herleiten. Nur die Theorie der unsymmetrischen Schaltungen von Einphasenasynchronmotoren in Kapitel 3 bis 4 kann nach der Meinung des Autors beide Lesergruppen in gleichem Maße befriedigen, wie auch die kurze Übersicht der angewandten physikalisch-mathematischen Mittel in Kapitel 1 und die Zusammenfassung der Theorie von Drehstrommotoren in Abschnitt 3.2 sowohl dem Studenten als auch dem ausgesprochenen Praktiker die weitere Lektüre erheblich erleichtern. Dagegen ist das Kapitel 6 überwiegend anwendungsorientiert, weil es unmöglich ist, die zahlreichen, in der Berechnung der elektrischen Maschinen üblichen Formeln systematisch herzuleiten. Deshalb wird dem Leser hier Gelegenheit gegeben, sich anhand der zitierten Literatur die nötigen Kenntnisse anzueignen, sofern er sie nicht schon von vornherein mitbringt. Für einen mehr theoretisch orientierten Leser kann dagegen der Anhang (Kapitel 8) besonders interessant sein. Hier findet er Herleitungen, welche für den laufenden Text zu umfangreich wären und in der einschlägigen Literatur nicht üblich sind.

Dem Verfasser ist es eine angenehme Pflicht, all jenen zu danken, die an dem Zustandekommen seines Buches mitgewirkt haben. Es sei zunächst dem Würzburger Elektromotorenwerk der Siemens AG gedankt, dessen Leitung zahlreiche Lichtbilder und Unterlagen bereitwillig zur Verfügung gestellt und dessen Mitarbeiter Herr Dipl.-Ing. K. Renkl und Herr Dipl.-Ing. (FH) N. Gold die Abschnitte 2.1 bis 2.3 über die Fertigungstechnik mit Sorgfalt gelesen und wertvolle Verbesserungsvorschläge gegeben haben. Eine besonders wirksame Hilfe bei der Vorbereitung des Manuskriptes haben die Mitarbeiter des Lehrstuhls für Elektrische Maschinen an der Universität Kaiserslautern geleistet. Der Autor dankt Herrn Dipl.-Ing. P. Geisler für das mehrfache Durchlesen und die Korrekturen des gesamten Textes, Herrn K. Touš für die äußerst genaue Ausführung der

Reinzeichnungen und Frau L. Eberle für die Sorgfalt bei den umfangreichen Schreibarbeiten.

Dem Springer-Verlag Wien gebührt großer Dank für das Entgegenkommen und die sehr gute Zusammenarbeit bei der Vorbereitung des Buches.

Kaiserslautern, Juni 1982   J. Štěpina

Inhaltsverzeichnis

1 Allgemeine Grundlagen

1.1 Zählpfeile und physikalische Grundgesetze

Die Theorie der elektrischen Maschinen beruht auf der Analyse der elektromagnetischen Vorgänge, die sich in ihren magnetischen und elektrischen Kreisen abspielen. Als Kreise oder Netzwerke versteht man geschlossene Wege im System, welche sich durch ihre wesentlich größere elektrische oder magnetische Leitfähigkeit von der Umgebung unterscheiden. Dadurch wird die Entstehung von elektrischen Strömen oder Flüssen auf diesen Wegen so begünstigt, daß man die Richtung der physikalischen Vektoren der Strom- oder Flußdichte parallel zu der Leiterachse annehmen kann. Der Vektorcharakter dieser Größen reduziert sich dadurch auf zwei mögliche, entgegengesetzte Richtungen, von welchen eine positiv definiert und als Zählpfeil des elektrischen Stromes oder magnetischen Flusses in das Netzwerk eingetragen wird. Wenn der Strom oder Fluß in der Richtung des Zählpfeiles fließt, wird er mit einer positiven Zahl beschrieben; wenn er gegen den Zählpfeil gerichtet ist, hat er einen negativen Augenblickswert.

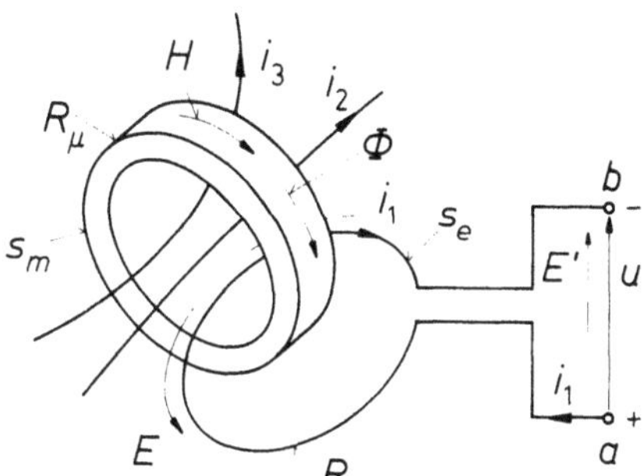

Abb. 1. Empfohlene Zuordnung der Zählpfeile von elektrischen und magnetischen Größen

In Abb. 1 ist ein magnetischer Kreis s_m dargestellt, der mit dem elektrischen Kreis s_e und anderen Stromkreisen verkettet ist. Für die Beschreibung der elektromagnetischen Verhältnisse in diesem System wurden neben den bisher erwähnten Zählpfeilen für den Fluß Φ und die Ströme i_1, i_2, i_3 auch positive Richtungen der magnetischen Feldstärke H, der elektrischen Feldstärken E, E' und der Zählpfeil für die Klemmenspannung u eingezeichnet. Die Zählpfeile sind maßgebend für die Vorzeichen der beteiligten Größen in der mathematischen Beschreibung des Systems anhand der Maxwellschen Gleichungen, welche in dem vorliegenden Fall nur in ihrer vereinfachten Form als das sogenannte Durchflutungsgesetz und das

Induktionsgesetz zur Geltung kommen. Bezeichnet man den magnetischen Widerstand des Kreises s_m mit R_μ, so gilt nach dem Durchflutungsgesetz

$$\Phi = \frac{i_1 + i_2 + i_3}{R_\mu}. \tag{1}$$

Weil der Zählpfeil der Feldstärke H den Zählpfeilen der Ströme nach der Rechtsschraubenregel zugeordnet ist, entspricht den positiven Strömen in Gl. (1) auch ein positiver Fluß.

Eine zeitliche Änderung des Flusses Φ in Abb. 1 induziert elektrische Felder in den dargestellten Stromkreisen. Wenn der Fluß Φ zunimmt ($d\Phi/dt > 0$), wird in dem Kreis s_e die Feldstärke E induziert, welche bestrebt ist, in dem Leiter einen negativen Strom i_1 hervorzurufen und dadurch der Ursache ihres Entstehens (Zunahme von Φ) entgegenzuwirken. Dementsprechend werden die Ladungen in dem Leiter so verdrängt, daß zwischen den Klemmen a und b, welche sich praktisch außerhalb der Reichweite der induzierten Feldstärke E befinden, die Feldstärke E' erscheint und der positiven Spannung u zwischen den Klemmen entspricht. Wenn man dazu noch den ohmschen Spannungsabfall am Wirkwiderstand des Kreises R berücksichtigt, erhält man die Klemmenspannung in der Form

$$u = Ri_1 + \frac{d\Phi}{dt}, \tag{2}$$

so daß nur positive Vorzeichen vorkommen. Man kann daher die Orientierung der Zählpfeile nach Abb. 1 empfehlen.

Die gegenseitige Zuordnung der Zählpfeile von Spannung u und Strom i_1 in Abb. 1 entspricht bei positiven Werten dieser Größen dem Fluß der elektrischen Energie in das dargestellte System (siehe auch Gl. (2)) und wird als Verbraucher-Pfeil-System bezeichnet (siehe auch Abschnitt 1.2).

1.2 Wechselströme, Wechselspannungen und ihre Darstellung in Zeigerform

Die zeitlich sinusförmige Änderung einer physikalischen Größe bezeichnet man als Schwingung. Die sinusförmig veränderlichen Wechselströme und Wechselspannungen sind daher Schwingungen, welche man mathematisch durch Exponentialfunktionen ausdrücken und dadurch eine Grundlage für die allgemein bekannte Zeigerdarstellung gewinnen kann. Z. B. kann man für den Augenblickswert einer sinusförmig veränderlichen Wechselspannung schreiben

$$u(t) = \hat{u}\cos(\omega t + \varphi_u) = \frac{\hat{u}}{2}\{\exp[j(\omega t + \varphi_u)] + \exp[-j(\omega t + \varphi_u)]\}$$

$$= \mathrm{Re}\{\hat{u}\exp[j(\omega t + \varphi_u)]\}$$

$$= \mathrm{Re}[U\sqrt{2}\exp(j\varphi_u)\exp(j\omega t)] = \mathrm{Re}[\underline{U}\sqrt{2}\exp(j\omega t)], \tag{3}$$

wobei $\hat{u}$ den Scheitelwert und U den Effektivwert der betrachteten sinusförmigen Spannung bedeutet. Die neu eingeführte komplexe Größe

$$\underline{U} = U\exp(j\varphi_u) \tag{4}$$

bezeichnen wir als Zeiger der sinusförmigen Wechselspannung. Diese Größe ist unabhängig von der Zeit und stellt in Verbindung mit Gl. (3) die Wechselspannung $u(t)$ eindeutig dar.

Eine analoge Schreibweise kann man auch für Wechselströme einführen

$$i(t) = \hat{i}\cos(\omega t + \varphi_i) = \mathrm{Re}[\underline{I}\sqrt{2}\exp(j\omega t)], \tag{5}$$

wobei

$$\underline{I} = I\exp(j\varphi_i) \tag{6}$$

der Zeiger des sinusförmig verlaufenden Stromes $i(t)$ ist.

Die eben eingeführte komplexe Schreibweise der sinusförmigen Wechselgrößen hat für die Theorie der Netzwerke und der elektrischen Maschinen mit Wechselströmen eine außerordentlich große Bedeutung. Die Operationen mit Exponentialfunktionen sind übersichtlicher als mit Kosinusfunktionen, und die Einführung von Zeigern ermöglicht eine anschauliche Darstellung der Wechselgrößen in der komplexen Zahlenebene. Die Gl. (3) kann jetzt in der Form

$$u(t) = \mathrm{Re}\{\underline{U}\sqrt{2}[\exp(-j\omega t)]^*\} \tag{7}$$

geschrieben werden (der Stern bezeichnet den konjugiert-komplexen Wert), welche die Projektion des Zeigers $\underline{U}$ auf eine rotierende Zeitachse

$$\dot{z}(t) = \exp(-j\omega t) \tag{8}$$

als skalares Produkt beschreibt (Abb. 2). In den meisten Fällen kümmert man sich wenig um die Augenblickswerte und arbeitet nur mit Zeigern allein.

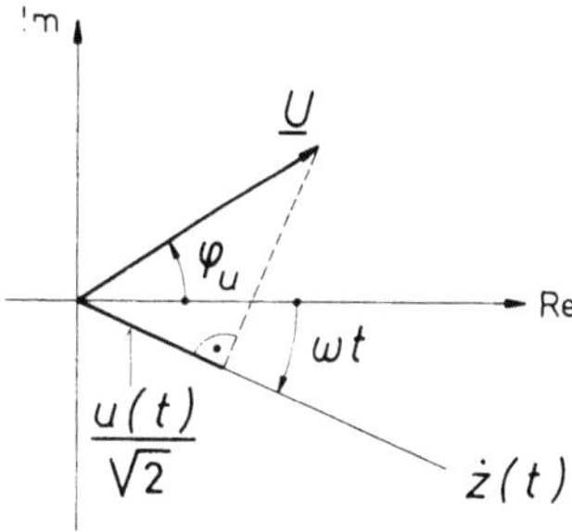

Abb. 2. Zeigerdarstellung von Wechselspannungen; Augenblickswert

Die Zählpfeile, welche in Abb. 1 für Augenblickswerte eingeführt wurden, können ohne Änderung ihrer Bedeutung bei der Aufstellung von Gleichungen mit komplexen Zeigern verwendet werden. Sie geben die Richtung der dargestellten Größe in ihrer Halbperiode mit positiven Augenblickswerten an. Es ist jedoch üblich, die Zählpfeile direkt mit Buchstabensymbolen der komplexen Zeiger zu bezeichnen (Abb. 3).

In dem Pfeilsystem nach Abb. 3 gilt für den Wirkwiderstand

$$\underline{U}_R = R\underline{I}_R, \tag{9}$$

Induktivität

$$\underline{U}_L = j\omega L \underline{I}_L, \tag{10}$$

und Kapazität

$$\underline{U}_C = \frac{1}{j\omega C}\,\underline{I}_C. \tag{11}$$

In der komplexen Form kann auch die Leistung des Wechselstromes ausgedrückt werden. Es gilt

$$p(t) = u(t)i(t) = \mathrm{Re}[\underline{U}\sqrt{2}\exp(j\omega t)] \cdot \mathrm{Re}[\underline{I}\sqrt{2}\exp(j\omega t)]$$
$$= \mathrm{Re}[\underline{U}\underline{I}^* + \underline{U}\underline{I}\exp(j2\omega t)], \tag{12}$$

wobei

$$P = \mathrm{Re}[\underline{U}\underline{I}^*] = \mathrm{Re}[\underline{U}^*\underline{I}] = UI\cos(\varphi_u - \varphi_i) \tag{13}$$

die mittlere Leistung bedeutet, welche im Verbraucher-Pfeilsystem nach Abb. 3 in das dargestellte Element Q fließt.

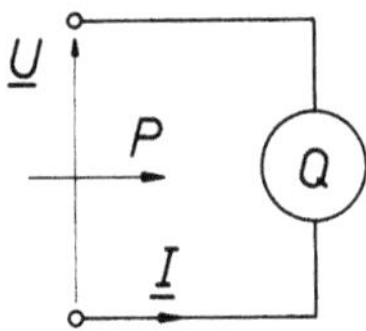

Abb. 3. Verbraucher-Pfeilsystem mit komplexen Größen

Man kann auch sehr einfach beweisen, daß die Kirchhoffschen Sätze auf die komplexen Zeiger übertragen werden können. Für einen Knotenpunkt eines Netzwerkes mit n Wechselströmen gilt für jede Zeit t

$$\sum_{k=1}^{n} i_k(t) = \sum_{k=1}^{n} \mathrm{Re}[\underline{I}_k\sqrt{2}\exp(j\omega t)] = \mathrm{Re}\left[\sqrt{2}\left(\sum_{k=1}^{n}\underline{I}_k\right)\exp(j\omega t)\right] = 0. \tag{14}$$

Daraus folgt

$$\sum_{k=1}^{n} \underline{I}_k = 0. \tag{15}$$

Für den 2. Kirchhoffschen Satz ist der Beweis analog.

1.3 Räumliche Wellen und ihre Darstellung

Die große Bedeutung der Sinuskurve in der Elektrotechnik beschränkt sich nicht auf den zeitlichen Verlauf der Spannungen und Ströme, welche in die Begriffsklasse der physikalischen Schwingungen gehören. In der Analyse der elektromagnetischen Vorgänge in elektrischen Maschinen spricht man oft von sinusförmigen Raumwellen, welche sinusförmig verlaufende räumliche Verteilungen der beteiligten physikalischen Größen bedeuten [35, 37, 39, 7].

Wie in Kap. 2 näher beschrieben ist, besteht der elektromagnetisch aktive Teil der Asynchronmaschine aus einem Läufer R (Rotor), der sich in der Bohrung eines zylindrischen Ständers S (Stator) drehen kann (Abb. 4). Zwischen den beiden Teilen besteht ein kleiner Luftspalt δ. Am Umfang des Ständers und Läufers befinden sich axial verlaufende Nuten, in welchen die stromführenden Leiter der Wicklungen untergebracht sind. Diese Leiter mit ihren Strömen bilden den sogenannten Strombelag des Ständers (A_S) oder Läufers (A_R), der als Funktion der Polarkoordinate die Verteilung der Stromleiter am Umfang beschreibt. Sein Wert für eine Stelle des Umfangs gibt die Stromdichte pro Umfangs- [A/m] oder Winkeleinheit [A/rad] an dieser Stelle an. Wenn diese Umfangs-Stromdichte A, die man Strombelag nennt, als Funktion der Polarkoordinate sinusförmig verläuft, spricht man von einer „Strombelagswelle" (Abb. 5 für Ständer). Als Ordnung v' einer solchen Raumwelle betrachtet man die Anzahl der Perioden am Bohrungsumfang (Abb. 5).

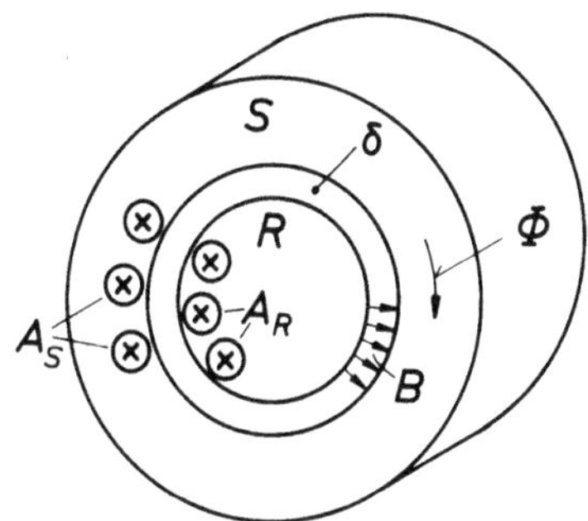

Abb. 4. Zählpfeile für Strombelag, Luftspaltfeld und Fluß

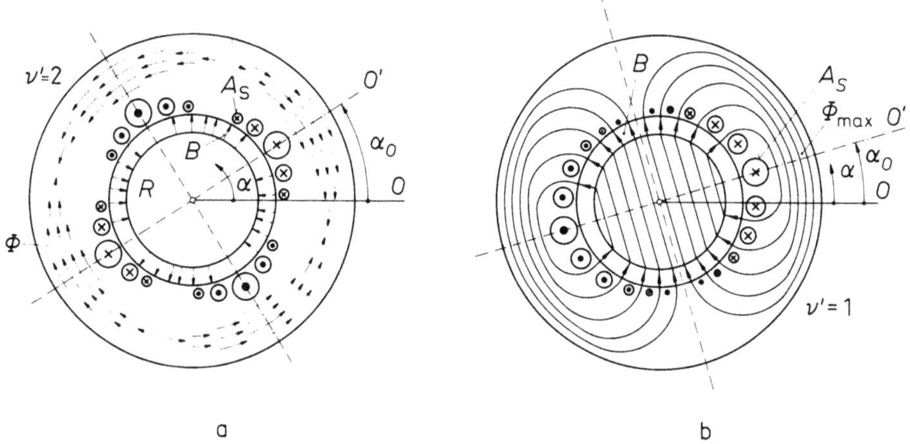

ab

Abb. 5. Strombelagswellen des Ständers und ihr magnetisches Feld; a) $v' = 2$; b) $v' = 1$

Die Strombeläge des Ständers und Läufers haben magnetische Felder in der Maschine zur Folge, von welchen vor allem die radiale Komponente B (Abb. 4) der magnetischen Induktion im Luftspalt wichtig ist. Wenn der Betrag dieser ausschließlich radial gerichteten Induktion B als Funktion der Polarkoordinate am Umfang sinusförmig verteilt ist, spricht man von einer „Induktionswelle". In Abb. 5a ist eine Induktionswelle der Ordnung $v' = 2$ dargestellt, welche von einer Ständerstrombelagswelle derselben Ordnung hervorgerufen wird.

Die räumliche Verteilung der radialen Luftspaltinduktion B, die am Bohrungsumfang positive und negative Werte hat, bedeutet auch, daß im Joch des Ständers (Läufers) ein magnetischer Fluß Φ in der Tangentialrichtung fließen muß (Abb. 4). Wenn der Wert dieses Flusses als Funktion der Polarkoordinate α sinusförmig verteilt ist, spricht man von einer „Flußwelle". Der sinusförmige Verlauf des Jochflusses ist in Abb. 5a durch die Anzahl der parallel gezeichneten Pfeile angedeutet. In Abb. 5b sind die Raumwellen A_S, B, Φ der Ordnung $v' = 1$ veranschaulicht, wobei die Induktionslinien in ihrem ganzen geschlossenen Verlauf dargestellt sind (siehe Abschnitt 8.4.1).

Die räumlichen Richtungen der Größen A_S, B, Φ in Abb. 5 sind ganz unterschiedlich. Sie haben jedoch die gemeinsame Eigenschaft, daß ihre Werte sinusförmig von der Lage am Umfang (Polarkoordinate α) abhängen. Es ist daher auch möglich, jede von ihnen rein schematisch nach Abb. 6a oder 6b darzustellen, wobei nur die sinusförmige Verteilung ohne Rücksicht auf die physikalische Natur der Größe selbst beschrieben wird.

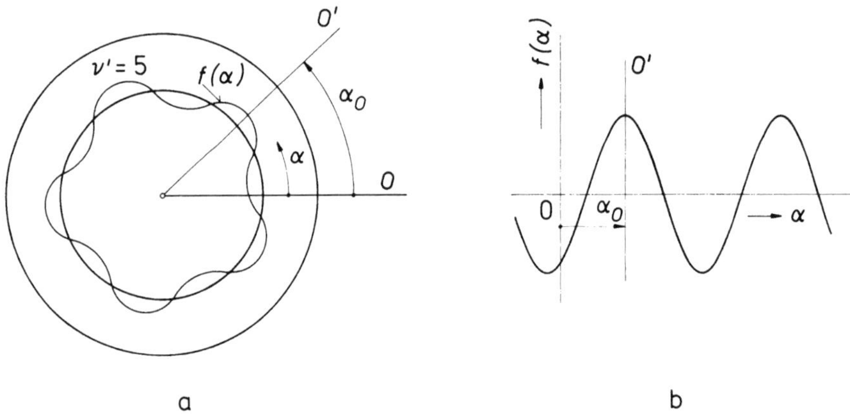

Abb. 6. Darstellungsmöglichkeiten einer räumlichen Welle in der elektrischen Maschine

Ebenso wie die zeitlichen Schwingungen in Abschnitt 1.2 kann man auch die räumlich sinusförmigen Verteilungen vorteilhaft als komplexe Größen schreiben und darstellen. Für die sinusförmige Welle in Abb. 6 gilt

$$f(\alpha) = F_v \cos[v'(\alpha - \alpha_O)] = \tfrac{1}{2}F_v\{\exp[jv'(\alpha - \alpha_O)] + \exp[-jv'(\alpha - \alpha_O)]\}$$
$$= \mathrm{Re}\{F_v \exp[jv'(\alpha - \alpha_O)]\}$$
$$= \mathrm{Re}\{F_v \exp[-jv'(\alpha - \alpha_O)]\} = \mathrm{Re}\{F_v \exp(jv'\alpha_O)\exp(-jv'\alpha)\}$$
$$= \mathrm{Re}[\underline{F}_v \underline{i}_v^*(\alpha)], \tag{16}$$

wobei

$$\underline{F}_{\nu'} = F_{\nu'} \exp(j\nu'\alpha_O) \tag{17}$$

als Raumzeiger der darzustellenden Welle bezeichnet wird und

$$\dot{r}_{\nu'}(\alpha) = \exp(j\nu'\alpha) \tag{18}$$

der Ortsstrahl ist, der bei der Darstellung von Raumwellen eine analoge Rolle zur Zeitachse bei der Zeigerdarstellung der zeitlichen Schwingungen spielt und die Bestimmung eines beliebigen Ortswertes der Raumwelle ermöglicht (Abb. 7a).

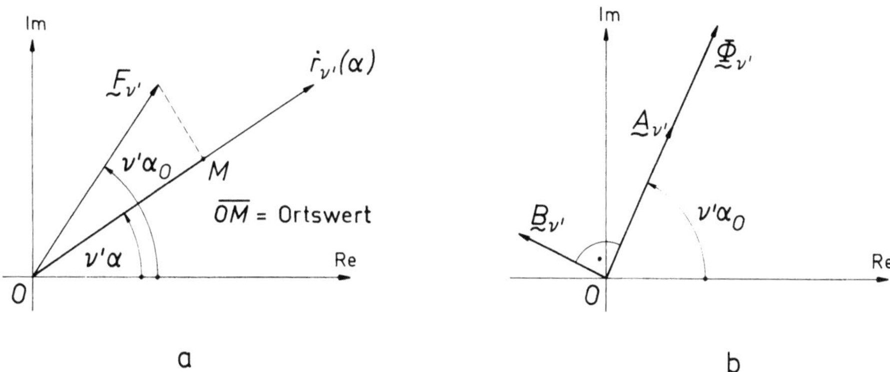

Abb. 7. Zeigerdarstellung von Raumwellen; a) Bestimmung des Ortswertes; b) Raumzeiger für Strombelag, Induktion und Fluß

Die Analogie der Darstellungen von Schwingungen und Raumwellen ist vollständig, wie aus Gln. (3), (4), (8) und (16), (17), (18) ersichtlich ist. Ein kleiner Unterschied besteht nur in den Vorzeichen der Winkelgrößen, welche in beiden Fällen so gewählt werden, damit eine möglichst anschauliche Darstellung entsteht, welche auch gewissen eingelebten Gewohnheiten bei der Zeigerdarstellung von Wechselströmen entspricht (Zeitachse dreht sich im negativen Sinne usw.).

Gleich an dieser Stelle muß auf einen wichtigen Unterschied zwischen den Zeigern von Schwingungen und Raumzeigern hingewiesen werden. Die Zeiger von Wechselströmen stellen zwar sinusförmige Zeitfunktionen dar, aber sie selbst sind komplexe Konstanten – sie ändern sich nicht. Die Raumzeiger, welche Raumwellen beschreiben, sind jedoch normalerweise veränderlich, weil sich die Strombeläge in der Maschine auch zeitlich ändern. Ein solcher zeitlich veränderlicher Raumzeiger beschreibt daher eine Raumwelle, die ihre Sinusform beibehält, ihre Amplitude und ihre räumliche Lage aber ändert. Diese zeitliche Änderung einer bestimmten Raumwelle kann man anhand der Raumzeiger sehr anschaulich verfolgen. In Abb. 5a sind die Raumwellen der Größen A, B und Φ angedeutet. Wenn man diese Wellen mit Raumzeigern beschreibt, erhält man Abb. 7b. Die einfachste und auch die übliche zeitliche Änderung einer Raumwelle ist der Umlauf im Raum ohne Änderung der Amplitude mit konstanter Geschwindigkeit. In Gl. (17) gilt dann

$$\nu'\alpha_O = \omega t, \tag{19}$$

wo ω eine Konstante ist. Wenn sich die in Abb. 5a dargestellten Raumwellen zeitlich nach Gln. (17) und (19) ändern, rotieren ihre Zeiger in Abb. 7b ohne Änderung ihrer Größe mit der Winkelgeschwindigkeit ω, und ihre Endpunkte durchlaufen Kreise. Man spricht dann von einem Drehfeld oder genauer Kreisfeld, womit man oft alle Größen in Abb. 7b meint, welche physikalisch zueinander gehören.

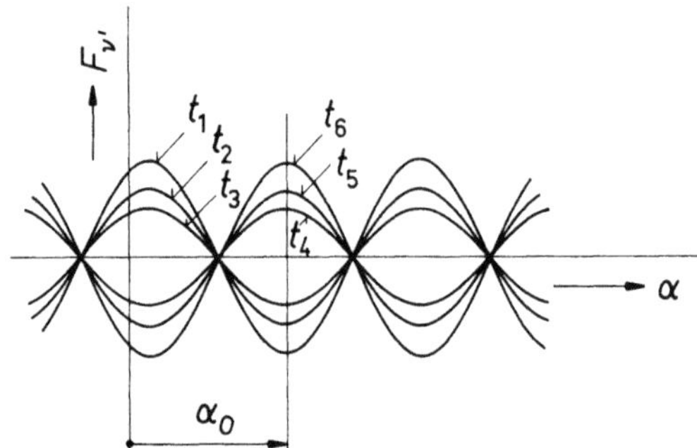

Abb. 8. Stehendes Wechselfeld im Raum der Maschine; t_1, t_2, ... sind Zeitpunkte

Eine andere Möglichkeit der zeitlichen Änderung einer Raumwelle ist die Änderung ihrer Amplitude ohne Änderung ihrer Lage, wie es in Abb. 8 und 9a angedeutet ist. Es bedeutet in Gl. (17), daß

$$|\underline{F}_{v'}| = F_{v'} = g(t) \tag{20}$$

eine Zeitfunktion ist. Dabei nimmt die Amplitude $F_{v'}$ auch negative Werte an. Meistens ist die Zeitfunktion $g(t)$ in Gl. (20) auch eine Sinusfunktion. Damit erhält man eine nach Abb. 8 sinusförmig verteilte Raumwelle, deren Amplitude sich *zeitlich* nach einer Sinuskurve ändert. Eine derartige Raumwelle bezeichnet man als Wechselfeld in einer elektrischen Maschine (Abb. 9a). Es soll nun gezeigt werden, daß dieses Wechselfeld in zwei gegeneinander umlaufende Kreisfelder zerlegt werden kann. Nach Gln. (17) und (20) kann man schreiben

$$\underline{F}_v = F_{v'} \exp(jv'\alpha_O) = \hat{F}_{v'} \cos \omega t \cdot \exp(jv'\alpha_O)$$

$$= \frac{\hat{F}_{v'}}{2} \left[\exp(j\omega t) + \exp(-j\omega t) \right] \cdot \exp(jv'\alpha_O)$$

$$= \frac{\hat{F}_{v'}}{2} \exp[j(v'\alpha_O + \omega t)] + \frac{\hat{F}_{v'}}{2} \exp[j(v'\alpha_O - \omega t)]$$

$$= \underline{F}_{v'm} + \underline{F}_{v'g}. \tag{21}$$

Die Zerlegung eines zeitlich sinusförmig veränderlichen Wechselfeldes in zwei rotierende Kreisfelder $\underline{F}_{v'm}$, $\underline{F}_{v'g}$ ist in Abb. 9b gezeigt. Die konstante Amplitude beider Kreisfelder ist gleich einer Hälfte der maximalen Amplitude des zu zerlegenden Wechselfeldes.

Wie im Kap. 3 näher gezeigt wird, kommt bei Einphasen-Asynchronmotoren meistens das sogenannte elliptische Drehfeld vor, welches eine Übergangsform

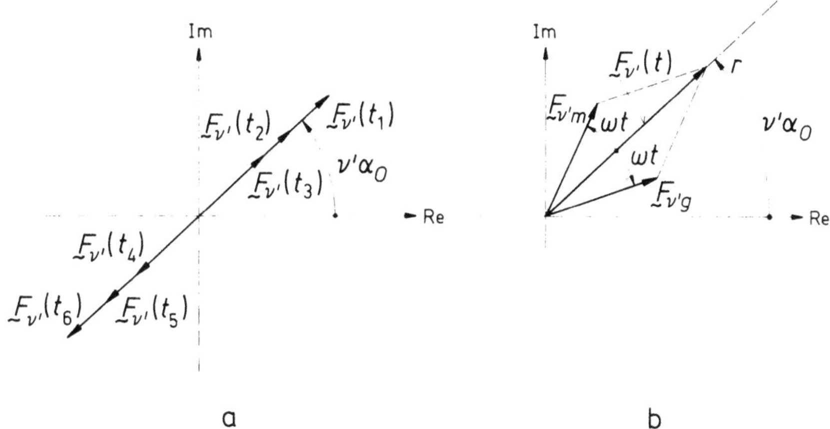

Abb. 9. Stehendes Wechselfeld; a) Zeigerdarstellung; b) Zerlegung in zwei Kreisfelder

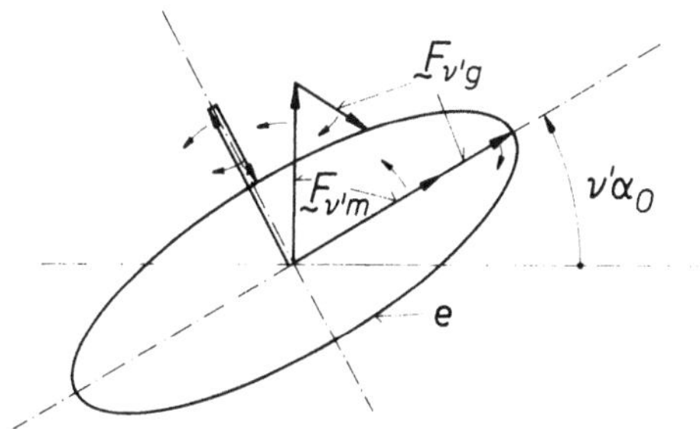

Abb. 10. Elliptisches Drehfeld

zwischen Kreisfeld (konstante Amplitude – veränderliche räumliche Lage) und dem eben beschriebenen Wechselfeld (veränderliche Amplitude – konstante räumliche Lage) darstellt. Ebenso wie das Wechselfeld in Abb. 9, besteht auch das elliptische Feld aus einer mit- und einer gegenlaufenden Komponente. Diese Komponenten sind jedoch nicht gleich wie in Abb. 9b sondern unterschiedlich groß, so daß die Summe ihrer Raumzeiger sich nicht auf einer Geraden (Abb. 9b – Gerade r) sondern auf einer Ellipse e bewegt (Abb. 10).

Die Tatsache, daß in der Theorie der elektrischen Maschinen eine zeitliche und eine räumliche Abhängigkeit nach der Sinuskurve oft nebeneinander stehen, kann zu Unklarheiten und Mißverständnissen führen, welche man auch in der einschlägigen Literatur findet. Man verwechselt die Raumzeiger oft mit physikalischen Vektoren oder sogar mit Zeigern von Wechselströmen. Es sollte bedacht werden, daß ein physikalischer Vektor die betreffende physikalische Größe mit Ausnahme eines homogenen Feldes nur in einem Punkt des Raumes beschreibt und dabei nicht nur ihre Größe, sondern auch ihre Richtung angibt. Mit Raumzeigern beschreibt man dagegen eine sinusförmig verlaufende Verteilung im Raum ohne Rücksicht auf die Richtung und den physikalischen Charakter (Skalar, Vektor) der betrachteten Größe [35, 37, 39, 29, 44].

1.4 Symmetrische Komponenten

Die symmetrischen Komponenten führt man in der Literatur normalerweise als symmetrische Teilsysteme ein, in welche man ein unsymmetrisches Zeigersystem zerlegen kann. Dieses Verfahren ermöglicht, eine *symmetrisch gebaute* aber *unsymmetrisch gespeiste* elektrische Mehrphasenmaschine als eine Überlagerung von zwei Maschinen mit entgegengesetzten Drehrichtungen zu verstehen, wie es in Abschnitt 3.4 und 3.5 gezeigt wird. Man kann z. B. das unsymmetrische Zweiphasensystem in Abb. 11a in zwei Systeme nach Abb. 11b und c zerlegen, deren

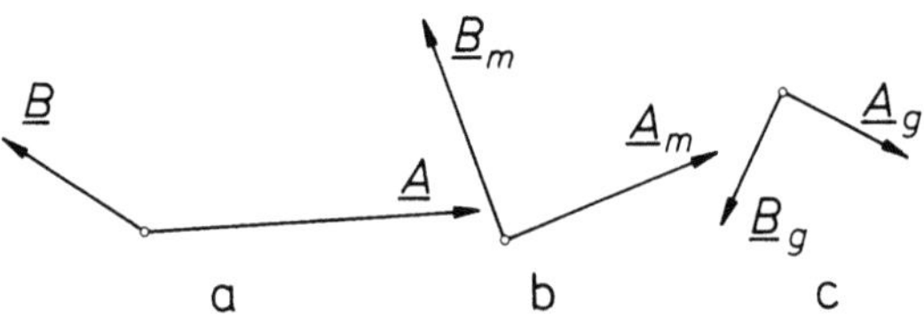

Abb. 11. Symmetrische Komponenten eines unsymmetrischen Zweiphasensystems

Zeiger senkrecht aufeinander stehen[1]. Es ist zu beachten, daß die Richtung, in welcher die Zeiger $\underline{A}_m$, $\underline{B}_m$ und $\underline{A}_g$, $\underline{B}_g$ in komplexer Zahlenebene aufeinander folgen, umgekehrt ist. Es gilt

$$\underline{B}_m = j\underline{A}_m, \tag{22}$$

$$\underline{B}_g = -j\underline{A}_g, \tag{23}$$

und für die Summen der Komponenten kann man schreiben

$$\underline{A} = \underline{A}_m + \underline{A}_g, \tag{24}$$

$$\underline{B} = \underline{B}_m + \underline{B}_g = j\underline{A}_m - j\underline{A}_g. \tag{25}$$

Wenn man die Gl. (25) mit $(-j)$ multipliziert und zu Gl. (24) addiert, erhält man nach der Division durch zwei

$$\underline{A}_m = \tfrac{1}{2}(\underline{A} - j\underline{B}), \tag{26}$$

$$\underline{A}_g = \tfrac{1}{2}(\underline{A} + j\underline{B}). \tag{27}$$

Nach Gln. (26) und (27) kann man ein unsymmetrisches Zweiphasensystem von Wechselströmen sowie von Wechselspannungen zerlegen. Man erhält dann die Komponenten $\underline{I}_{mA}, \underline{I}_{gA}, \underline{I}_{mB}, \underline{I}_{gB}$ der Ströme und ebenso auch die Komponenten der Spannungen $\underline{U}_{mA}, \underline{U}_{gA}, \underline{U}_{mB}, \underline{U}_{gB}$.

Bei geometrisch symmetrisch ausgeführten Anordnungen, zu welchen vor allem die symmetrisch gebauten Maschinen gehören, gelten zwischen den Komponenten des Strom- und Spannungssystems die Gleichungen

$$\underline{U}_{mA} = \underline{Z}_m\underline{I}_{mA}, \tag{28}$$

---

[1] Auf die Tatsache, daß das System in Abb. 11 eigentlich ein unvollständiges Vierphasensystem ist, soll hier nicht eingegangen werden (siehe [17, 37, 7]).

$$\underline{U}_{mB} = \underline{Z}_m \underline{I}_{mB}, \tag{29}$$

$$\underline{U}_{gA} = \underline{Z}_g \underline{I}_{gA}, \tag{30}$$

$$\underline{U}_{gB} = \underline{Z}_g \underline{I}_{gB}. \tag{31}$$

Die Impedanzen $\underline{Z}_m$ (Mitimpedanz), $\underline{Z}_g$ (Gegenimpedanz) sind bei rotierenden Maschinen infolge der Läuferbewegung unterschiedlich.

Nach Gln. (26), (27) kann man die Komponenten $\underline{A}_m$, $\underline{A}_g$ auch sehr einfach graphisch konstruieren (Abb. 12). Man dreht den Zeiger $\underline{B}$ um 90° zurück und verbindet den gewonnenen Endpunkt mit dem Endpunkt des Zeigers $\underline{A}$. Der Mittelpunkt M der Verbindungslinie entspricht der Mitkomponente $\underline{A}_m$. Die Gegenkomponente findet man dabei auch nach Gl. (24) als Differenz

$$\underline{A}_g = \underline{A} - \underline{A}_m. \tag{32}$$

Mehr noch als die symmetrischen Komponenten der Zweiphasensysteme sind die Komponenten von Drehstromsystemen bekannt. Ein unsymmetrisches Drehstromsystem zerlegt man in drei symmetrische Komponenten: Mit-, Gegen- und Nullsystem (Abb. 13). Die Zerlegung erfolgt nach den Gleichungen ($\dot{a} = \exp(j2\pi/3)$)

$$\underline{A}_m = \tfrac{1}{3}(\underline{A} + \dot{a}^{-1}\underline{B} + \dot{a}\underline{C}), \tag{33}$$

$$\underline{A}_g = \tfrac{1}{3}(\underline{A} + \dot{a}\underline{B} + \dot{a}^{-1}\underline{C}), \tag{34}$$

$$\underline{A}_0 = \tfrac{1}{3}(\underline{A} + \underline{B} + \underline{C}), \tag{35}$$

und aus diesen Gleichungen folgt

$$\underline{A} = \underline{A}_m + \underline{A}_g + A_0, \tag{36}$$

$$\underline{B} = \underline{B}_m + \underline{B}_g + B_0 = \dot{a}\underline{A}_m + \dot{a}^{-1}\underline{A}_g + A_0, \tag{37}$$

$$\underline{C} = \underline{C}_m + \underline{C}_g + \underline{C}_0 = \dot{a}^{-1}A_m + \dot{a}\underline{A}_g + \underline{A}_0. \tag{38}$$

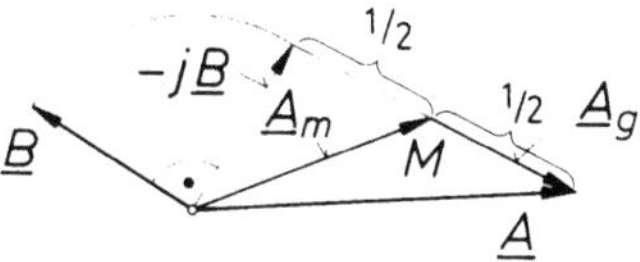

Abb. 12. Graphische Zerlegung des unsymmetrischen Systems in Abb. 11a in symmetrische Komponenten (Abb. 11b, c)

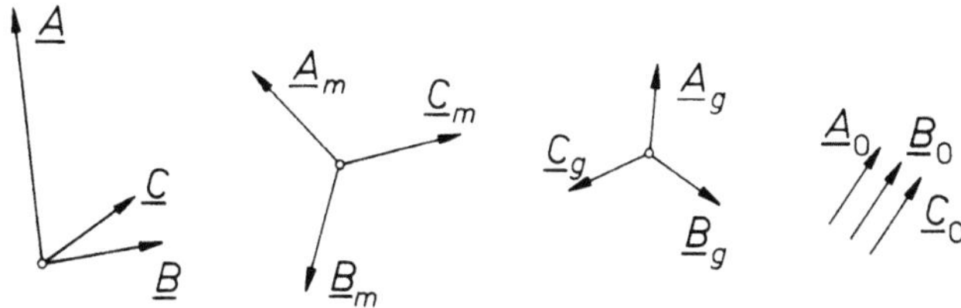

Abb. 13. Unsymmetrisches Drehstromsystem und seine symmetrischen Komponenten

Die symmetrischen Komponenten hängen direkt mit den Komponenten des Luftspaltfeldes zusammen (siehe Abschnitt 8.1.6).

1.5 Umformung von Ersatzschaltbildern

Die Betriebseigenschaften von elektrischen Maschinen veranschaulicht man oft durch einfache elektrische Netzwerke, die sogenannten Ersatzschaltbilder. Diese Netzwerke haben die in Abb. 14a dargestellte Form. In gewissen Fällen erweist es sich als vorteilhaft, das Ersatzschaltbild in eine andere Form umzuwandeln, ohne daß dabei die Klemmenimpedanz, das heißt das Verhältnis zwischen der Spannung $\underline{U}_1$ und dem Strom $\underline{I}_1$, verändert würde. Eine der möglichen Umformungen, die in Abb. 14b dargestellt ist, soll nun bewiesen werden [2, 3].

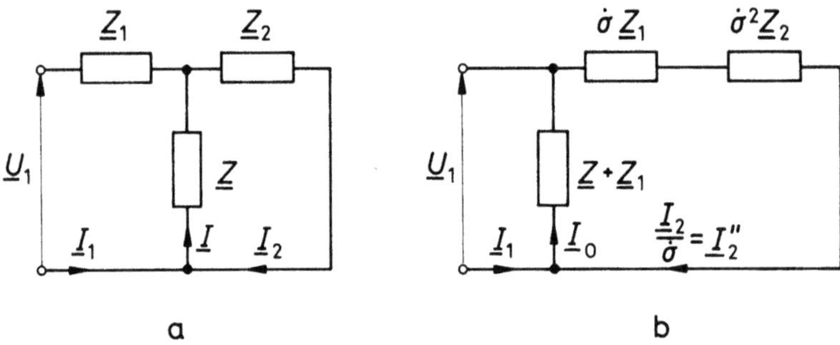

Abb. 14. Umformung von Ersatzschaltbildern

Für das Schaltbild a gilt

$$\underline{U}_1 = (\underline{Z} + \underline{Z}_1)\underline{I}_1 + \underline{Z}\underline{I}_2 \tag{39}$$

und daher

$$\underline{I}_1 = \frac{U_1}{\underline{Z} + \underline{Z}_1} - \frac{Z}{\underline{Z} + \underline{Z}_1}I_2 = \underline{I}_0 - \frac{I_2}{\dot\sigma}. \tag{40}$$

Man sieht, daß man den Strom $\underline{I}_1$ aus zwei Komponenten zusammensetzen kann, von welchen die erste

$$\underline{I}_0 = \frac{U_1}{\underline{Z} + \underline{Z}_1} \tag{41}$$

von der Impedanz $\underline{Z}_2$ unabhängig ist, und die zweite

$$\underline{I}_2'' = \frac{Z}{\underline{Z} + \underline{Z}_1}I_2 = \frac{I_2}{\dot\sigma} \tag{42}$$

den durch die Konstante

$$\dot\sigma = \frac{\underline{Z} + \underline{Z}_1}{Z} \tag{43}$$

dividierten Strom $\underline{I}_2$ darstellt. Es bleibt noch übrig, die Gleichheit der Klemmenimpedanzen beider Schaltbilder zu beweisen und dadurch die in Abb. 14b angegebene Umrechnung der Impedanzen $\underline{Z}_1$, $\underline{Z}_2$ zu bestätigen. Für den komplexen Leitwert des Schaltbildes in Abb. 14a kann man schreiben

$$\underline{Y} = \frac{\underline{Z} + \underline{Z}_2}{\underline{Z}\underline{Z}_1 + (\underline{Z} + \underline{Z}_1)\underline{Z}_2}$$

$$= \frac{1}{\underline{Z} + \underline{Z}_1} + \frac{\underline{Z} + \underline{Z}_2}{\underline{Z}\underline{Z}_1 + (\underline{Z} + \underline{Z}_1)\underline{Z}_2} - \frac{1}{\underline{Z} + \underline{Z}_1}$$

$$= \frac{1}{\underline{Z} + \underline{Z}_1} + \frac{1}{\dot\sigma\underline{Z}_1 + \dot\sigma^2\underline{Z}_2}, \tag{44}$$

wobei $\dot\sigma$ durch Gl. (43) bestimmt ist.

1.6 Umrechnung von Wicklungen

In der Theorie der elektrischen Maschinen ist es üblich, Wicklungen auf eine andere Windungszahl umzurechnen. Beim Transformator rechnet man meistens die Sekundärwicklung auf die Primärwicklung um, wobei die Ströme und Spannungen linear und die Impedanzen quadratisch mit dem Verhältnis der Windungszahlen der Primär- und Sekundärseite umgerechnet werden. Die Tatsache, daß die Gültigkeit der Gleichungen auch dann erhalten bleibt, wenn eine beliebige Zahl anstatt des Übersetzungsverhältnisses eingeführt wird, verleitet zu der Vermutung, daß die Umrechnung ein rein formaler rechnerischer Vorgang ohne physikalischen Hintergrund sei; daß gerade das Gegenteil der Fall ist, soll zunächst erklärt werden.

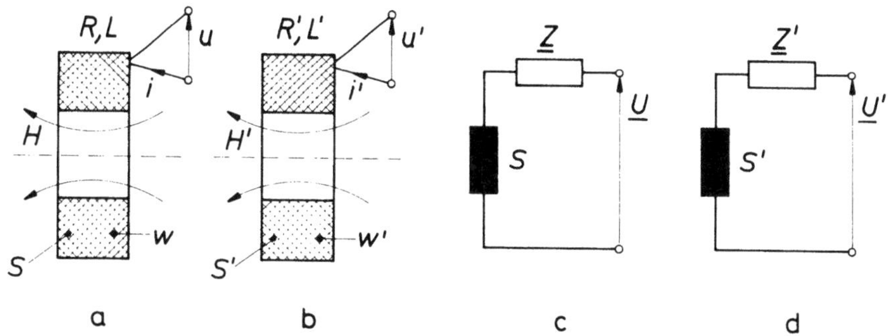

Abb. 15. Umrechnung von Spulen bei gleichem magnetischen Feld

In Abb. 15a und b sind zwei geometrisch gleich ausgeführte Spulen mit gleichem Kupfergewicht, aber unterschiedlichen Windungszahlen w, w' dargestellt. Weil die beiden Spulen die gleiche Form und Größe besitzen, werden die räumlichen Verteilungen ihrer magnetischen Felder H, H' gleich sein. Wenn dazu noch die Durchflutungen der Spulen gleich sind und es gilt

$$iw = i'w' \tag{45}$$

oder

$$i' = i\,\frac{w}{w'} = \ddot{u}i,\tag{46}$$

sind die Felder H, H' identisch. Die Größe

$$\ddot{u} = \frac{w}{w'}\tag{47}$$

wird weiterhin als Umrechnungsfaktor bezeichnet.

Bei gleicher räumlicher Feldverteilung beider Spulen müssen ihre Flußverkettungen ψ ihrer Windungszahl proportional sein, und es gilt

$$i'L' = \psi' = \frac{w'}{w}\,\psi = \frac{1}{\ddot{u}}\,\psi = \frac{1}{\ddot{u}}\,iL\tag{48}$$

und nach dem Einsetzen aus (46)

$$L' = \frac{1}{\ddot{u}^2}\,L.\tag{49}$$

Weil die Drahtlänge einer Spule bei gleichen Abmessungen der Windungszahl proportional ist, und bei konstantem Kupfergewicht der Querschnitt sich mit der Windungszahl umgekehrt proportional ändern muß, erhält man eine der Gl. (49) analoge Gleichung für die Widerstände der beiden Spulen

$$R' = \frac{1}{\ddot{u}^2}\,R.\tag{50}$$

Für die Spannung der Spule S' gilt dann nach (46), (49) und (50)

$$u' = R'i' + L'\frac{\mathrm{d}i'}{\mathrm{d}t} = \frac{1}{\ddot{u}^2}\,R\ddot{u}i + \frac{1}{\ddot{u}^2}\,L\ddot{u}\frac{\mathrm{d}i}{\mathrm{d}t}$$

$$= \frac{1}{\ddot{u}}\left(Ri + L\frac{\mathrm{d}i}{\mathrm{d}t}\right) = \frac{1}{\ddot{u}}\,u.\tag{51}$$

Die Leistungsaufnahme der Spule S' ist dann

$$P' = u'i' = \ddot{u}i\,\frac{1}{\ddot{u}}\,u = i \cdot u = P\tag{52}$$

gleich wie die der Spule S.

Nach Gln. (46), (47), (49), (50) und (51) kann man eine Spule durch eine andere ohne Änderung der magnetischen Wirkungen nach außen ersetzen, wenn dabei die geometrischen Abmessungen und das Kupfergewicht unverändert bleiben.

Aus den vorhergehenden Überlegungen folgt, daß hinter der beschriebenen Umrechnung die Möglichkeit des wirklichen Ersatzes einer Wicklung durch eine andere, magnetisch gleichwertige steht, und der Umrechnungsfaktor frei wählbar ist. Seine Größe hängt von dem verfolgten Ziel ab. Wenn man z. B. eine Asynchronmaschine für die doppelte Netzspannung umrechnet, erhält jede

Ständernut die doppelte Anzahl der Leiter mit halbem Querschnitt. Die Läuferwicklung, Leistung und das Betriebsverhalten der Maschine bleiben unverändert, weil die umgerechnete Ständerwicklung bei doppelter Netzspannung das gleiche Feld wie die ursprüngliche Wicklung hervorruft. Bei der *formalen* Umrechnung der Sekundärwicklung eines Transformators setzt man den Umrechnungsfaktor gleich dem Übersetzungsverhältnis, weil bei gleichen Windungszahlen der Primär- und Sekundärseite gleich große Ströme auch gleiche Felder erregen und das Ersatzschaltbild und das Zeigerdiagramm besonders einfach sind. Bei den formalen Umrechnungen von Wicklungen in rotierenden Maschinen verfolgt man auch nur die Vereinfachung der Darstellungsweise. Der Umrechnungsfaktor wird so gewählt, daß die umgerechnete Wicklung dasselbe Feld wie die Bezugswicklung bei gleichem Strangstrom erregt. Weil die beiden Wicklungen normalerweise räumlich unterschiedlich verteilt sind, kann man nur die einzelnen Raumwellen ihrer Felder vergleichen. Man rechnet dann nicht nach Windungszahlen w oder Leiterzahlen z ($z = 2w$), sondern nach „effektiven" Leiterzahlen $S_{v'} = z\xi_{v'}$ ($\xi_{v'}$-Wicklungsfaktor, siehe Abschnitt 6.1.5, 8.1.3 und [2]) für die gewählte Raumwelle (oft Arbeitsgrundwelle $v' = p$) um. Der Umrechnungsfaktor für eine Wicklung B mit z_B Leitern ist dann

$$\ddot{u}_{v'} = \frac{S_{Bv'}}{S'_{Bv'}} = \frac{S_{Bv'}}{S_{Av'}} = \frac{z_B\xi_{Bv'}}{z_A\xi_{Av'}}, \tag{53}$$

wobei mit A der Bezugsstrang bezeichnet wird, auf welchen der Strang B umgerechnet wird. Der Strang B behält bei der Umrechnung seine geometrische Anordnung (Form), so daß die Konstanten R'_B, L'_B des umgerechneten Stranges B im allgemeinen nicht mit den Konstanten des Bezugsstranges A identisch sind. Man kann sich jedoch den umgerechneten Strang B durch den Bezugsstrang A ersetzt denken und die Differenzen

$$\Delta R = R'_B - R_A, \tag{54}$$

$$\Delta L = L'_B - L_A \tag{55}$$

als zusätzliche äußere Widerstände betrachten. Dieses Verfahren wird im Abschnitt 3.5 beim Einphasenmotor mit Hilfswicklung verwendet.

Bei Einphasenmotoren kommt es oft vor, daß man Wicklungssträngen zusätzliche Impedanzen vorschaltet (Abb. 15c) und verlangt, daß sich diese Reihenschaltung als Ganzes beim Übergang zu einer anderen Windungszahl und Spannung gleich verhält (Abb. 15d). Das ist nur dann möglich, wenn die zusätzliche Impedanz $\underline{Z}$ auf dieselbe Weise umgerechnet oder tatsächlich verändert wird, wie sich die Parameter der Spule selbst verhalten (Gln. (49), (50)); man rechnet sie daher quadratisch mit der Spannung um.

In den bisherigen Betrachtungen handelte es sich um den Ersatz einer Spule oder eines Wicklungsstranges wieder durch eine Spule oder einen Strang. Es ist jedoch auch möglich, ganze symmetrische Wicklungen von Mehrphasenmaschinen durch andere symmetrische Wicklungen mit einer anderen Strangzahl m und effektiver Leiterzahl ($z\xi_{v'}$) zu ersetzen, wobei eine bestimmte Raumwelle der Ordnung v' (am häufigsten $v' = p$) gleich bleibt. So wird die symmetrische, mehrphasige Läuferwicklung mit m_R Strängen und ($z_R\xi_{Rv'}$) effektiven Leitern pro Strang rechnerisch durch eine andere mit der Strangzahl m_S und der effektiven Leiterzahl $(z_S\xi_{Sv'})$ der Ständerwicklung ersetzt (siehe Abschnitt 8.4.3). Damit erreicht man, daß gleich große symmetrische Stromsysteme in der Ständerwicklung und der umgerechneten Läuferwicklung gleich große Raumwellen der Ordnung v' hervorrufen [2, 1, 7, 17]. Weil sich die symmetrisch am Umfang verteilten Stränge (Strangzahl m) gleich an der Erregung der betrachteten Welle beteiligen, erhält man für die Umrechnung der Ströme (direkt für Effektivwerte geschrieben, siehe Gl. (514))

$$I'_R = \frac{m_R z_R \xi_{Rv'}}{m_S z_S \xi_{Sv'}} I_R. \tag{56}$$

Für die Spannungen bleibt die Umrechnung nach Gl. (51) und (53) unverändert

$$U'_R = \frac{z_S \xi_{Sv'}}{z_R \xi_{Rv'}} U_R, \tag{57}$$

und aus der Gleichheit der Leistungsaufnahmen ergibt sich für die Läuferimpedanzen die Umrechnung zu

$$Z'_R = \frac{m_S (z_S \xi_{Sv'})^2}{m_R (z_R \xi_{Rv'})^2} Z_R. \tag{58}$$

In Kapitel 3 und 4 werden nur umgerechnete Läufergrößen verwendet; das Zeichen $(')$ wird bei den zugehörigen Buchstabensymbolen weggelassen.

2 Aufbau kleiner Asynchronmotoren

2.1 Bauteile und Baustoffe

Der Asynchronmotor ist ein Energieumformer, der elektrische Energie in mechanische umwandelt. Dementsprechend besteht er, wie jeder elektrische Motor, aus einem ruhenden Teil (Ständer, Stator) und einem rotierenden Teil (Läufer, Rotor). Der Läufer ist in der Bohrung des Ständers beweglich gelagert (Abb. 16 und 17). Nur selten gibt es auch sogenannte Außenläufermotoren, deren Läufer außen um den Ständer rotiert.

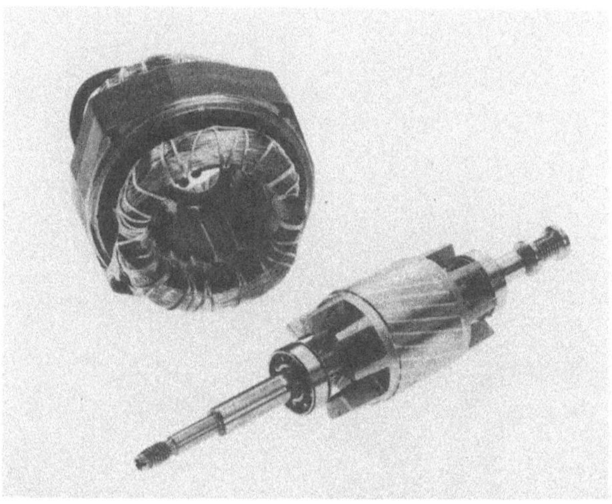

Abb. 16. Ständer und Läufer eines kleinen Asynchronmotors (Siemens)

Wenn man in der Theorie der elektrischen Maschinen vom Ständer oder Läufer spricht, denkt man vor allem an die elektromagnetisch aktiven Teile, das heißt an das aktive Eisen und die Wicklungen bzw. an den magnetischen Kreis und die elektrischen Kreise, welche mit dem magnetischen Fluß im magnetischen Kreis verkettet sind. Das aktive Eisen des Ständers und Läufers eines Asynchronmotors führt einen Wechselfluß und besteht dementsprechend aus aufeinander geschichteten Eisenblechen, die mit Nuten zur Aufnahme der Wicklungen versehen sind (Abb. 18a) oder bei kleinsten Leistungen ausgeprägte Pole besitzen (Abb. 18b, c und 104). Bei Asynchronmotoren kleiner Leistung verwendet man heute neben Dynamoblech auch unlegiertes kaltgewalztes Blech. Bei Kleinmotoren (bis 1 kW) ist sogar eine größere Blechdicke als bei großen Maschinen (0,5 mm) zulässig. Es

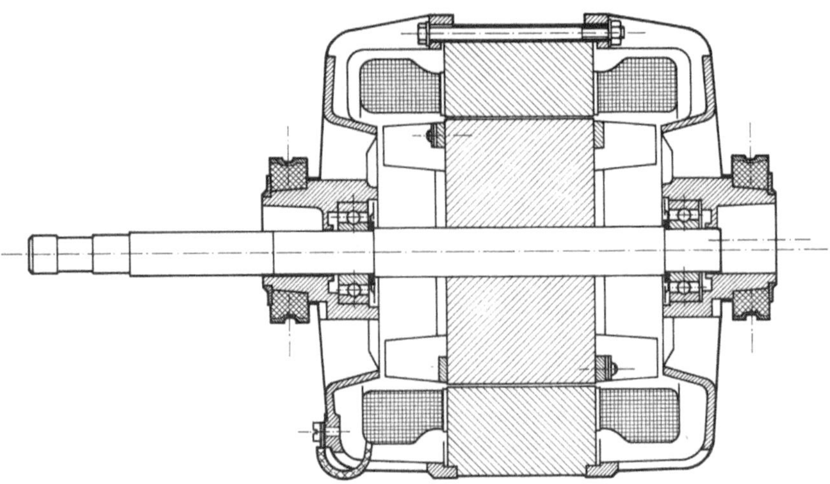

Abb. 17. Längsschnitt durch einen wickelkopfbelüfteten Einbaumotor für Waschautomaten (Siemens)

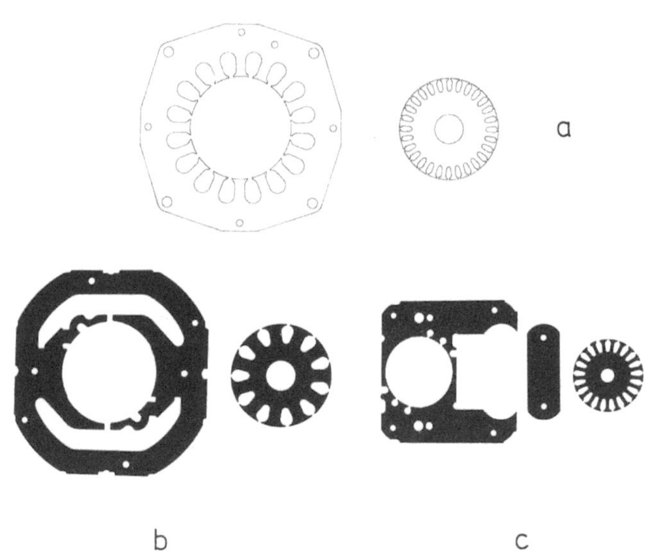

Abb. 18. Ständer- und Läuferbleche von kleinen Einphasenasynchronmotoren (Siemens); a) Kondensatormotor; b) Spaltpolmotor – symmetrische Bauform; c) Spaltpolmotor – unsymmetrische Bauform

kommt oft die Blechdicke von 0,63 mm oder eine noch größere vor. Die kaltgewalzten Bleche müssen wegen der großen Hystereseverluste nach dem Stanzen geglüht werden (bei ca. 750°C), wobei sie auch eine hauchdünne (0,5 – 3 μm) blaue Oxydschicht („Blaufilm") erhalten und daher ohne weitere Isolierung geschichtet werden dürfen (Abb. 19). Die charakteristischen Meßwerte der

Abb. 19. Glüh- und Blaufilmanlage zur Veredelung der magnetischen Eigenschaften und zur Oberflächenisolierung gestanzter Ständer- und Läuferbleche (Werkphoto Siemens, EWW)

Tabelle 1. *Eigenschaften des unlegierten kaltgewalzten Bandstahls (0,63 mm)*

Merkmal	ungeglüht	geglüht
Spezifische Ummagnetisierungsverluste [W/kg] bei $\hat{B} = 1$ T und $f = 50$ Hz	7,9	3,2
Magnetisierbarkeit = Flußdichte B [T] bei $H = 25$ A/cm	1,56	1,65

kaltgewalzten Bleche von verschiedenen Lieferanten können unterschiedlich sein. In der Tabelle 1 sind für eine allgemeine Information nur einige Mittelwerte angegeben, aus welchen die große Bedeutung der Glühbehandlung ersichtlich ist. Die in Abb. 20 gezeigte Magnetisierungskennlinie ist ebenfalls nur als Beispiel zu betrachten. Das kaltgewalzte Blech ist billiger als das mit Silizium legierte, welches für größere Leistungen verwendet wird. Die Grenze der Wirtschaftlichkeit liegt ungefähr bei der Motorleistung von 20 kW (Drehstrom).

Die Bleche von Ständer und Läufer werden auf Schnelläuferpressen aus den gelieferten Stahlbändern in einem Schnittwerkzeug gestanzt. Die Ständerbleche werden durch Nieten, Klammern oder Schweißen zu einem festen Ständerblechpaket verbunden, welches entweder in ein Gehäuse eingepreßt oder nach einem Tauchen in Harz (mechanische Festigkeit) direkt als massiver Teil für das Aufsetzen der Lagerschilde bearbeitet wird (Abb. 16 und 17). Auch die Ständerbleche von Spaltpolmotoren mit ausgeprägten Polen werden in ähnlicher Weise paketiert (Abb. 23b). Die Bleche des Läufers sind ebenso wie die Ständerbleche mit

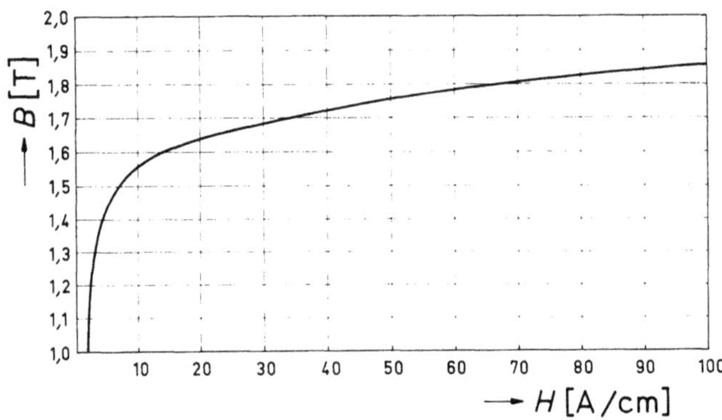

Abb. 20. Magnetisierungskurve von Kaltbandblech nach der Glühbehandlung

Nuten für die Aufnahme der Läuferwicklung (Käfig) versehen (Abb. 18). Bei Kleinmotoren werden die Läuferbleche meist direkt auf die Welle gepreßt. Der aus mechanischen Gründen notwendige Luftspalt zwischen Ständer und Läufer, der bei Kleinmotoren 0,2 bis 0,5 mm beträgt, wird durch Überdrehen des Läuferpakets nachträglich hergestellt. Bei sehr kleinen Leistungen wird das Läuferpaket mit Wicklung auf einem Dorn hergestellt; die Welle ohne Absatz (sogenannte Nadelwelle) wird erst nachher in der Läuferbohrung mit den Läuferblechen verklebt.

Tabelle 2. *Materialien für Wicklungen*

	Material	Dichte	Leitfähigkeit bei 20°C	Spezifische Wärmekapazität
		D [kg/dm^3]	γ' [Sm/mm^2]	c [J/(kg K)]
Cu	Kupfer	8,94	57	382
Al	Aluminium	2,70	35	910
G Al Si 12(Cu)	Silumin	≈ 2,65	17 – 20	≈ 910
	Silumin als Käfig		ungeglüht 14 – 17, geglüht 16 – 19	

Als Material für die Ständerwicklungen von Asynchronmotoren kommt praktisch nur Kupfer oder Aluminium in Frage (Tabelle 2). Das Kupfer hat gegenüber dem Aluminium zahlreiche Vorteile: höhere Leitfähigkeit, größere mechanische Festigkeit, kann gut gelötet oder verschweißt werden. Wegen des höheren Preises für Kupfer werden jedoch teilweise, insbesondere in osteuropäischen Staaten, für Kleinmotoren auch Aluminiumdrähte verwendet. Der Aluminiumdraht ist weicher, die Spulen können leichter geformt werden und auch das Gewicht der Wicklung ist kleiner. Andererseits gibt es erhebliche Schwierigkeiten mit Verbindungen und Klemmenanschlüssen, welche abbrechen. Deswegen verwendet man oft auch bei Aluminiumwicklungen Anschlußleiter aus Kupfer. Die kleinere Leitfähigkeit des Aluminiums bedingt auch eine Vergrößerung der Abmessungen der Maschine.

Die Drähte für Ständerwicklungen von kleinen Asynchronmotoren werden entweder mit einfacher oder doppelter Lackschicht versehen und auf diese Weise voneinander isoliert. Die früher allgemein verbreiteten Öllacke wurden im Laufe der Zeit durch Kunstharzlacke verdrängt, welche eine hohe Abriebfestigkeit, gute Wärmebeständigkeit und große Einziehfestigkeit besitzen und gegen heiße Tränklacke unempfindlich sind.

Vor dem Einlegen der Ständerwicklung müssen die Ständernuten mit einer Isolation ausgekleidet werden, welche aus modernen Kunststoffolien besteht. Diese Auskleidung der Nuten mit isolierenden Folien kann bei vollautomatischer Wicklungsherstellung von Kleinmotoren durch Beschichtung der inneren Nutoberfläche und der Stirnflächen des Pakets im Wirbelsinterverfahren oder im Sprühverfahren ersetzt werden [5]. Die Ständerspulen von unsymmetrischen Spaltpolmotoren (Abb. 105) werden auf Spulenkörper gewickelt, welche heute meistens aus Thermoplasten hergestellt sind.

Das Einlegen der Wicklung in die Ständernuten kann entweder von Hand oder maschinell erfolgen. Das Einlegen von Hand war früher allgemein üblich und wird immer noch bei Mustermotoren verwendet. Da die Ständernuten von kleinen Asynchronmotoren meistens halb geschlossen sind (Abb. 18a), kann man beim Einlegen der Wicklung von Hand nicht die ganzen Spulenseiten auf einmal einlegen, sondern die einzelnen Drähte der einzulegenden Spulenseite nacheinander

Abb. 21. Einziehstern zum Einziehen der Wicklung in die Ständernuten (Werkphoto Siemens)

in die Nut „einträufeln". Für die moderne Serienproduktion, welche mit in
Hunderttausenden ausgedrückten Stückzahlen arbeitet, sind die Träufelwicklungen zu teuer, und das Einlegen von Hand wird durch moderne Maschinen ersetzt.
Grundsätzlich kann man heute zwei Arten von Wickelmaschinen unterscheiden:

    a) Wickelmaschinen, welche die Spulen der Wicklung direkt in den Ständernuten aufbauen, das heißt die einzelnen Windungen der Spule in das zugehörige
Nutenpaar nacheinander wickeln (z. B. sogenannte Nadelwickler [5]);

    b) Wickelmaschinen, welche die Spulen oder ganze Stränge der Wicklung
zunächst vom Ständer getrennt vorbereiten und dann mehrere Spulen oder sogar
eine ganze Ständerwicklung auf einmal in das Ständerpaket einziehen. Auf dem
Markt gibt es heute eine Vielzahl von Wickelmaschinen beider Art. Die unter Punkt
a) genannten Maschinen brauchen nicht so teure Vorrichtungen wie die unter
Punkt b); die Einziehwickelmaschinen sind jedoch leistungsfähiger und für große
Serien besonders vorteilhaft (siehe Abb. 21, 22 und [5]).

Abb. 22. Entnahme der Spulen aus der Spulenwickelmaschine vor dem Einsetzen in den
Einziehstern (Werkphoto Siemens)

    Nach dem Einziehen der Ständerwicklung werden die Spulenköpfe bandagiert
und mit dem Gummihammer oder in einer speziellen Vorrichtung in die gewünschte
Form gebracht. Die Ständerspulen von Spaltpolmotoren werden fertig in das
geteilte Ständerjoch eingebaut (Abb. 105). Nach beendeter Wicklungsmontage
folgt unmittelbar oder nach vorläufiger Wicklungsüberprüfung der Tränkungs-
und Imprägnierungsprozeß. Die Überprüfung ist bei komplizierten Wicklungen
sehr zu empfehlen, weil die getränkte Wicklung nicht repariert werden kann und
aufgrund der bei der Endkontrolle entdeckten Wicklungsfehler nicht nur die Arbeit

der Montage umsonst war, sondern auch das ganze Ständerpaket verloren geht. In der fließend laufenden Massenproduktion von Kleinmotoren imprägniert man die Ständerwicklungen in Gießharzträufelanlagen. Beim Träufeln wird eine Harz-Härter-Mischung in Tropfenform oder dünnem Strahl auf die vorgewärmte Wicklung des langsam rotierenden Ständers aufgetragen. Das Tränkmittel dringt infolge der Kapillarwicklung in die Hohlräume und festigt die Wicklung. Neben dem kontinuierlichen Arbeitsablauf hat das Träufelverfahren im Vergleich zu den herkömmlichen Tauchverfahren auch andere Vorteile. Die Verfahrenzeit ist kurz, es ist keine nachträgliche Reinigung der Wicklungsträger notwendig, die Abtropfverluste sind gering und die Härtung und Feuchtigkeitsbeständigkeit einwandfrei [5].

a   b

Abb. 23. Zwei Einphasenasynchronmotoren (Siemens); a) Kondensatormotor für Waschautomaten mit Getriebe (Gehäuse teilweise ausgeschnitten); b) Spaltpolmotor, symmetrische Bauform

Abgesehen von seltenen Ausnahmen (Glockenläufer von Stellmotoren, Läufer aus massivem Stahl) trägt der Läufer eines kleinen Asynchronmotors eine Käfigwicklung, welche aus Stäben in den Läuferblechnuten und Kurzschlußringen auf beiden Läuferpaketseiten besteht (Abb. 16 und 24). Während bei Ständerwicklungen das Kupfer eine dominierende Rolle spielt, sind Aluminium und seine Legierungen die wichtigsten Materialien für die Läuferwicklung. Es werden zwar auch kleine Käfigläufer aus Kupfer aufgebaut, welche den Aluminiumläufern sogar überlegen sind, der Preisunterschied spielt jedoch die entscheidende Rolle. Beim Kupferläufer müssen die Stäbe einzeln in die Nuten eingeschoben und mit den Kurzschlußringen verschweißt werden. Die Aluminiumkäfigwicklung wird dagegen samt Kurzschlußringen und eventuellen Lüfterflügeln auf einmal in eine Druckgießmaschine eingespritzt (Abb. 25). Bei kleinen Motoren werden oft mehrere Läufer in einem Arbeitsgang hergestellt (Mehrfachform). Zum Druckgießen wird das auf der Welle oder einem Hilfsdorn zusammengesetzte Läuferblechpaket in eine Form gesetzt, und die Nuten werden einschließlich Kurzschlußringen mit Aluminium ausgespritzt. Wie aus der Tabelle 2 ersichtlich ist, verwendet man für die gegossenen Käfige entweder reines Aluminium oder seine

Legierungen, von welchen das Silumin von größter Bedeutung ist. Die Legierungen mit größerem spezifischen Widerstand verwendet man in den Fällen, bei denen ein größerer Läuferwiderstand erwünscht ist und die Querschnitte der Stäbe und der Kurzschlußringe des Käfigs aus bestimmten Gründen nicht kleiner gemacht

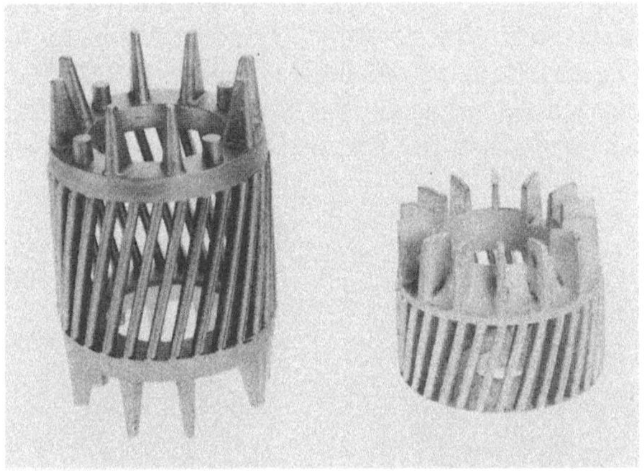

Abb. 24. Käfigwicklungen aus Silumin (Siemens)

Abb. 25. Druckgießmaschine (Werkphoto Siemens)

werden können. Diese Gründe können mit der Funktion des Motors zusammenhängen (polumschaltbare Waschmaschinenmotoren brauchen einen hohen Widerstand der Kurzschlußringe) oder rein mechanischer Art sein (Abbrechen der Kurzschlußringe bei dünnen Stäben).

Aus dem beschriebenen Fertigungsvorgang ist ersichtlich, daß die gegossene Käfigwicklung des Läufers gar nicht (Dynamoblech) oder nur sehr wenig (durch den Blaufilm bei Kaltbandblechen) an den Nutwänden gegen das Läufereisen isoliert ist. Daher können die Läuferströme teilweise auch durch die Läuferbleche fließen (Querströme). Damit kann eine wesentliche Verschlechterung der Motoreigenschaften verbunden sein, wie es ausführlich im Abschnitt 4.7 behandelt wird. Deswegen ist man schon seit einigen Jahrzehnten bestrebt, den Übergangswiderstand zwischen dem gegossenen Käfig und dem Eisen zu erhöhen. Eine gewisse Besserung bringt zwar die Oxydschicht der geglühten kaltgewalzten Bleche (Blaufilm), aber eine endgültige Lösung ist es nicht. Es wurden zu diesem Zwecke verschiedene Verfahren entwickelt, welche jedoch überwiegend zu teuer sind. Von praktischer Bedeutung ist eine Verbesserung der im Spritzgußverfahren hergestellten Läufer durch nachträgliches Glühen (siehe Abschnitt 4.7.3). Bezüglich der Querströme sind Kupferläufer wesentlich besser als die gegossenen, weil die eingeschobenen Kupferstäbe die Nutwände wesentlich weniger berühren als die unter Druck gegossenen Stäbe aus Aluminium oder Silumin.

Das endgültige Überdrehen und Auswuchten des Läufers und das Fertigschleifen der Welle stellen die abschließende Phase der Läuferfertigung dar.

Die Lagerschilde werden aus Gußeisen oder bei Kleinmotoren vornehmlich aus Leichtmetallegierungen hergestellt (Abb. 23a). Als Zentrierung für die Lagerschilde dient das Motorgehäuse oder direkt das Ständerpaket über bearbeitete Zentrierränder, Zentrierzapfen, Zentriernuten usw. Dadurch kann ein kleiner, möglichst gleicher Luftspalt eingehalten werden. Als Lagerung verwendet man bei Asynchronmotoren überwiegend Kugellager. Bei besonders geräuscharmen Antrieben und sehr kleinen Leistungen (Kostengründe) werden jedoch Gleitlager eingesetzt. Hierfür haben wegen der guten Wartungsfreiheit und der Unempfindlichkeit gegen Fertigungsabweichungen (Kantenpressung) ölgetränkte Sinter-Kalottenlager eine breite Verwendung gefunden.

Wie schon oben erwähnt, bildet der Aufbau des Spaltpolmotors (Abb. 23b) eine Ausnahme unter kleinen Asynchronmotoren. Sein Ständer (Abb. 18b und c) hat nur eine große Nut pro Pol, so daß ausgeprägte Pole entstehen und sogar eine unsymmetrische Bauform (Abb. 105) möglich ist. Die Ständerwicklung besteht aus einer vom Netz gespeisten, gegen das Eisen gut isolierten Hauptwicklung und einigen blanken kurzgeschlossenen Windungen, die als Hilfswicklung des Ständers bezeichnet werden können und in kleinen Nuten des Ständerpakets untergebracht sind. Die Lagerschilde werden meistens durch einfache Lagerbügel ersetzt (Abb. 23b).

2.2 Kondensatoren

Gespeist vom Einsphasennetz, können die Einphasen-Asynchronmotoren das Drehfeld im Luftspalt nur mit Hilfe einer Hilfsimpedanz erzeugen, welche die Phase des Stromes in einem der Stränge verschiebt. Als Hilfsimpedanzen sind am besten Kondensatoren geeignet, die ein unentbehrliches Zubehör der meisten Einphasen-Asynchronmotoren darstellen und als „Motorkondensatoren" bezeichnet werden. Wie im Abschnitt 3.5 ausführlich gezeigt wird, gibt es der Anwendung nach zwei Arten von Motorkondensatoren: Betriebskondensatoren und Anlaßkondensatoren (siehe VDE 0560, Teil 8/5.68, „Vorschriften für Motorkondensatoren"). Die ersten bleiben beim Lauf des Motors angeschlossen und müssen daher den Dauerbetrieb (DB) aushalten, sofern der Motor selbst nicht für Aussetzbetrieb (S3 beim Motor — AB beim Kondensator) bestimmt ist. Die Anlaßkondensatoren dienen nur dem Anlauf des Motors und werden noch während des Hochlaufens abgeschaltet. Sie haben meistens wesentlich größere Kapazitäten als Betriebskondensatoren, weil die Anzugsströme größer als die Nennströme sind. Dementsprechend werden beide Kondensatoren unterschiedlich gebaut. Zur Herstellung von Betriebskondensatoren werden Papier oder Kunststoffolien als Dielektrikum verwendet, wobei die sogenannten selbstheilenden Metallpapierkondensatoren (MP) und die Kondensatoren mit metallisierten Kunststoffolien (MK) den Vorteil bieten, daß beim Durchbruch die aufgedampften Metallbeläge kleiner Dicke an Fehlstellen verdampfen, so daß der Kondensator ohne wesentlichen Kapazitätsverlust betriebsfähig bleibt (Abb. 26). Diese Kondensatoren kann man sicher auch als

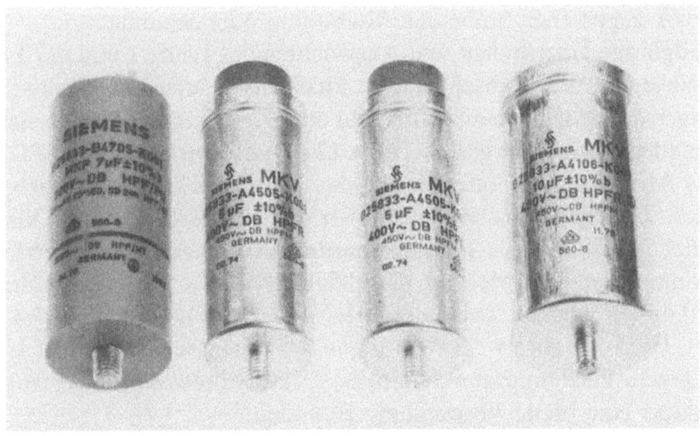

Abb. 26. Kondensatoren für Dauerbetrieb

Anlaßkondensatoren verwenden; sie sind jedoch bei größeren Kapazitäten teurer und haben wesentlich größere Abmessungen als Elektrolytkondensatoren, welche man zum Anlassen von Wechselstrommotoren speziell baut [14]. Letztere haben als Dielektrikum nur eine dünne, durch anodische Oxydation aufgebrachte Metalloxydschicht, so daß die volumenbezogene Kapazität groß ist. Diese Kapazität wird noch 2 bis 2,5 mal vergrößert, wenn man geätzte, rauhe Elektroden mit größerer Oberfläche verwendet (die zulässige Einschaltdauer der Elektrolytkondensatoren mit rauhen Elektroden ist jedoch dementsprechend kürzer). Die Elektrolytkondensatoren für Motoren werden mit zwei Anodenfolien ausgeführt (ungepolte Elektrolytkondensatoren), damit sie Wechselspannungen vertragen. Im Vergleich mit Papier- oder Kunststoffolienkondensatoren haben sie größere Verluste (Verlustfaktor $\approx$ 0,06 bis 0,1) und sind daher nur für Aussetzbetrieb (AB) geeignet, der durch die sogenannte Spieldauer (SD) und relative Einschaltdauer (ED) charakterisiert wird. Als Spieldauer bezeichnet man die Summe aus der Einschaltzeit und der spannungslosen Pause. Wenn auf dem Kondensator keine Nennspieldauer angegeben ist, gilt SD = 3 Minuten, das heißt der Motor mit einem solchen Kondensator kann in einer Stunde $60/3 = 20$ mal angelassen werden. Die relative Einschaltdauer (ED), welche auf dem Elektrolytkondensator angegeben werden muß, gibt die Schaltzeit bezogen auf die Spieldauer in % an. Z. B. bei $ED = 1,7\%$ und $SD = 3$ Minuten darf der Kondensator alle drei Minuten für die Dauer von $0,017 \cdot 3 \cdot 60 \approx 3$ s an die Nennspannung geschaltet werden.

Nach VDE 0560, Teil 8/5.68 enthält die Aufschrift auf dem Kondensator folgende Angaben:

Nennkapazität in μF,
Kapazitätstoleranz,
Nennspannung,
Angabe „Anlaßkondensator" (wenn zutreffend),
Nennfrequenz,
Bauart (z. B. MP, MK, „Elyt glatt" oder „Elyt rauh"),
Nennbetriebsart, falls von DB abweichend (z. B. „AB ... % ED),
Nennspieldauer, falls abweichend von Norm (siehe VDE 0560),
andere, als Buchstabengruppen verschlüsselte Angaben (siehe DIN 48501).

Bei der Wahl des Kondensators ist zu beachten, daß besonders bei zwei-strängigen Schaltungen (Abb. 46) die Betriebsspannung am Kondensator oft wesentlich höher als die Netzspannung ist und besonders beim Leerlauf hohe Werte erreicht. Das gilt vor allem für Motoren mit großer Windungszahl des Hilfsstranges.

Die während des Betriebs entwickelten Verluste müssen aus dem Kondensator abgeführt werden, ohne daß die höchstzulässige Temperatur des Kondensators überschritten wird. Die maximale Oberflächentemperatur des Kondensators beträgt allgemein 60 bis $70°$C (siehe VDE 0560). Man kann annähernd annehmen, daß 1 cm^2 der Kondensatoroberfläche $0,6 \cdot 10^{-3}$ W bei der Übertemperatur 1 K abführen kann. Die Verluste im Kondensator drückt man mit Hilfe des sogenannten Verlustfaktors $\tan \delta_v$ aus. Er stellt das Verhältnis der Verlustleistung

$$\Delta P = P_b \tan \delta_v = U^2 \omega C \tan \delta_v \tag{59}$$

zu der Blindleistung P_b des Kondensators dar, wobei C die Kapazität des Kondensators ist. Der Verlustfaktor $\tan \delta_v$ darf bei elektrolytischen Kondensatoren den Wert 0,15 nicht überschreiten (VDE 0560). Dadurch können Verlustwinkel bis $\delta_v = 9°$ auftreten, die bei der Berechnung des Anzugsmomentes berücksichtigt werden müssen (siehe Abschnitt 3.5.5). Bei Betriebskondensatoren mit Papierdielektrikum ist der Verlustfaktor $\tan \delta_v \leq 0,006$ ($\delta_v < 0,35°$) wesentlich kleiner.

2.3 Thermischer Schutz von Wicklungen

Die Ständerwicklung des Asynchronmotors muß gegen unzulässige Übertemperatur geschützt werden, die durch ungünstige Betriebsbedingungen verursacht werden. Neben den üblichen Störungen, wie mechanische Überbelastung oder unangemessene Betriebsspannung, kommen bei Einphasenmotoren auch mögliche Fehler in Kondensatoren und Abschalteinrichtungen des Hilfsstranges hinzu. Die Übertemperaturen hängen von der Größe und Dauer des unzulässigen

Stromes ab (siehe Abschnitt 3.5.6.2). Bei verhindertem Hochlauf (blockierter Läufer, Kurzschluß im Kondensator, Fehler in der Abschalteinrichtung) erreichen die Wicklungsströme und der Netzstrom ein Vielfaches ihres Nennwertes, und der Motor muß sehr schnell abgeschaltet werden. Dagegen sind bei einer relativ kleinen Überbelastung oder einer abweichenden Speisespannung die Ströme nur mäßig vergrößert, und die gefährliche Temperatur wird erst nach einer längeren Zeit erreicht, insbesondere dann, wenn der Motor vorher abgestellt und kalt war. Die Thermoschutzschalter müssen daher sowohl auf die Stromgröße als auch auf die Umgebungstemperatur ansprechen. Sie werden daher entweder an das Gehäuse des Motors montiert oder direkt in die Wicklungsköpfe des Ständers eingebettet. Es handelt sich um kleine Bimetallschalter, welche durch die Umgebung und den abzuschaltenden Strom aufgeheizt werden (Abb. 27). Sie liegen in Reihe mit dem Netzanschluß, damit alle Stränge der Ständerwicklung bei Störungen abgeschaltet werden. Die Thermoschutzschalter für die Wicklungsköpfe werden in kleinen, ca. 3 cm langen Glas- oder Metallhüllen mit zwei Stromanschlüssen einbaufertig geliefert (Abb. 27). Etwas größer sind die Bimetallschalter, welche an die Lagerschilde befestigt werden (Abb. 27 rechts). In einem kleinen, offenen Kunststoffgehäuse, dessen Öffnung dem Wicklungskopf oder einem anderen geeigneten Motorteil zugewandt sein soll, ist in ihrer Mitte eine gewölbte Bimetallscheibe befestigt, welche auf ihrer konkaven Seite die Schaltkontakte trägt (Abb. 27 ganz rechts). Wenn sich die Scheibe durch den in ihr fließenden Strom oder durch die Umgebung erwärmt, dehnt sich die Metallschicht auf der konkaven Seite des Bimetalls mehr aus als die andere, und bei einer gewissen Temperatur ändert die Scheibe sprunghaft ihre konkave in eine konvexe Form und unterbricht den Strom [6]. Die Schutzschalter dieser Art haben oft eine zusätzliche Heizwendel, so daß die Schaltscheibe durch zwei unterschiedliche Ströme (z. B. Gesamtstrom über die Schaltscheibe direkt und der Strom des Hilfsstranges über die Heizwendel) beheizt werden kann.

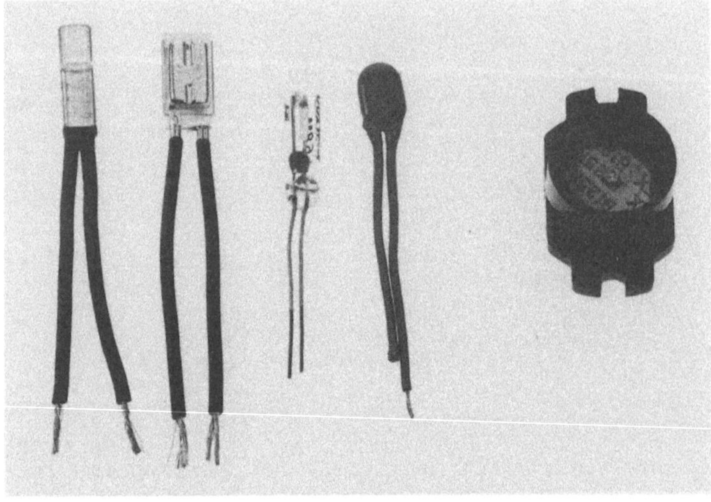

Abb. 27. Thermoschutzschalter

2.4 Ständerwicklungen von Einphasenasynchronmotoren

2.4.1 Auslegung und Darstellung der Wicklungen

Die Umwandlung der Energie in der elektrischen Maschine erfolgt in ihrem elektromagnetischen Feld, welches von den Strombelägen des Ständers und Läufers hervorgerufen wird. Im Abschnitt 1.3 wurde die wichtige Rolle der Sinuskurve auch bei räumlichen Verteilungen hervorgehoben, und es wäre daher sicher günstig, die räumliche Verteilung der Strombeläge rein sinusförmig zu gestalten. Leider ist diese ideale Lösung nicht möglich, weil die Wicklungen in Nuten untergebracht sind und unstetige Verteilungen am Umfang darstellen. Man begnügt sich damit, die Verteilung der Wicklungen so zu gestalten, daß in der Fourier-Reihenentwicklung der räumlichen Verteilung eine Welle, die sogenannte Arbeitsgrundwelle, möglichst stark ausgeprägt ist und die anderen Wellen klein gehalten werden. Die Halbwellen dieser stärksten räumlichen Welle bezeichnet man als Pole, und man spricht von einem $2p$-poligen Motor, wenn diese Welle $v' = p$ Perioden am Umfang hat (siehe 1.3). Die Wicklungen der Asynchronmotoren haben mehrere Stränge. Als Strang betrachtet man eine Gruppe von Leitern, welche gleichen Strom führen.

Es gibt verschiedene Möglichkeiten, eine Wicklung darzustellen. In Abb. 28 und 29a ist der Umfang des Ständers in die Papierebene abgewickelt und stellt die Leiter in Nuten samt Stirnverbindungen dar. Oft verwendet man jedoch ein wesentlich einfacheres Schema, in welchem nur die Anzahl der Stränge m, ihre gegenseitige Lage und ihre Schaltung angedeutet sind (Abb. 29b, 43, 44 und andere). Der „elektrische" Winkel β_m zwischen den benachbarten, auf diese Weise dargestellten Strängen ist p-mal größer als der Winkel α_m, um welchen die Stränge gegeneinander räumlich versetzt sind. Es gilt für symmetrische Mehrphasenwicklungen

$$\beta_m = p\alpha_m = \frac{2\pi}{m}. \tag{60}$$

Bei zweisträngigen Wicklungen muß man jedoch $m = 4$ in Gl. (60) einsetzen, weil es sich um unvollständige Vierphasenschaltungen handelt [17].

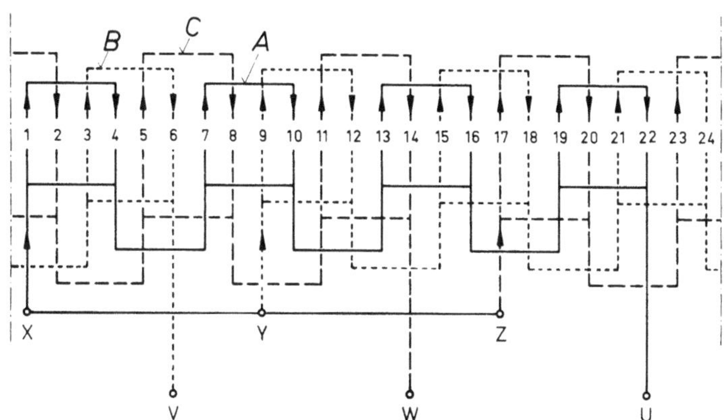

Abb. 28. Achtpolige Drehstromwicklung

2.4.2 Drehstromwicklungen

Es wird im Abschnitt 3.6 gezeigt, daß auch Drehstrommotoren vom Einphasennetz gespeist werden können und die Drehstromwicklungen in speziell gebauten Einphasenmotoren wegen ihrer Vorteile auch verwendet werden. Diese Wicklungen kommen vor allem bei großen Polzahlen vor (Waschmaschinenmotoren). Die Anzahl der Nuten pro Pol und Strang (Lochzahl) ist in solchen Fällen $q = 1$. Eine solche Wicklung ist in Abb. 28 dargestellt.

2.4.3 Zweiphasenwicklungen

Als Zweiphasenwicklungen bezeichnet man die Wicklungen mit zwei gleich ausgeführten Strängen, welche elektrisch um 90° versetzt sind. Ein Beispiel ist in Abb. 29a, b veranschaulicht. Sie werden bei Einphasenmotoren mit Kondensator verwendet, wenn man mit einem einzigen Schaltkontakt die Drehrichtung des Motors ändern will (siehe Abb. 152a).

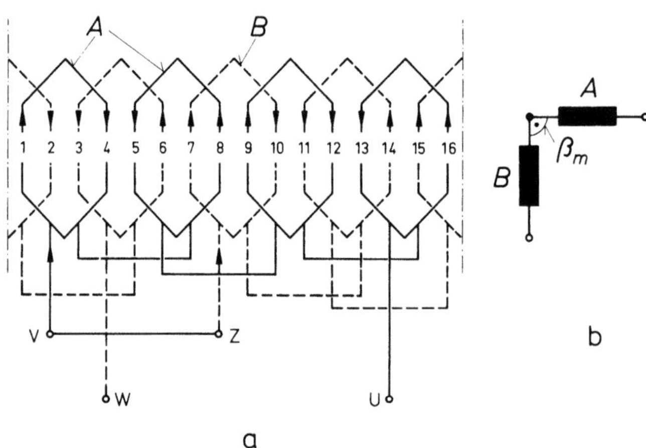

Abb. 29. Vierpolige Zweiphasenwicklung

2.4.4 Einphasenwicklungen mit Hilfsstrang

Es hätte keinen Sinn, die Wicklung eines einsträngigen Asynchronmotors zu beschreiben, da sie ohnehin nichts anderes ist als der Hauptstrang eines Motors mit Hilfswicklung. Die Einphasenwicklungen mit Hilfsstrang (Hilfswicklung, Hilfsphase) sind eigentlich unsymmetrisch ausgeführte Zweiphasenwicklungen, deren Stränge zwar wie bei symmetrischen Zweiphasenwicklungen um 90° elektrisch versetzt sind und auch gleich schematisch nach Abb. 29b dargestellt werden, aber ihre Verteilungen in Nuten, Windungszahlen und Kupfergewichte unterschiedlich sind. Die Ausführung hängt sehr davon ab, ob die Hilfswicklung nur für den Anlauf bestimmt ist oder auch beim Lauf der Maschine arbeitet und welche Hilfsimpedanz verwendet wird (siehe Abschnitt 3.5).

In Abb. 30 ist eine Ausführung angedeutet, welche für Einphasenmotoren mit Kondensator geeignet ist. Der Hauptstrang A nimmt einen zweimal größeren

Nutenraum ($\frac{2}{3}$) als der Hilfsstrang B ($\frac{1}{3}$) ein und wird daher bevorzugt. Der Hilfsstrang mit Kondensator dient entweder nur für den Anlauf und wird nach dem Hochlauf abgeschaltet oder bleibt auch beim Dauerbetrieb wirksam (Betriebskondensatormotor). Die unsymmetrische Verteilung der beiden Stränge hat dann bestimmt einen gewissen Nachteil (größere Verluste), aber die Kapazität des Kondensators, der mit der Hilfswicklung in Reihe geschaltet ist, ist bei kleinerem Querschnitt des Hilfsstranges auch kleiner und billiger als wenn die beiden Stränge gleich wären. Die Aufteilung des Nutenraumes muß nicht unbedingt entweder der symmetrischen Ausführung in Abb. 29 oder der $\frac{2}{3}-\frac{1}{3}$-Ausführung in Abb. 30 entsprechen. Insbesondere bei 2-poligen Motoren, deren Nutenzahl pro Pol und Strang verhältnismäßig groß ist, kann man zwischen beiden genannten Extremen andere Lösungen finden. Mit solchen „teilweise" unsymmetrischen Ausführungen kann man auch unterschiedliches Verhalten des Motors in beiden Drehrichtungen erreichen, wenn man die Drehrichtung nach Abb. 152a ändert.

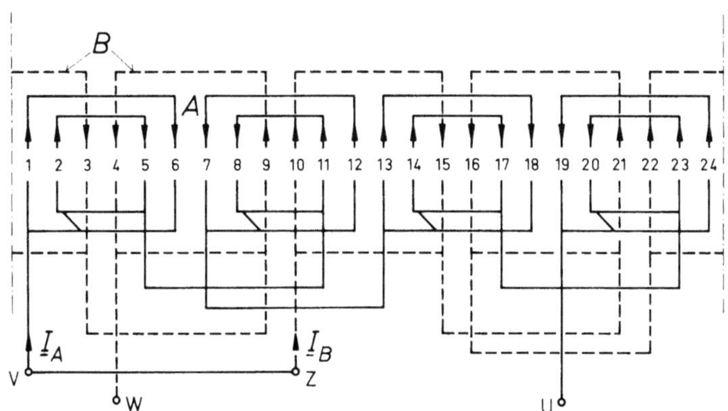

Abb. 30. Vierpolige Einphasenwicklung mit Hilfsstrang

Die in Abb. 29 und 30 angegebenen Wicklungsverteilungen sind vor allem für Anlauf mit Kondensator geeignet. Wenn man die Verschiebung der Ströme in der Haupt- und Hilfswicklung beim Anlauf nur durch unterschiedliche ohmsche Widerstände erreichen will (Abb. 54a), muß man wegen der kleinen Phasenverschiebungen hohe Strombelastungen des Hilfsstranges zulassen. Das hat jedoch starke Oberwellen-Zusatzmomente zur Folge, sofern der Hilfsstrang nur in wenigen Nuten konzentriert ist (siehe Abschnitt 4). Eine bessere Verteilung des Hilfsstranges, der nur während des Hochlaufs wirksam ist, darf andererseits nicht auf Kosten des Hauptstranges gehen, der den Dauerbetrieb gewährleistet. Man verwendet in diesem Fall Wicklungen, deren Stränge teilweise in gleichen Nuten liegen (Abb. 31), so daß beide günstig verteilt werden können. Die Leiterzahlen in den einzelnen Nuten werden noch dazu nach einer Kosinuskurve abgestuft. Bei extrem guter Verteilung liegen beide Stränge fast in allen Nuten und werden voneinander durch zusätzliche Isolation aus Preßspan oder aus anderem Material elektrisch isoliert. Der Vorteil der besseren Wicklungsverteilung wird daher durch eine kleinere Ausnutzung des Nutenraumes und einen größeren Aufwand für die Wickelarbeit bezahlt. Die modernen Einziehmaschinen haben jedoch die Arbeit der

Wickler so weit reduziert, daß man in der Serienproduktion keinen großen Kostenanstieg befürchten muß. Man verwendet die abgestuften Wicklungen auch bei Kondensatormotoren, wenn man die Zusatzverluste in der Maschine möglichst herabsetzen will.

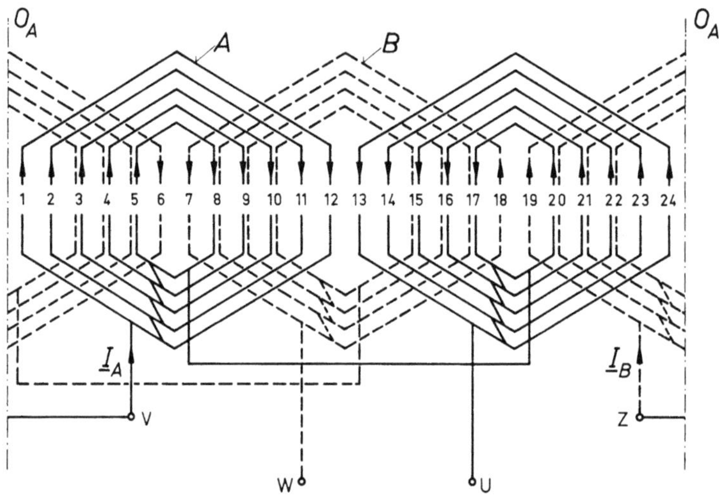

Abb. 31. Zweipolige Einphasenwicklung mit Hilfsstrang und sinusförmig abgestuften Leiterzahlen in den Nuten (nach [3])

Die kosinusförmige Abstufung der Leiter in Nuten kann man nach Abb. 32 durchführen, welche sich auf den Hauptstrang der Wicklung in Abb. 31 bezieht. Die in Abb. 32 dargestellte Spulenseitengruppe ist zu der Achse O_A symmetrisch, so daß die Nuten $1-24$, $2-23$ usw. paarweise gleiche Leiterzahlen erhalten. Die Abstufung erfolgt nach der Kosinusfunktion des elektrischen Winkels $\beta = p\alpha$, gemessen von der Achse O_A. Wenn man den Raumwinkel zwischen benachbarten Nuten $\alpha_n = 2\pi/N$ einführt, kann man schreiben:

Nuten	el. Winkel β	Leiter pro Nut
$1-24$	$\beta_1 = \frac{1}{2}p\alpha_n$	$k\cos\beta_1$
$2-23$	$\beta_2 = \frac{3}{2}p\alpha_n$	$k\cos\beta_2$
$3-22$	$\beta_3 = \frac{5}{2}p\alpha_n$	$k\cos\beta_3$
$4-21$	$\beta_4 = \frac{7}{2}p\alpha_n$	$k\cos\beta_4$
$5-20$	$\beta_5 = \frac{9}{2}p\alpha_n$	$k\cos\beta_5$

Die größte Leiterzahl erhalten daher die Nuten 1 und 24, deren Querschnitt voll ausgenutzt wird.

Bei abgestuften Wicklungen sind die Nuten des Ständers ungleichmäßig belegt, und es ist möglich, die Nuttiefe auch dementsprechend veränderlich zu machen, wodurch das Gesamtvolumen des Motors herabgesetzt werden kann. Man kann

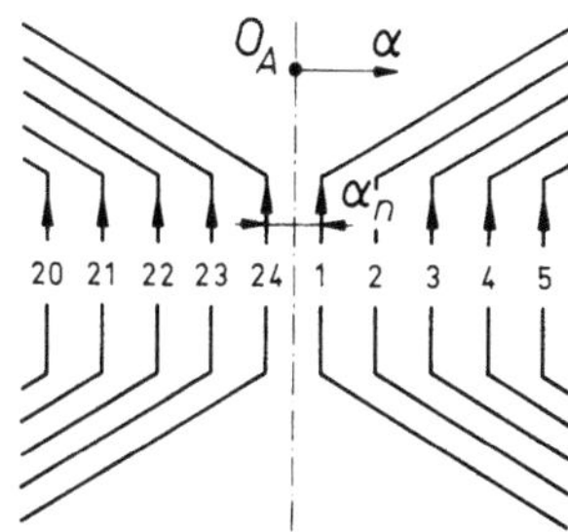

Abb. 32. Abstufung der Leiterzahlen nach der Kosinuskurve

jedoch auch die halbgefüllten Nuten für bifilare Windungen ausnutzen, welche beim Widerstandshochlauf nur den ohmschen Widerstand des Hilfsstranges vergrößern, aber magnetisch unwirksam sind (siehe Abschnitt 5.2.2).

2.4.5 Einphasenwicklungen für zwei Spannungen

Bei Einphasenasynchronmotoren kommt es vor, daß der Motor von Wechselstromnetzen unterschiedlicher Spannung gespeist werden soll. Überwiegend handelt es sich um das Verhältnis 2:1 (z. B. 220–110 V). In diesem Falle kommt man mit einer Wicklung aus, welche entsprechend umschaltbar sein muß. Die Polspulengruppen von Einphasenasynchronmotoren sind normalerweise gleich (Ganzlochwicklungen wie in Abb. 28 bis 31). Dann kann man die Polspulengruppen entweder in Reihe oder parallel schalten, ohne daß dadurch bei entsprechender Änderung der Spannung das Betriebsverhalten wesentlich beeinflußt wird. In Abb. 33 sind vier Spulen angedeutet, welche ganze Polspulengruppen vertreten. Je zwei nebeneinander liegende Spulen sind in Reihe und die beiden Teile parallel geschaltet. Dieser Wicklungsstrang ist für halb so große Spannung wie bei Reihenschaltung aller vier Spulen bestimmt.

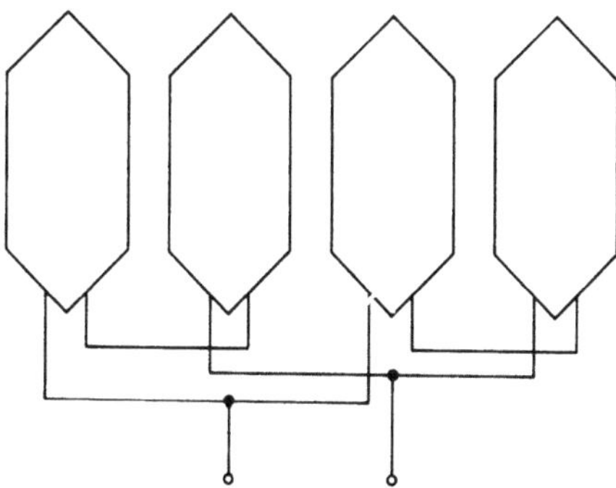

Abb. 33. Strang mit parallelen Zweigen

Bei mehrsträngigen Wicklungen müssen alle Stränge wie in Abb. 33 umgeschaltet werden. Eine Ausnahme bildet die sogenannte T-Schaltung (siehe Abschnitt 3.8).

Das Betriebsverhalten des Motors ändert sich beim Parallelschalten der Polspulengruppen (und entsprechender Spannungsänderung) im allgemeinen nicht oder nur sehr wenig. Kleine Unterschiede entstehen dadurch, daß die parallel geschalteten Spulen einen in sich geschlossenen Stromkreis bilden, in welchen gewisse Raumoberwellen Ströme induzieren können, welche überhaupt nicht in die Außenleitung gelangen. Wenn es sich um Raumwellen handelt, welche durch exzentrische Lage des Läufers in der Bohrung entstehen, dämpfen die genannten Zusatzströme diese Wellen, gleichen das Luftspaltfeld aus, und der Motor läuft ruhiger. Deswegen werden unter Umständen auch bei nicht umschaltbaren Motoren parallele Zweige verwendet, wenn man die Laufruhe des Motors besonders betont. Dabei werden sogar Stellen gleicher Spannung durch zusätzliche Ausgleichsverbindungen verbunden. In Abb. 34 sind diese Verbindungen in einem Strang eines achtpoligen Motors gestrichelt eingezeichnet. Am Beispiel der zwei mit dicker Linie dargestellten Spulen wird gezeigt, wie die Zusatzströme (Pfeile) das magnetische Feld an zwei diametral liegenden Stellen des Umfanges ausgleichen.

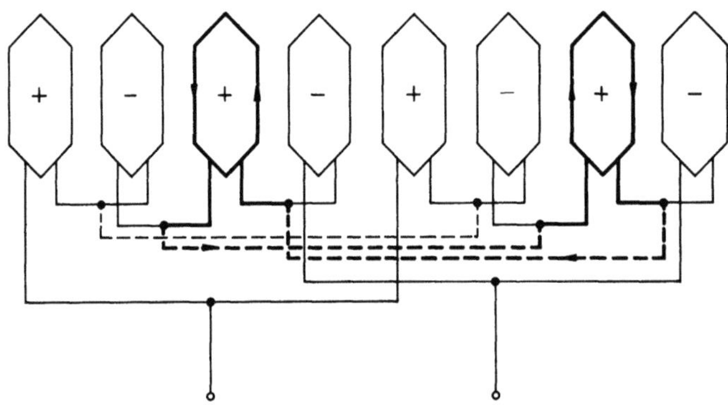

Abb. 34. Strang mit parallelen Zweigen und Ausgleichsverbindungen

Wenn es sich um ein anderes Spannungsverhältnis als 2:1 handelt, sind Anzapfungen am Hauptstrang notwendig (Abb. 52). Die durch Anzapfungen abgetrennten Wicklungsteile sollten möglichst an allen oder wenigstens an mehreren Polspulengruppen beteiligt sein (siehe Abschnitt 3.8.2 und [6]).

2.4.6 Polumschaltbare Wicklungen

Bei modernen Waschautomaten kommen häufig polumschaltbare Motoren vor, welche bei 2 oder 3 unterschiedlichen Drehzahlen arbeiten sollen (siehe [9]). Wenn es sich um das Drehzahlverhältnis 1:2 handelt, kann man die bei Drehstrommotoren bekannte Dahlanderschaltung verwenden, welche mit Kondensator als Steinmetzschaltung einphasig gespeist werden kann (Abb. 35). Zur Durchführung der Polumschaltung müssen sechs Anschlußleitungen vorgesehen werden. Durch Umkehr der Stromrichtung in einem der beiden Teile eines jeden Stranges ergibt sich die neue Polzahl (siehe [9, 48]).

Bei anderen Drehzahlkombinationen verwendet man meistens zwei getrennte Wicklungen, weil dann die Polumschaltung einer einzigen Wicklung mit größeren

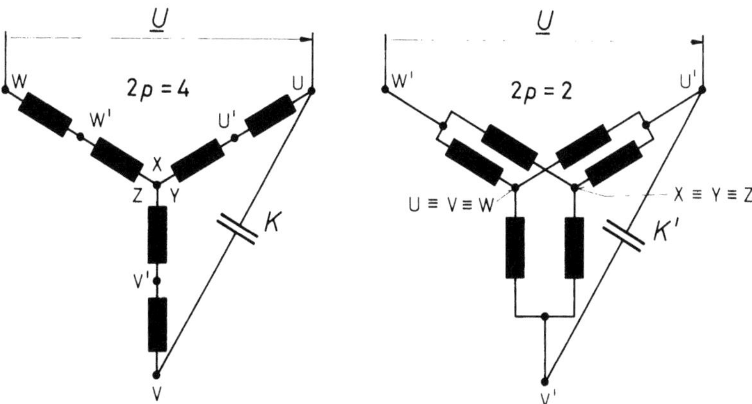

Abb. 35. Polumschaltbare Drehstromwicklung nach Dahlander in Steinmetzschaltung

Nachteilen verbunden ist. Die beiden Wicklungen mit unterschiedlicher Polzahl können dann unabhängig voneinander den Betriebsverhältnissen angepaßt werden. Allerdings ist meistens ein besonderer Blechschnitt für den Ständer vorzusehen, der einen ausreichenden Nutenraum und eine für die beiden Polzahlen geeignete Nutenzahl besitzt.

2.4.7 Bruchlochwicklungen

Die bisher beschriebenen Wicklungen bezeichnet man als Ganzlochwicklungen, welche dadurch charakterisiert sind, daß ihre Leiter $2p$ gleiche Polspulengruppen am Umfang bilden. Wenn die Polspulengruppen nicht gleich sind, spricht man von Bruchlochwicklungen (siehe [2, 9]). Die Bedeutung von Bruchlochwicklungen für kleine Asynchronmotoren ist gering, weil ihre Anwendung besonders bei niedrigen Polzahlen zu starken Geräuschen des Motors führt und vermieden werden soll.

3 Grundlegende Theorie des Betriebsverhaltens

3.1 Vereinfachende Annahmen

Der Asynchronmotor ist ein Energieumformer, der die elektrische Energie in die mechanische umwandelt. Das Betriebsverhalten des Motors ist daher durch den Zusammenhang zwischen Spannung, Strom, Drehmoment und Drehzahl gegeben, und die Gleichungen, welche die gegenseitige Abhängigkeit dieser Grundgrößen beschreiben, kann man als Grundgleichungen der Maschine bezeichnen. Das Bindeglied zwischen den elektrischen und mechanischen Grundgrößen ist das elektromagnetische Feld in der Maschine, welches beim Aufbau der Grundgleichungen mathematisch erfaßt werden muß. Wegen der außerordentlich großen geometrischen Kompliziertheit der elektrischen Maschine ist es jedoch leider unmöglich, die elektromagnetischen Verhältnisse genau zu beschreiben. Deshalb muß man eine Reihe von Annahmen einführen, welche die Lösung vereinfachen, aber gleichzeitig Abweichungen von den tatsächlichen Verhältnissen in der Maschine bedeuten. Je größer diese Vereinfachung ist, desto einfacher wird das Gleichungssystem. So geht man bei der Erklärung der Wirkungsweise normalerweise von einfachsten Modellen aus, in welchen eine rein sinusförmige Verteilung aller im Abschnitt 1.3 erwähnten Größen angenommen wird. Bei dieser vereinfachten Darstellung führt man eigentlich folgende Vereinfachungen ein:

a) Annahme der *sinusförmig verteilten Strombeläge*. Dies bedeutet die Vernachlässigung sämtlicher Oberwellen der räumlichen periodischen Verteilung des Strombelages aller beteiligten Wicklungen.

b) Annahme des *glatten Ständers und Läufers*. Wenn zwischen einem glatten Läufer und einem genuteten Ständer eine magnetische Spannung herrscht, so sind die Werte der Luftspaltinduktion über den Nuten wesentlich kleiner als über den Zähnen. Eine ähnliche Wirkung haben auch die Läufernuten. Die magnetischen Leitwertschwankungen wirken sich vor allem auf die Oberwellen aus (siehe Abschnitt 4.6). Wenn man nur die Arbeitsgrundwelle der Wicklungsverteilung berücksichtigt, legt man den Gleichungen nur den Mittelwert des magnetischen Luftspaltleitwertes zugrunde und betrachtet den Ständer und Läufer als glatt, das heißt ohne Nuten.

c) *Vernachlässigung des Eisenwiderstandes*. Es ist nicht allgemein möglich, die magnetischen Spannungen im aktiven Eisen, dessen Permeabilität von der Sättigung abhängt, in die Grundgleichungen der Maschine einzuführen. Man nimmt in der allgemeinen Theorie an, daß das Eisen keine Verzerrung des Luftspaltfeldes zur Folge hat, und begnügt sich bei Grundwellenbetrachtungen mit einer weiteren Vergrößerung des effektiven Luftspaltes, welche den Einfluß des Eisens auf diese Weise ersetzen soll.

Die vereinfachenden Annahmen a, b und c bilden den Ausgangspunkt der einfachsten Analyse des Betriebsverhaltens im Kapitel 3. Es wird jedoch weiter gezeigt, daß man die Einschränkungen a und b bei ausführlicheren Analysen abschwächen und die Oberwellen in die Berechnung einführen kann (Kapitel 4).

3.2 Grundlegende Eigenschaften der Mehrphasenmotoren bei symmetrischer Speisung

3.2.1 Ersatzschaltbild und Zeigerdiagramm

Die Wirkungsweise einer symmetrisch gebauten und symmetrisch gespeisten Asynchronmaschine beruht auf dem im Abschnitt 1.3 beschriebenen Kreisfeld (Abb. 5), welches von Ständer erzeugt wird und welches Ströme in der mehrphasigen, kurzgeschlossenen Läuferwicklung induziert. Die Läuferströme sind wie jede physikalische Rückwirkung bestrebt, ihre Entstehungsursache, das heißt die gegenseitige Bewegung des Ständerfeldes und der Läuferwicklung und das Ständerfeld selbst zu unterdrücken, und produzieren daher ein Drehmoment, welches den Läufer auf die Drehzahl des Feldes zu bringen sucht. Diese Drehzahl

$$n_S = \frac{f}{p} \tag{61}$$

(f Ständerfrequenz, p Polpaarzahl der Arbeitsgrundwelle) kann jedoch nicht erreicht werden, weil sonst keine Ströme im Läufer induziert würden und das Drehmoment verschwinden müßte. Der Läufer dreht sich daher langsamer als das Drehfeld mit der Drehzahl

$$n = (1 - s)n_S, \tag{62}$$

wobei s der sogenannte Schlupf ist. Er ist für die Frequenz der Läuferströme maßgebend nach der Gleichung

$$f_R = sf. \tag{63}$$

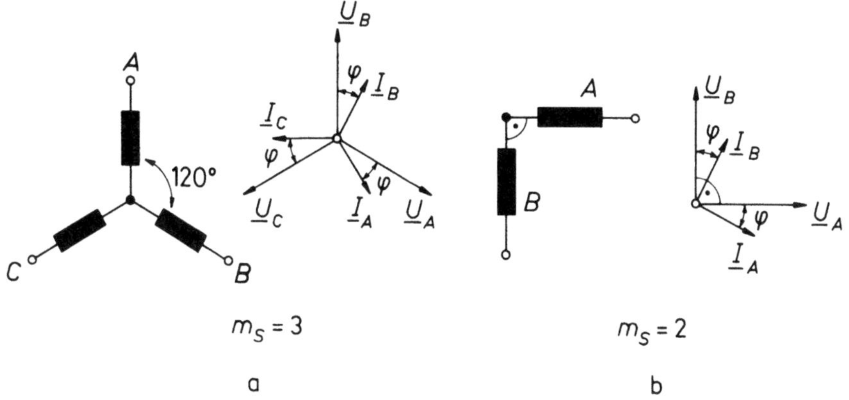

Abb. 36. Vereinfachte Darstellung von drei- und zweisträngigen symmetrischen Wicklungen und die Zeigerdiagramme bei symmetrischer Speisung

Die Strangzahl der Ständerwicklung kann beliebig, aber mindestens $m_S = 2$ sein, und dieser Strangzahl muß die Phasenzahl der Spannungsquelle entsprechen, sofern ein Kreisfeld in der Maschine entstehen soll. Wie aus Abb. 36 ersichtlich ist, müssen die elektrischen Raumwinkel (siehe Abschnitt 2.4.1) zwischen den einzelnen Strängen der Phasenverschiebung der zugehörigen Spannungen entsprechen.

Wenn die Maschine symmetrisch gebaut ist, ruft das symmetrische Spannungssystem auch ein symmetrisches Stromsystem hervor (Abb. 36). Zwischen den Spannungen und Strömen eines jeden Stranges besteht die Beziehung

$$\frac{\underline{U}_A}{\underline{I}_A} = \frac{\underline{U}_B}{\underline{I}_B} = \frac{\underline{U}_C}{\underline{I}_C} = \underline{Z}_m. \tag{64}$$

Diese Impedanz, welche auch in den Gln. (28), (29) erschien, kann man als Mitimpedanz bezeichnen, weil der entscheidende Anteil der Spannung von dem in der Drehrichtung des Läufers umlaufenden Kreisfeld induziert wird. Diese Mitimpedanz ist identisch mit der Impedanz des bekannten Ersatzschaltbildes in

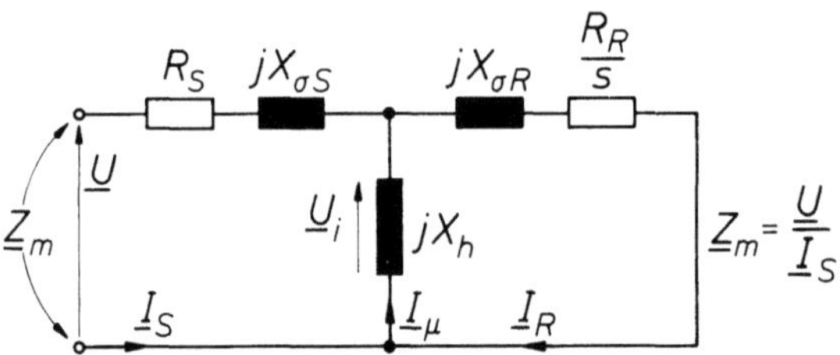

Abb. 37. Ersatzschaltbild eines symmetrischen und symmetrisch gespeisten Asynchronmotors

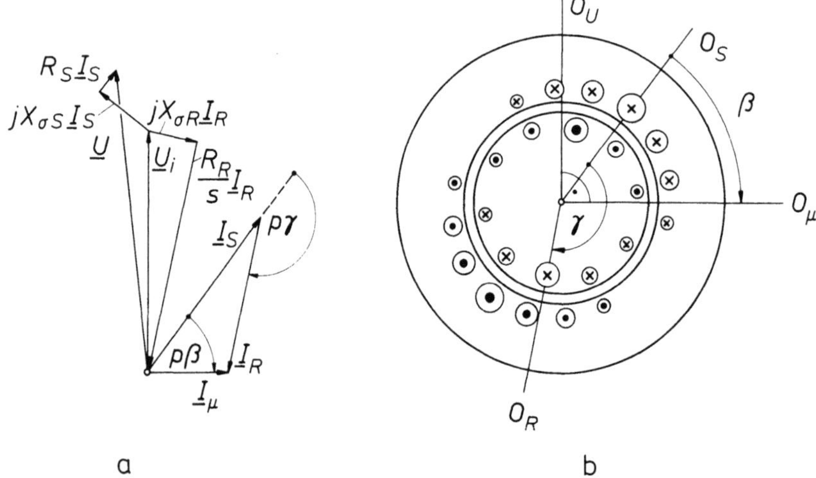

ab

Abb. 38. Zeigerdiagramm eines symmetrischen Asynchronmotors (a) und der Zusammenhang mit den Raumwellen des Strombelages (b)

Abb. 37 (siehe [2, 1]). Man erhält dieses Ersatzschaltbild nach der Umrechnung der Stranggrößen des Läufers auf die Ständerwicklung nach Gln. (56) bis (58) und der Division der Läufergleichung mit dem Schlupf s, so daß auf diese Weise der rotierende Läufer durch einen ruhenden mit gleicher Strangzahl und effektiver Leiterzahl wie am Ständer ersetzt wird (siehe Herleitung im Abschnitt 8.4). Dem Ersatzschaltbild entspricht das Zeigerdiagramm in Abb. 38a. Das Ersatzschaltbild und das zugehörige Zeigerdiagramm entsprechen denen eines Transformators. Es handelt sich jedoch um eine Anordnung mit Drehfeld, und die Winkel im Zeigerdiagramm haben eine räumliche Bedeutung. Die Zeigersumme der Ströme

$$\underline{I}_\mu = \underline{I}_S + \underline{I}_R \tag{65}$$

stellt die Summe der Strombelagswellen des Ständers (A_S) und Läufers (A_R) dar (Abb. 38b). Den Scheitelpunkt dieser Summe der Strombeläge findet man mit Hilfe des Winkels β auf der Achse O_μ im Raum der Maschine[1]. Auf der Achse O_μ der resultierenden Strombelagswelle liegt, entsprechend Abb. 5 und 7b, auch der Scheitelwert des Jochflusses Φ. Die Achse O_U, welche senkrecht auf O_μ steht, gibt andererseits die Lage des Scheitelpunktes der Luftspaltinduktion und auch die Stelle an, wo in den Wicklungsleitern die größte Spannung induziert wird.

Weil sich der Fluß der Arbeitsgrundwelle über den Luftspalt schließt (Abb. 5b), hängt die Hauptreaktanz X_h (Abb. 37) von der Luftspaltbreite ab (siehe Abschnitt 6.1.8.2 und [1, 2, 3]). Die Streureaktanzen $X_{\sigma S}$, $X_{\sigma R}$ stehen für Flußverkettungen der Ständer- und Läuferwicklung, ausgenommen die der bereits durch die Hauptreaktanz X_h erfaßten Arbeitsgrundwelle (siehe Abschnitt 8.4.3).

Das Drehmoment der Maschine ist der Leistungsaufnahme des Läuferkreises in Abb. 37 proportional. Es gilt für diese „Drehfeldleistung" [2]

$$P_D = m_S I_R^2 \frac{R_R}{s}. \tag{66}$$

Weil die Reaktanzen des Ersatzschaltbildes keine mittlere Leistung aufnehmen, gilt auch

$$P_D = m_S I_S^2 \operatorname{Re}\left[\frac{jX_h(jX_{\sigma R} + R_R/s)}{R_R/s + j(X_{\sigma R} + X_h)}\right]. \tag{67}$$

Für das innere Drehmoment des Motors kann man schreiben

$$M = \frac{P_D}{\omega_S} = \frac{P_D}{2\pi n_S}, \tag{68}$$

wobei die Winkelgeschwindigkeit des Kreisfeldes

$$\omega_S = \frac{2\pi f}{p} = \frac{\omega}{p} \tag{69}$$

von der Frequenz der Ständerströme f und der Polpaarzahl p der Maschine

---

[1] Die Polpaarzahl der Maschine in Abb. 38b wird der Einfachheit halber $p = 1$ genommen, so daß die „elektrischen Winkel" im Zeigerdiagramm und die zugehörigen räumlichen Winkel gleich sind.

abhängt. Dieser Winkelgeschwindigkeit ω_S entspricht die Drehfrequenz (Drehzahl) des Kreisfeldes (Gl. (61))

$$n_S = \frac{\omega_S}{2\pi} = \frac{f}{p},\tag{70}$$

welche man als „synchrone Drehzahl" des Motors bezeichnet.

Die elektromechanische Leistung (mechanische Verluste + mechanische Netto-Leistung) ergibt sich dann zu

$$P_{i\,\text{mech}} = M\omega_{\text{mech}} = M \cdot 2\pi n = M \cdot 2\pi n_S(1 - s) = P_D(1 - s).\tag{71}$$

Die Differenz

$$\Delta P_R = P_D - P_{i\,\text{mech}} = sP_D = m_S I_R^2 R_R\tag{72}$$

entspricht den Kupferverlusten in der Läuferwicklung.

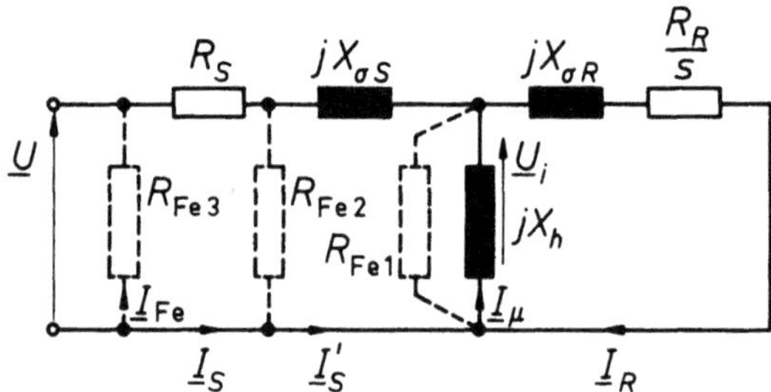

Abb. 39. Eisenverluste im Ersatzschaltbild

Im Ersatzschaltbild (Abb. 37) wurden die Eisenverluste vernachlässigt. In Abb. 39 sind drei Möglichkeiten ihrer annähernden Berücksichtigung angedeutet. Der Wirkwiderstand R_{Fe1} entspricht der Annahme, daß nur der Fluß der Arbeitsgrundwelle Eisenverluste verursacht und die Streuflüsse in der Maschine verlustlos wirken. Es entspricht jedoch bei weitem nicht der Wirklichkeit, und man sollte auch parallel zu den Streureaktanzen $X_{\sigma S}$, $X_{\sigma R}$ Wirkwiderstände schalten, welche Eisenverluste und Zusatzverluste der Oberwellen berücksichtigen. Diesen Tatsachen trägt der Widerstand R_{Fe2} teilweise Rechnung. Man begeht bei größeren Maschinen keinen großen Fehler, wenn man die Variante R_{Fe3} benutzt, welche am einfachsten ist, weil man nur nachträglich zu dem aus dem einfachen Ersatzschaltbild in Abb. 37 berechneten Ständerstrom die den Eisenverlusten entsprechende Wirkkomponente $\underline{I}_{Fe}$ addiert. Bei sehr kleinen Motoren ist jedoch der Einfluß des Wirkwiderstandes R_S wesentlich und kann nicht ohne weiteres vernachlässigt werden.

3.2.2 Kreisdiagramm

Für die Veranschaulichung des Betriebsverhaltens von symmetrischen Asynchronmotoren benutzt man die Ortskurve des Ständerstromes bei konstanter Speisespannung und veränderlichem Schlupf. Diese Ortskurve beruht auf dem Ersatzschaltbild in Abb. 37, welches man nach Abschnitt 1.5 (Abb. 14) ohne

Änderung seiner Impedanz $\underline{Z}_m$ in das Schaltbild in Abb. 40a verwandeln kann. Die komplexe Konstante $\dot{\sigma}$, welche die Umformung beschreibt, ergibt sich nach Gl. (43) und Abb. 40b zu

$$\dot{\sigma} = \frac{R_S + j(X_{\sigma S} + X_h)}{jX_h} = |\dot{\sigma}| \exp(-j\gamma). \qquad (73)$$

Der große Vorteil des Schaltbildes in Abb. 40a besteht darin, daß eine der beiden Komponenten des Ständerstromes, das heißt der Strom $\underline{I}_0$ im Zweig a, konstant bleibt und den Ständerstrom $\underline{I}_S$ beim verschwindenden Schlupf $s = 0$, das heißt den Leerlaufstrom des Motors, darstellt. Die Ortskurve der anderen Stromkomponente $\underline{I}_R/\dot{\sigma}$ (Abb. 40a) ist ein Kreis, weil in der Gesamtimpedanz ihres Stromkreises b nur die Impedanz $\dot{\sigma}^2 R_R/s$ vom Schlupf abhängt und eine Gerade in der komplexen Zahlenebene darstellt. Durch die Inversion dieser Geraden erhält man den

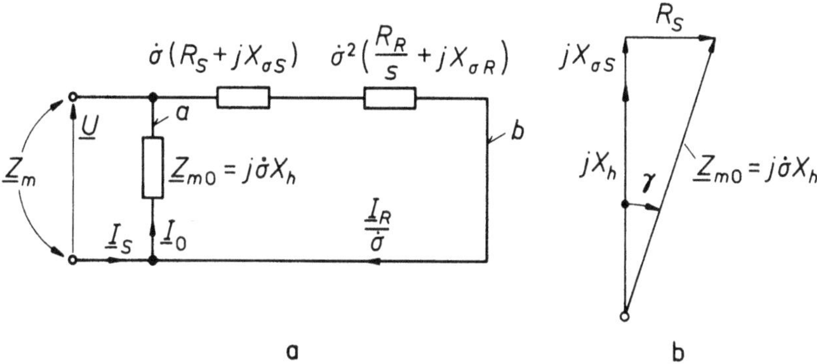

Abb. 40. Umformung des Ersatzschaltbildes; a) transformiertes Schaltbild; b) Bedeutung des komplexen Faktors $\dot{\sigma}$

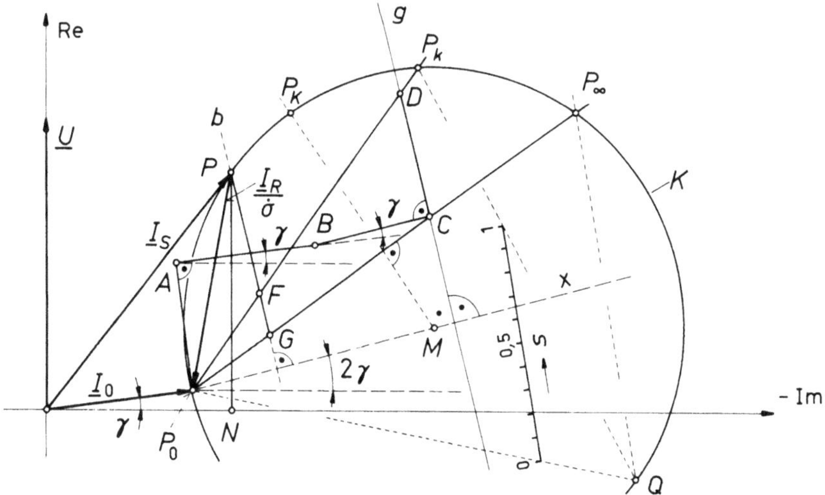

Abb. 41. Kreisdiagramm des symmetrischen Asynchronmotors (nach [3])

gesuchten Kreis, wie es in Abb. 41 angedeutet ist. Der Zeiger der Klemmenspannung $\underline{U}$ ist in die vertikal gewählte reelle Achse der komplexen Zahlenebene gelegt. Für die Konstruktion des Kreises verlegt man den Nullpunkt der komplexen Zahlenebene in den Endpunkt P_0 des konstant bleibenden Leerlaufstromes $\underline{I}_0$ und konstruiert zunächst die Gerade g, das heißt den geometrischen Ort des konjugiert komplexen Wertes der Impedanz des Zweigs b in Abb. 40a bei veränderlichem Schlupf s. Es gilt

$$\overline{P_0 A} = |\dot{\sigma}| R_S,$$

$$\overline{AB} = |\dot{\sigma}| X_{\sigma S},$$

$$\overline{BC} = |\dot{\sigma}|^2 X_{\sigma R},$$

$$\overline{CD} = |\dot{\sigma}|^2 R_R, \tag{74}$$

wobei die Richtung dieser Längen durch den Winkel γ in Abb. 40b (Gl. (73)) gegeben ist. Weil der gesuchte Kreis durch die Inversion einer Geraden entsteht, muß er durch den Punkt P_0 gehen und sein Mittelpunkt M auf dem Strahl x liegen, welcher auf der Geraden g senkrecht steht. Für die Bestimmung des gesuchten Kreises genügt jetzt noch ein einziger Punkt. Die Länge $\overline{P_0 D}$ stellt die Impedanz des Zweiges b (Abb. 40a) beim Schlupf $s = 1$ dar. Wenn man auf diesem Strahl die Länge

$$\overline{P_0 P_k} = \frac{U}{\overline{P_0 D}} \tag{75}$$

(in gleichem Maßstab wie den Strom $\underline{I}_0$ vorher) abträgt, findet man den Punkt P_k des Kreisdiagrammes für den Schlupf $s = 1$.

Für die Konstruktion der Schlupfgeraden s, welche die Schlupfskala enthält, benötigt man noch einen Punkt des Kreises. Es bietet sich gleich der Punkt P_∞ für $s = \infty$, welcher auf dem verlängerten Strahl $\overline{P_0 C}$ liegt. Durch die Projektion der drei Punkte P_0, P_k, P_∞ aus einem beliebigen Punkt des Kreises Q findet man die gesuchte Skala des Schlupfes s, welche parallel zu dem Strahl $\overline{QP_\infty}$ verläuft.

Es ist auch möglich, in dem Kreisdiagramm (Abb. 41) für einen beliebigen Betriebspunkt P folgende Betriebswerte festzustellen [1]:

Leistungsaufnahme	$\sim \overline{PN},$
innere mechanische Leistung	$\sim \overline{PF},$
Verluste in der Läuferwicklung	$\sim \overline{FG},$
Drehmoment (aus der Drehfeldleistung)	$\sim \overline{PG}.$

Maßstäbe:

c_I [A/cm] $\quad$ = Maßstab der Ströme (gewählt schon bei I_0),

c_W [W/cm] $\quad$ = $mc_I U$ — Maßstab der Leistungen (U Strangspannung),

$$c_M \text{ [Nm/cm]} = \frac{mc_I U}{2\pi n_S} \text{ — Maßstab des Drehmomentes.}$$

Das Kreisdiagramm in Abb. 41 kann auch aus drei direkt berechneten Punkten (z. B. P_0, P_k, P_x) gezeichnet werden, ohne daß man die Impedanz P_0ABCD konstruiert. Das größte Drehmoment, welches der Motor entwickeln kann (das Kippmoment), findet man im Punkt P_K mit Hilfe des durch den Mittelpunkt M senkrecht auf $\overline{P_0P_x}$ geführten Strahles.

3.2.3 Die Drehmoment-Drehzahl-Kennlinie

Die Drehmomentkurve des Asynchronmotors ist die Abhängigkeit des Drehmomentes von der Drehzahl n oder vom Schlupf s. Diese Kennlinie kann man punktweise entweder nach Gln. (67), (68) berechnen oder mit Hilfe des Kreisdiagramms bestimmen. Auf diese Weise erhält man die voll ausgezogene Kurve in Abb. 42. Das maximale Drehmoment, welches der Motor entwickeln kann, bezeichnet man als Kippmoment M_K und das Drehmoment M_A beim ruhenden Läufer ($n = 0$, $s = 1$) als Anzugsmoment. Der monoton steigende Verlauf der Drehmomentkurve von Anzugsmoment zum Kippmoment entspricht jedoch nur dem vereinfachten Ersatzschaltbild (Abb. 37). Die Oberwelleneinflüsse, welche vernachlässigt wurden, bewirken, daß der Verlauf der Drehmomentkurve zwischen dem Anzugs- und Kippmoment wesentlich komplizierter ist (Abb. 42 gestrichelt). Man führt daher noch den Begriff „Hochlaufmoment" oder „Sattelmoment" ein, womit das kleinste Drehmoment M_H im Hochlaufbetrieb gemeint ist (siehe Abb. 42). Das Nenndrehmoment M_N liegt immer auf dem stabilen Teil der Drehmomentkurve, das heißt bei höherer Drehzahl als das Kippmoment. Die Oberwellenmomente werden im Kap. 4 erklärt.

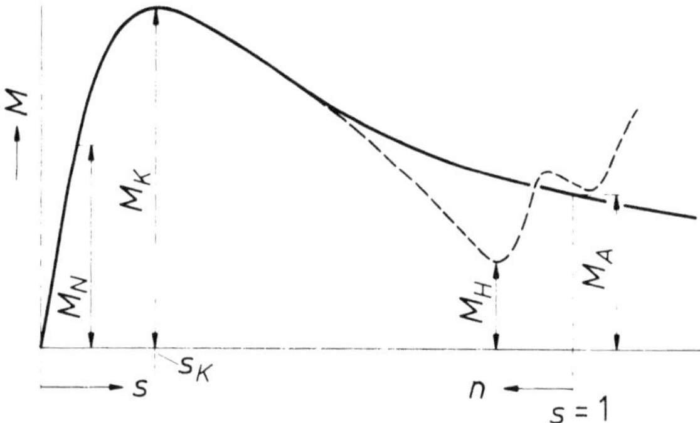

Abb. 42. Drehzahl-Drehmoment-Kennlinie mit den charakteristischen Werten des Drehmomentverlaufes

3.3 Schaltungen der Asynchronmotoren am Einphasennetz

Die Wirkung des Asynchronmotors beruht auf dem Drehfeld, welches durch zwei oder mehrere Stränge, die phasenverschobene Ströme führen, erregt werden kann. Wenn man mit einem Einphasennetz auskommen soll, muß man künstlich aus einem Einphasennetz ein mehr oder weniger symmetrisches Mehrphasensystem herstellen. So gelangt man zu den Schaltungen von Einphasenmotoren.

3.3.1 Ersatz eines Drehstromnetzes

Es soll zunächst angenommen werden, daß für einen bestimmten Betriebszustand eines symmetrisch gespeisten Drehstrom-Asynchronmotors das Zeigerdiagramm in Abb. 43a gilt, und dieser Motor möglichst unter gleichen Bedingungen an einem Einphasennetz arbeiten soll, dessen Einphasenspannung $\underline{U}$ der Außenleiterspannung des Drehstrommotors entspricht (Abb. 43a und b). Es fehlt die dritte Phasenspannung für den Strang B, welche man jedoch mit Hilfe einer Drosselspule L und eines Kondensators K nach Abb. 43b und c künstlich herstellen kann. Der

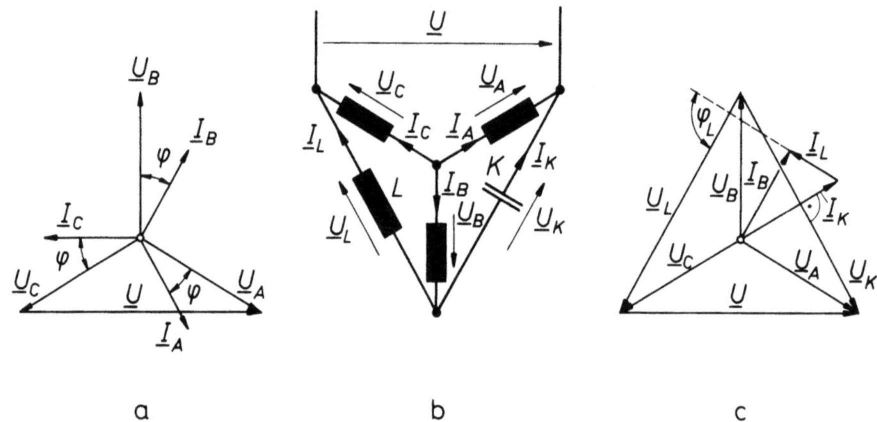

a   b   c

Abb. 43. Ersatz der symmetrischen Speisung eines Drehstrommotors

Strom $\underline{I}_B$ des symmetrischen Betriebs wird aus zwei Komponenten $\underline{I}_L$, $\underline{I}_K$ zusammengesetzt (Abb. 43c), welche durch die Drosselspule L und den Kondensator K fließen. Der Strom $\underline{I}_K$ steht senkrecht zu der Spannung $\underline{U}_K$ und die Lage des Stromes $\underline{I}_L$ ist durch die Lage der Spannung $\underline{U}_L$ und den Phasenwinkel φ_L der Drosselspule bestimmt. Die Größe dieser Komponenten $\underline{I}_L$, $\underline{I}_K$ ist durch die Größe und Lage des Stromes $\underline{I}_B$ gegeben. Die Parameter der Zweige, welche diese Stromkomponente führen, bestimmt man nach den Gleichungen

$$L = \frac{U_L}{\omega I_L} = \frac{U}{2\pi f I_L} \qquad (76)$$

und

$$C = \frac{I_K}{\omega U_K} = \frac{I_K}{2\pi f U}. \qquad (77)$$

Aus dem Zeigerdiagramm in Abb. 43c ist ersichtlich, daß man bei der Phasenverschiebung $\varphi = 60°$ des Motors mit dem einzigen Kondensator K auskommt, weil dann $\underline{I}_B = \underline{I}_K$ ist. So entsteht die in Abb. 44a dargestellte sogenannte Steinmetzschaltung. Diese Schaltung kommt in der Praxis oft vor, und zwar in Fällen, wenn $\varphi \neq 60°$ ist. Die Unsymmetrie des dann erhaltenen Spannungssystems bewirkt zwar eine Senkung der Leistung bei gleichen Verlusten; sie wird aber normalerweise in Kauf genommen, weil eine gewisse Vergrößerung des Motors bei weitem nicht so teuer wie eine zusätzliche Drosselspule ist. Es muß auch beachtet werden, daß man eine vollständige Symmetrie nach Abb. 43b und c nur für einen einzigen Betriebszustand, das heißt für eine einzige Lage und Größe des Stromes $\underline{I}_B$ des Motors erreichen kann, und der Strom $\underline{I}_B$ vom Schlupf des Motors abhängig ist.

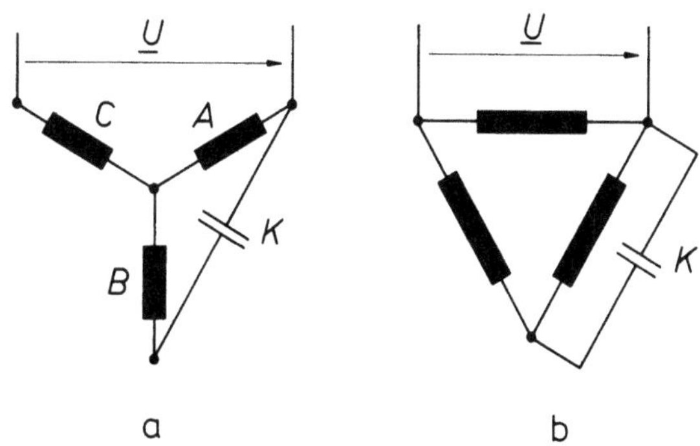

Abb. 44. Die Steinmetzschaltung: a) Stern; b) Dreieck

Die Eigenschaften dieser Schaltung sind in Abschnitt 3.6 ausführlich behandelt. In Abb. 44b ist eine andere Variante der Steinmetzschaltung dargestellt, welche grundsätzlich gleiche Betriebseigenschaften wie die erste aufweist. Die Ständerwicklung des Drehstrommotors ist diesmal nicht in Stern sondern in Dreieck geschaltet. Während die erste Ausführung der Steinmetzschaltung in Abb. 44a meistens bei speziell gebauten Einphasenasynchronmotoren mit großer Polzahl vorkommt, kann man die Variante mit Dreieck in Abb. 44b vor allem als Notlösung betrachten, wenn ein normaler Drehstrommotor 380/220 V von einem Einphasennetz 220 V gespeist werden soll.

3.3.2 Ersatz eines Zweiphasennetzes

Man findet noch wichtigere Schaltmöglichkeiten von Einphasen-Asynchronmotoren, wenn man von einem Zweiphasennetz ausgeht[1]. In Abb. 36b ist eine Zweiphasenschaltung eines Asynchronmotors dargestellt, welche bei Speisung von einem symmetrischen Spannungssystem $\underline{U}_A$, $\underline{U}_B$ auch ein symmetrisches System von Strömen $\underline{I}_A$, $\underline{I}_B$ aufnimmt. Wenn die Phasenverschiebung zwischen Strom und Spannung $\varphi = 45°$ ist, kann man die Spannung $\underline{U}_B$ des Stranges B mit Hilfe eines Kondensators K künstlich herstellen (Abb. 45). Die Kapazität des Kondensators ergibt sich aus dem Strom $\underline{I}_B$ und der Spannung $\underline{U}_K$ am Kondensator zu

$$C = \frac{I_K}{\omega U_K} = \frac{I_B}{2\pi f \cdot \sqrt{2}\, U}. \tag{78}$$

Man kann daher einen solchen Motor aus einem Einphasennetz mit der Spannung

---

[1] Die Tatsache, daß es sich eigentlich um eine unvollständige Vierphasenschaltung handelt, wird in [17] erklärt, aber sonst wird die übliche Bezeichnung „Zweiphasenschaltung" beibehalten.

$U = U_A$ speisen und bei $\varphi = 45°$ erreichen, daß die Spannungen und Ströme einer symmetrischen Speisung entsprechen.

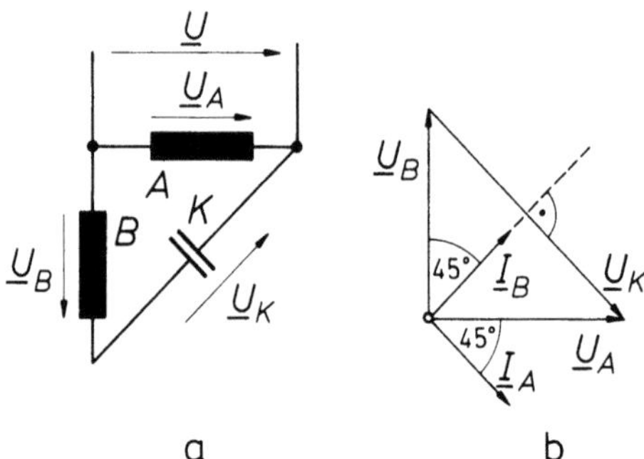

Abb. 45. Ersatz des Zweiphasennetzes bei $\varphi = 45°$ durch einen Kondensator

Die in Abb. 45a dargestellte Schaltung ist die üblichste Schaltung von Einphasenasynchronmotoren überhaupt. Man verwendet sie jedoch meistens in der unsymmetrischen Ausführung (Stränge A und B nicht gleich verteilt und mit verschiedener Windungszahl). Damit gewinnt man die Möglichkeit, eine wirklich wirtschaftliche und den Forderungen des Antriebs am besten entsprechende Lösung zu finden, wobei auch die Größe und der Preis des Kondensators eine nicht unwesentliche Rolle spielen (siehe Abschnitt 3.5.4).

3.3.3 Verschiedene Ständerschaltungen von Einphasenasynchronmotoren

In Abschnitt 3.3.1 und 3.3.2 wurde gezeigt, wie man, ausgehend vom Ersatz eines Drehstrom- oder Zweiphasennetzes, zu den wichtigsten Ständerschaltungen von Einphasenasynchronmotoren in Abb. 45 und 44 gelangt. Es gibt jedoch eine Reihe von Abwandlungen dieser Schaltungen, welche hier übersichtlich aufgezeigt werden sollen.

3.3.3.1 Zweisträngige Schaltungen

Die am meisten verbreitete Ständerschaltung mit zwei elektrisch um $90°$ versetzten Strängen (Abb. 45a) kommt vor allem in drei Ausführungen vor. In Abb.

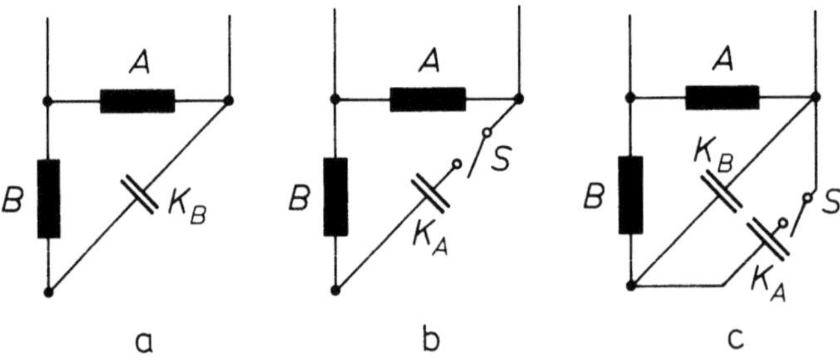

Abb. 46. Die üblichen Ständerschaltungen von Kondensatormotoren mit zwei elektrisch senkrechten Strängen

46a bleibt der Betriebskondensator K_B beim Anlauf sowie Dauerbetrieb angeschlossen, so daß seine Kapazität nach Gl. (78) dem Nennbetrieb entsprechen muß, und dieser Motor ein verhältnismäßig kleines Anzugsmoment entwickelt (siehe Abschnitt 3.5.4.2). Große Anzugsmomente erreicht man mit großen Kapazitäten der sogenannten Anlaßkondensatoren K_A, welche während des Hochlaufs abgeschaltet werden müssen, da sonst beim Dauerbetrieb unzulässig große Verluste entstehen würden. Der Motor läuft dann entweder als reiner Einphasenmotor mit einem einzigen Strang weiter (Abb. 46b), oder man muß zwei Kondensatoren verwenden, von denen einer als Betriebskondensator K_B den Dauerbetrieb verbessert und der andere nur beim Hochlauf wirksam ist (Abb. 46c). Mit dem ausreichend großen Anlaßkondensator kann man Anzugsmomente erreichen, welche die bei symmetrisch gespeisten Drehstrommotoren gleicher Baugröße üblichen Werte übertreffen (siehe Abschnitt 3.5.4.2).

Die Kondensatormotoren für zwei Spannungen im Verhältnis 2:1 können nach Abb. 47 geschaltet werden (siehe Abschnitt 2.4.5). Nicht nur die beiden Stränge, sondern auch der Kondensator muß aus zwei Teilen K und K' bestehen, welche in

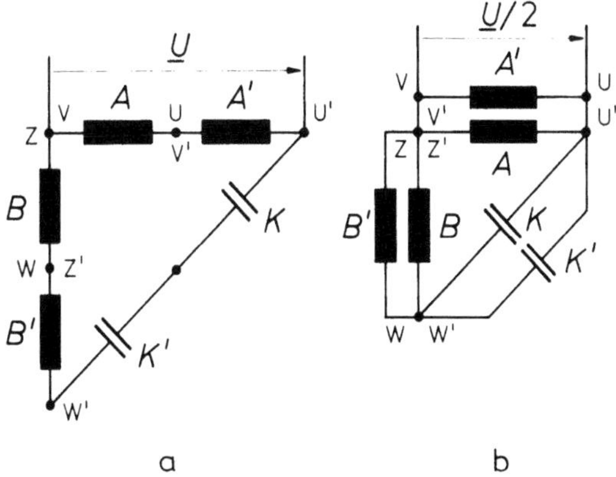

Abb. 47. Kondensatormotoren für zwei Spannungen (Verhältnis 2:1)

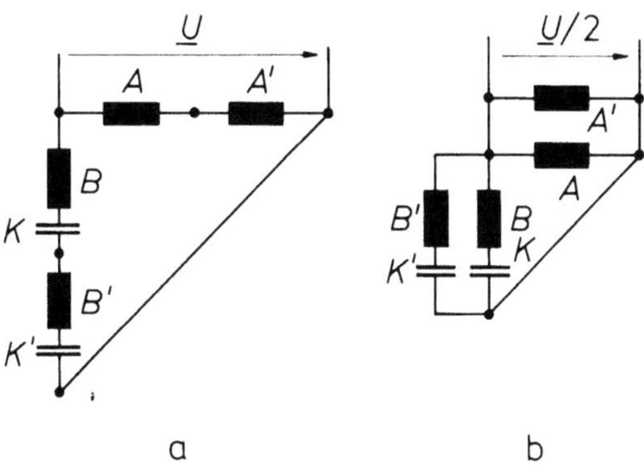

Abb. 48. Vereinfachte Umschaltung der Ständerwicklung für zwei Spannungen

Reihe oder parallel geschaltet werden können. Man kommt mit wenigeren Kontakten aus, wenn man nach Abb. 48 die beiden Teile B, B' des Hilfsstranges zusammen mit den beiden Kondensatoren K, K' umschaltet. Noch günstiger in dieser Hinsicht ist die in Abb. 49a dargestellte T-Schaltung, welche es ermöglicht, mit einem Kondensator und ohne Umschaltung des Hilfsstranges auszukommen. Es wird je nach Spannung nur der Hauptstrang umgeschaltet, so daß bei niedrigerer Spannung (Abb. 49b) die normale Schaltung des Kondensators entsteht, bei höherer Spannung jedoch der Hilfsstrang B mit Kondensator K nur an die Hälfte A der Hauptwicklung angeschlossen bleibt (Abb. 49a). Abgesehen von gewissen störenden Einflüssen, welche im Abschnitt 3.8 behandelt werden, hat die T-Schaltung dieselben Eigenschaften wie die normale Schaltung nach Abb. 49b, das heißt auch Abb. 46 (siehe Abschnitt 3.8).

In Abb. 50 ist die Schaltung des zweisträngigen Kondensatormotors mit Spartransformator Tr, der die Größe der Spannung $\underline{U}''$ am Hilfsstrang B und Kondensator K von der Netzspannung $\underline{U}$ unabhängig macht, ohne die Phase dieser Spannung wesentlich zu ändern. Wenn gilt

$$\underline{U}'' = k_{\mathrm{tr}}\underline{U}, \qquad (79)$$

ändert sich auch der Strom und die Durchflutung des Hilfsstranges B, und die resultierende Auswirkung entspricht der gleichzeitigen Änderung der Windungszahl des Hilfsstranges mit $1/k_{\mathrm{tr}}$ und der Kapazität mit k_{tr}^2 (siehe Abschnitt 1.6). Diese Schaltung macht es möglich, mit kleinen Kapazitäten auch bei niedrigen Netzspannungen auszukommen oder das Betriebsverhalten von gegebenen Mo-

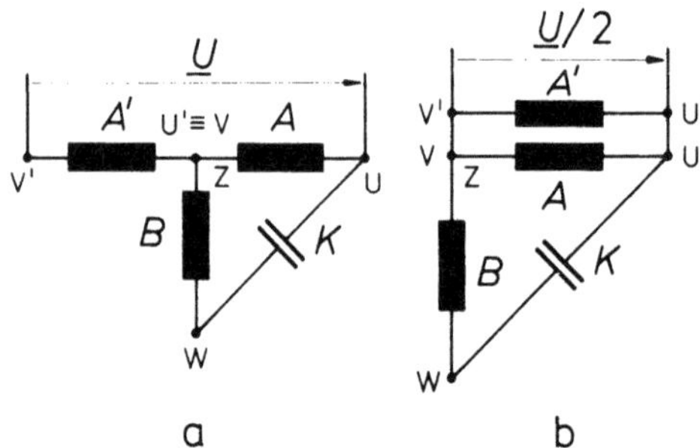

Abb. 49. Umschaltbare T-Schaltung mit einem Kondensator

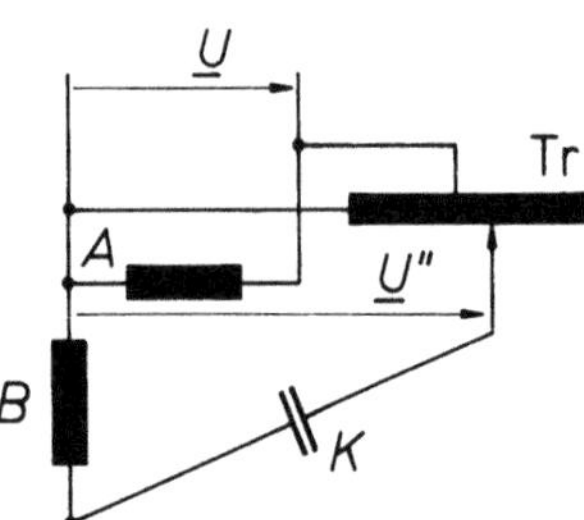

Abb. 50. Zweisträngiger Kondensatormotor mit Spartransformator

toren nachträglich zu ändern. Die größte Bedeutung hat diese Schaltung für die Optimierung der Windungszahl des Hilfsstranges bei der experimentellen Untersuchung von Mustermotoren. Man kann die optimale Windungszahl des Hilfsstranges mit Hilfe dieser Simulation finden, ohne die Wicklung selbst versuchsweise ändern zu müssen (siehe Abschnitt 7.1).

Die kleinen Einphasenasynchronmotoren haben im Vergleich mit großen Maschinen eine ziemlich weiche Drehzahl-Drehmoment-Kennlinie (Kippschlupf $s_K = 0,3$ oder mehr). Diese Eigenschaft kann man besonders bei Lüftern, deren Drehmoment mit der sinkenden Drehzahl steil abnimmt (Abb. 51), für eine einfache Steuerung der Drehzahl ausnutzen. Man kann entweder die Speisespannung mittels eines aus Halbleitern aufgebauten Wechselstromstellers oder durch Vorschaltwiderstände senken oder die Änderung der Drehmoment-Kennlinie durch Umschaltungen im Schaltbild des Motors selbst erreichen. Es können entweder die Größe der Kapazität oder die effektive Windungszahl des Hauptstranges geändert werden. Die Änderung der Windungszahl wirkt sich ähnlich wie die Änderung der Klemmenspannung aus, von welcher das Drehmoment quadratisch abhängt (siehe Abschnitt 3.2.1). Bei einer kleinen Windungszahl ist der magnetische Fluß größer, und der Motor hat ein größeres Drehmoment bei jeder Drehzahl; die Wirkung einer größeren Windungszahl ist umgekehrt. Die An-

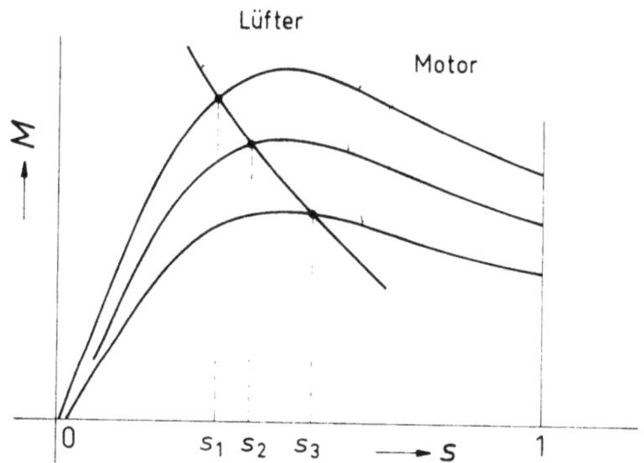

Abb. 51. Drehzahlsteuerung durch Spannung

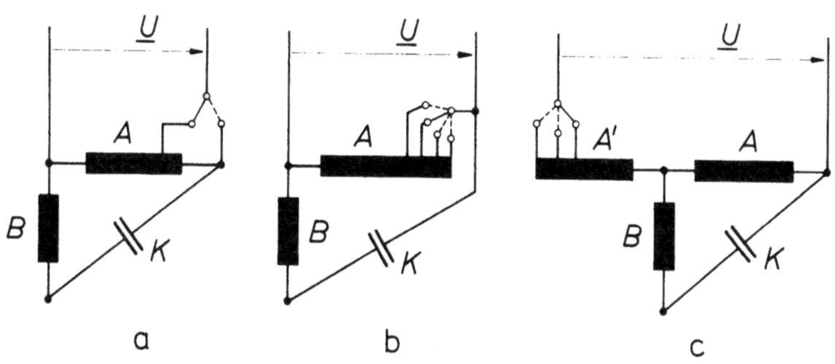

Abb. 52. Ständerschaltungen von Kondensatormotoren mit Anzapfungen der Stränge

zapfungen sind immer am Hauptstrang, der direkt an der Netzspannung liegt (Abb. 52). Die abschaltbaren Windungen sollten möglichst über alle Pole des Motors verteilt sein. Wenn es bei einer größeren Anzahl von Anzapfungen nicht möglich ist, sollte jeder durch Anzapfungen abgegrenzte Wicklungsteil wenigstens an zwei Polspulengruppen beteiligt sein (siehe Abschnitt 3.8.2 und [6]).

Im Abschnitt 3.5.2 wird gezeigt, daß bei den Schaltungen nach Abb. 46 das erreichbare Anzugsmoment mit der wachsenden Windungszahl des Hilfsstranges B abnimmt, aber der Betriebskondensator (K_B) kleiner und daher billiger wird. Wenn man ein sehr großes Anzugsmoment verlangt und den Betriebskondensator klein halten will, kann man die Schaltung in Abb. 53 verwenden. Der Hilfsstrang besteht aus zwei Teilen, von welchen nur der Teil B mit dem Elektrolyt-Kondensator K_A beim Anlassen benützt wird. In der Nähe des Kippschlupfes wird der Anlaßkondensator K_A abgeschaltet und der Betriebskondensator K_B mit dem Wicklungsteil B' angeschlossen.

Wenn man auf die nach Abb. 45a und b erreichbare annähernde Symmetrie des Stromsystems verzichtet und das Schaltbild nicht unbedingt als „Ersatz" eines Zweiphasensystems, sondern nur als die durch eine Zusatzimpedanz bewirkte Phasenverschiebung der Ströme in den zwei Wicklungsteilen betrachtet, kann man eine gewisse Phasenverschiebung auch mit einem ohmschen Widerstand R oder einer Drosselspule L erreichen. So kommt man zu den in Abb. 54 dargestellten Schaltungen, von denen nur die Schaltung mit Widerstand R (Abb. 54a) praktisch wichtig ist. Weil der Widerstand R im Vergleich zum Kondensator nur eine kleine

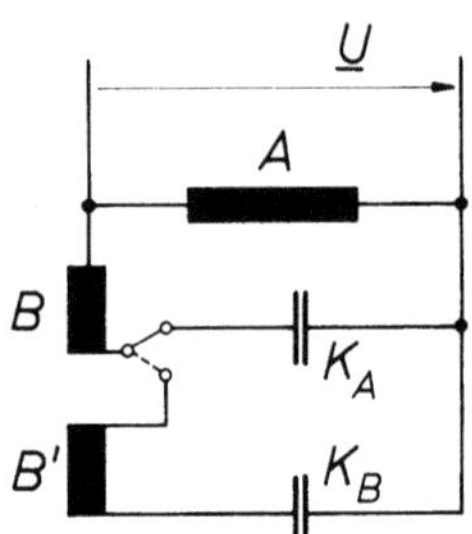

Abb. 53. Kondensatormotor mit Anzapfung am Hilfsstrang

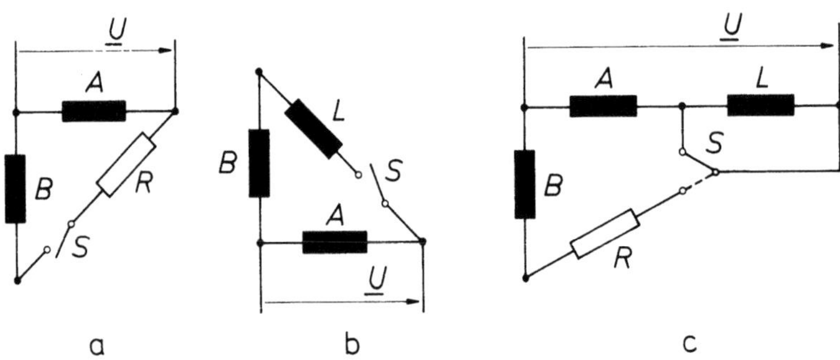

a   b   c

Abb. 54. Anlaßschaltungen mit ohmschem Widerstand und Drosselspule

Phasenverschiebung der Ströme in beiden Strängen *A* und *B* bewirkt und dabei eine zusätzliche Verlustquelle darstellt, verwendet man diese Schaltung nur für den Hochlauf, und der Motor arbeitet nach dem Abschalten des Hilfsstranges *B* (Schalter *S*) als reiner Einphasenmotor (Anwurfmotor − siehe Abschnitt 3.4 und 3.5.6).

Ähnliche Betriebseigenschaften wie die Anlaßschaltung mit dem ohmschen Widerstand hat auch die Schaltung mit der Drosselspule *L* in Abb. 54b. Sie ist günstiger als ein Widerstand bei niederpoligen Motoren, welche von sich aus nur eine kleine Phasenverschiebung zwischen Spannung und Strom aufweisen. Wegen des hohen Preises der Drosselspule und der Notwendigkeit einer getrennten Montage außerhalb des Motorgehäuses hat diese Schaltung heute praktisch keine Bedeutung mehr. Man findet in [6] auch eine Kombination der beiden Schaltungen in Abb. 54a, b nach Abb. 54c. Die Drosselspule *L* wird beim Anlauf dem Hauptstrang vorgeschaltet, damit die Anzugsbedingungen günstiger sind.

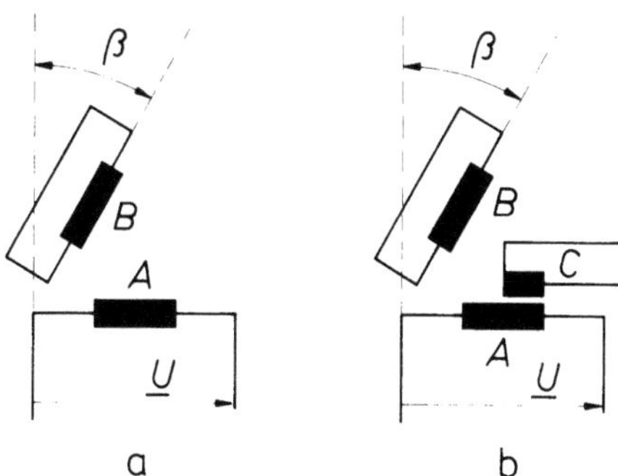

Abb. 55. Schematische Darstellung des Spaltpolmotors; a) Prinzip; b) vereint mit Transformator

Zu den zweisträngigen Einphasenmotoren kann auch der in Abb. 55 dargestellte sogenannte Spaltpolmotor gerechnet werden, der für kleine Leistungen in großen Stückzahlen produziert wird. Es ist ein Motor mit einem von der Netzspannung gespeisten Strang *A* und einem kurzgeschlossenen Hilfsstrang *B*, der aus $2p$ blanken Kupferringen besteht (Abb. 55a). Der Strang *A* ist in $2p$ relativ großen Nuten untergebracht, zwischen welchen große Zähne in der Form von ausgeprägten Polen entstehen (Abb. 104, 105). In diesen ausgeprägten Polen liegen die kleinen Nuten für die Kurzschlußbügel des Hilfsstranges *B*. Diese Schaltung wird im Abschnitt 3.9 ausführlich behandelt. Dort wird auch gezeigt, daß der Motor auch zwei Hilfsstränge und einen abgestuften Luftspalt haben kann.

Jeder Asynchronmotor kann zusätzlich die Funktion eines kleinen Transformators übernehmen, wenn er mit einem weiteren Strang versehen wird, der wie die Sekundärwicklung eines Transformators belastet werden kann. Dieser Strang muß möglichst gut mit dem direkt an das Netz geschalteten Hauptstrang magnetisch gekoppelt sein. Praktisch findet man diese Zusatzfunktion des Motors bei Spaltpolmotoren (Abb. 55b) für Tonbandgeräte, bei welchen schon eine kleine Leistung für die Versorgung der Elektronik ausreicht. Die strombelastete Zusatzwicklung *C* bedeutet jedoch eine Schwächung des Motors in seiner ursprünglichen Funktion, das heißt eine gewisse Abnahme seines Drehmomentes im ganzen Drehzahlbereich [4].

3.3.3.2 Dreisträngige Schaltungen

Obwohl die Steinmetzschaltung in Abb. 44 zu den wichtigsten Ständerschaltungen gehört, sind ihre Varianten wenig verbreitet. Verhältnismäßig oft findet man die Steinmetzschaltung nach Abb. 44a mit ungleicher Windungszahl der drei elektrisch um 120° versetzten Stränge. Diese Schaltungsvariante wird meistens empirisch den Ansprüchen des Antriebs angepaßt. Die Schaltungen mit Zusatztransformatoren (Abb. 56a und b) in Sparschaltung ergeben zwar größere Anzugsmomente als die Schaltungen in Abb. 44; sie sind jedoch zu aufwendig und daher ohne besondere Bedeutung. Dasselbe gilt auch für die Schaltungen in Abb. 57, welche das Anlassen von Drehstrommotoren am Einphasennetz mit ohmschem Widerstand ermöglichen. Nach dem Abschalten des Widerstandes läuft der Motor als reiner Einphasenmotor (Anwurfmotor − siehe Abschnitt 3.4), und seine Leistung entspricht ungefähr 50% der Leistung bei symmetrischer Drehstromspeisung. Bei der Schaltung in Abb. 57b treten verhältnismäßig starke Zusatzmomente der 3. Oberwelle beim Hochlauf auf (siehe Abschnitt 4.2.4.3).

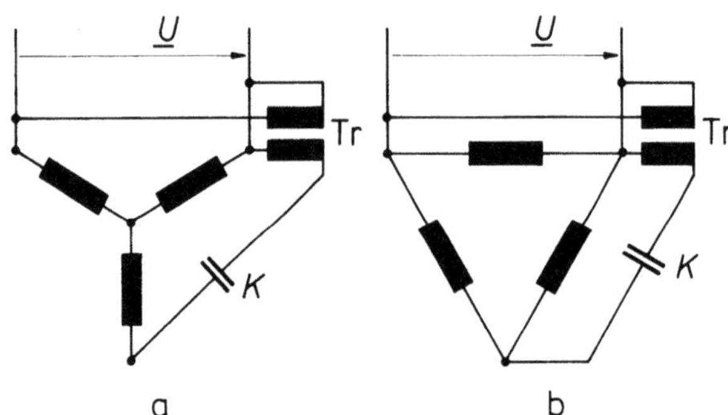

Abb. 56. Steinmetzschaltung mit Transformator in Sparschaltung

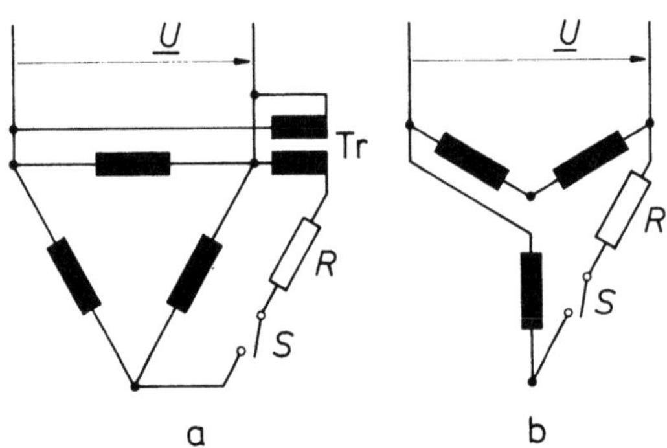

Abb. 57. Anlassen von Drehstrommotoren mit Wirkwiderstand

3.4 Der einsträngige Einphasenmotor (Anwurfmotor)

3.4.1 Wirkungsweise

Als einsträngiger Einphasen-Asynchronmotor bezeichnet man einen Motor mit kurzgeschlossenem mehrsträngigem Läufer und einem einzigen Wicklungsstrang am Ständer. Diese einphasige Ständerwicklung kann in 2/3 Ständernuten untergebracht sein (wie Strang A in Abb. 30) und wird von einer Wechselspannungsquelle gespeist.

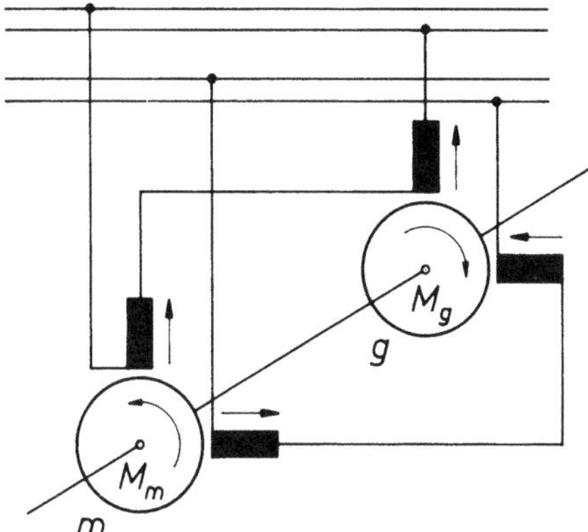

Abb. 58. Veranschaulichung der Wirkungsweise eines einsträngigen Asynchronmotors (Anwurfmotor)

Das Betriebsverhalten dieses Einphasenasynchronmotors unterscheidet sich von dem der Mehrphasenmotoren, weil ein einziger Ständerstrang kein Kreisfeld wie mehrsträngige Wicklungen hervorrufen kann. Er erregt nur ein einachsiges Wechselfeld, welches man nach Abschnitt 1.3 (Abb. 9) in zwei gegeneinander umlaufende Kreisfelder zerlegen kann. Jedes dieser Teilfelder wirkt auf den Läufer in ähnlicher Weise wie das Kreisfeld des mehrphasigen Motors, und so kann man sich in der ersten Annäherung den Einphasenmotor wie eine Überlagerung von zwei symmetrischen Zweiphasenmotoren vorstellen, deren Läufer mechanisch gekuppelt und ihre Ständerstränge so geschaltet sind, daß sich ihre Spannungen summieren (Reihenschaltung) und ihre Kreisfelder in entgegengesetzten Richtungen umlaufen (Abb. 58). Die Drehmomente der beiden Teilmotoren wirken dann gegeneinander. Beim ruhenden Läufer sind die Drehmomente gleich groß, so daß das resultierende Drehmoment verschwindet. Das Anzugsmoment des Einphasenmotors ist daher gleich Null. Wenn man der gemeinsamen Welle der beiden Motoren in Abb. 58 einen Drehimpuls in der Richtung des Drehmomentes M_m des Teilmotors m erteilt, beginnt sich die Welle zu drehen, und die Größe der beiden gegeneinander wirkenden Drehmomente ändert sich. Weil sich die beiden Motoren grundsätzlich wie symmetrische Zweiphasenmaschinen verhalten und für sie die Drehzahl-Drehmoment-Kennlinie in Abb. 42 gilt, wird das Drehmoment des Teilmotors m, dessen Feld sich in gleicher Richtung wie die Welle dreht, größer und das Drehmoment des anderen Motors g kleiner, denn sein Schlupf ist dann größer als 1. Dabei übernimmt der Motor m einen größeren Anteil der ursprünglich zwischen beiden Maschinen gleich verteilten Spannung der Quelle, weil die Impedanz des „mitlaufenden" Motors m mit der Drehzahl zunimmt. Dadurch wird der Unterschied der Drehmomente noch größer, und die Drehzahl der gemeinsamen Welle wird weiterhin ohne äußere Beschleunigung wachsen. Aus Drehmoment-Drehzahl-Kennlinien M_m und M_g der beiden Motoren in Abb. 59 ergibt sich dann die Charakteristik des Einphasenmotors M_{mg}, welche bei höheren Drehzahlen ähnlich wie die einer symmetrischen Asynchronmaschine (Abb. 42) verläuft, aber bei $n = 0$ durch Null geht. In dem negativen Drehzahlbereich wiederholt sie sich spiegelbildlich mit negativem Vorzeichen. Es ist auch nicht anders möglich, weil der Einphasenmotor keine Vorzugsdrehrichtung haben kann.

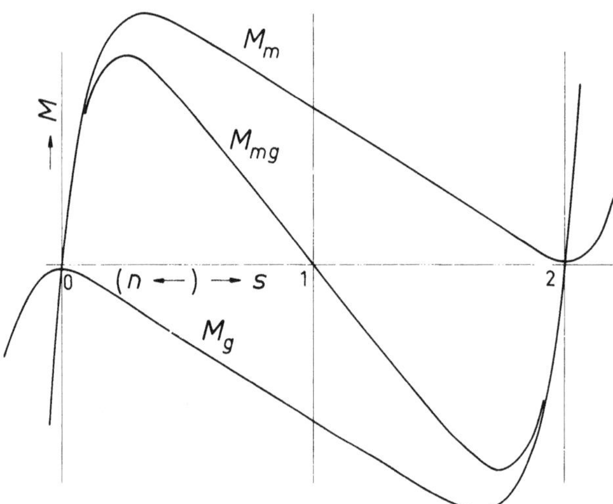

Abb. 59. Komponenten und der resultierende Verlauf des Drehmomentes beim Anwurfmotor

Nach Abb. 59 könnte ein unendlich kleiner Drehimpuls den unbelasteten Motor zum Anlauf in einer der beiden Drehrichtungen veranlassen. Tatsächlich muß eine größerer Impuls vorhanden sein, weil zusätzliche Drehmomente der Oberwellen (siehe Abschnitt 4) den Anlauf erschweren (Abb. 42).

Aus Abb. 59 ist ersichtlich, daß das gegenlaufende Luftspaltfeld, welches durch den Motor g in Abb. 58 veranschaulicht ist, wie eine Bremse über den ganzen Drehzahlbereich wirkt und der leerlaufende Einphasenmotor auch bei vernachlässigter Reibung die synchrone Drehzahl nicht erreichen kann.

Die Leistung des Einphasenmotors mit einem einzigen Ständerstrang beträgt etwa 50% der Leistung eines gleich großen Drehstrommotors. Es hängt nicht nur mit dem gegenlaufenden Feld, sondern vor allem mit der Tatsache zusammen, daß ungefähr 1/3 des Nutenraumes nicht wirtschaftlich für das leitende Material ausgenutzt werden kann (kleiner Wicklungsfaktor − siehe Abschnitt 6.1.5) und normalerweise leer bleibt. Die gegenlaufende Komponente des Luftspaltfeldes stellt eine zusätzliche Streuung dar, welche durch den Läufer gedämpft wird, und so hängt das Kippmoment des Einphasenmotors zum Unterschied vom Drehstrommotor auch von dem Wirkwiderstand des Läufers ab.

Der größte Nachteil des einsträngigen Einphasenmotors besteht darin, daß er nicht selbständig anlaufen kann. Deswegen wird der Motor mit einem Ständerstrang nur selten verwendet. Er wird normalerweise durch einen Hilfsstrang ergänzt, der entweder nur beim Anlauf oder auch beim Dauerbetrieb wirksam ist (siehe Abschnitt 3.5).

3.4.2 Ersatzschaltbild

Als Grundgleichungen der elektrischen Maschinen bezeichnet man mathematisch ausgedrückte Beziehungen zwischen Klemmenspannungen, Wicklungsströmen und dem Drehmoment. Ihre folgerichtige, von den physikalischen Grundgesetzen ausgehende Herleitung ist nicht einfach (siehe Abschnitt 8.4). Weil man schon Grundkenntnisse der allgemeinen Theorie der elektrischen Maschinen voraussetzt, soll hier das Betriebsverhalten des einsträngigen Einphasen-Asynchronmotors anhand der Theorie der Drehstrommaschinen erläutert werden. Man kann den Motor mit einem einzigen Ständerstrang als einen symmetrisch gebauten Zweiphasenmotor betrachten, dessen zweiter Strang B (Abb. 60a) stromlos ist. Es

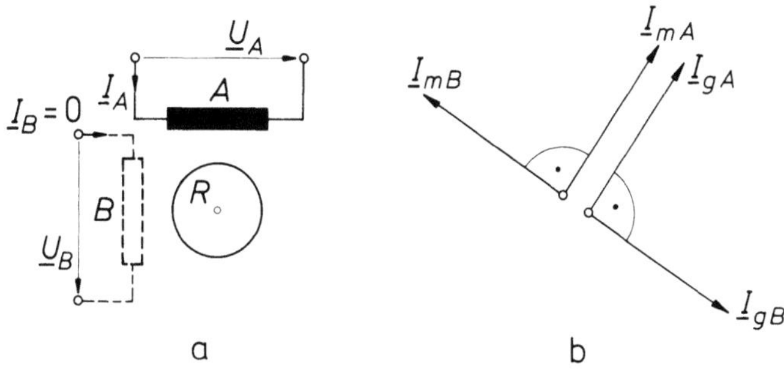

Abb. 60. Einsträngiger Motor als unsymmetrisch gespeiste Zweiphasenmaschine; a) schematische Hilfsdarstellung; b) Komponenten des Stromsystems

ist völlig gleichgültig, ob in den Nuten des zu untersuchenden Einphasenmotors noch genug Raum für einen zweiten Strang wäre, denn dieser Gedankengang dient nur der Herleitung. Wenn die in Abb. 60a dargestellte Zweiphasenmaschine von einem symmetrischen Zweiphasensystem von Spannungen gespeist würde, würde in den beiden Strängen A, B ein symmetrisches Stromsystem fließen (Abb. 36b) und die Spannungen und Ströme der einzelnen Stränge würden nach Gl. (64) durch die Impedanz $\underline{Z}_m$ des bekannten Ersatzschaltbildes in Abb. 37 miteinander verbunden. Dieser symmetrische Betriebszustand kann jedoch auch als Ausgangspunkt des hier zu behandelnden Einphasenmotors dienen, den man nach Abschnitt 1.4 als unsymmetrische Speisung eines Zweiphasenmotors, das heißt eine Überlagerung von zwei symmetrischen Betriebszuständen, betrachten kann. In Abschnitt 1.4 wurde nämlich gezeigt, daß ein unsymmetrisches System von zwei Zeigern (Abb. 11a) in zwei symmetrische Systeme zerlegt werden kann (Abb. 11b und c), wobei die symmetrischen Komponenten nach Gln. (26) und (27) bestimmt werden. Diese Zerlegung ist auch möglich, wenn einer der beiden Zeiger gleich Null ist. Dann gilt für $\underline{B} = 0$ nach Gln. (26) und (27)

$$\underline{A}_m = \underline{A}_g = \tfrac{1}{2}\underline{A}. \tag{80}$$

Man kann daher das in Abb. 60a fließende Stromsystem zerlegen und für die symmetrischen Stromkomponenten schreiben

$$\underline{I}_{mA} = \underline{I}_{gA} = \tfrac{1}{2}\underline{I}_A. \tag{81}$$

Die beiden Komponentensysteme sind in Abb. 60b dargestellt, und es gilt nach Gln. (22) bis (25)

$$\underline{I}_{mB} = j\underline{I}_{mA}, \tag{82}$$

$$\underline{I}_{gB} = -j\underline{I}_{gA} = -\underline{I}_{mB} \tag{83}$$

und

$$\underline{I}_A = \underline{I}_{mA} + \underline{I}_{gA} = 2\underline{I}_{mA}, \tag{84}$$

$$\underline{I}_B = \underline{I}_{mB} + \underline{I}_{gB} = 0. \tag{85}$$

Die beiden symmetrischen Teilsysteme unterscheiden sich durch die Richtung, in welcher ihre Zeiger hintereinander folgen, und produzieren daher in der Maschine Kreisfelder mit unterschiedlicher Drehrichtung.

Wenn man den Motor als ein lineares Gebilde betrachtet, kann man die Wirkungen der beiden symmetrischen Stromsysteme überlagern, und weil man von der geometrisch symmetrischen Wicklung in Abb. 60 ausgeht, entspricht jeder der beiden Stromkomponenten ein symmetrisches zweiphasiges Spannungssystem mit gleicher Folge der Zeiger. Es gilt

$$\underline{U}_{mA} = \underline{Z}_m\underline{I}_{mA}, \tag{86}$$

$$\underline{U}_{gA} = \underline{Z}_g\underline{I}_{gA}. \tag{87}$$

Da die Komponentensysteme eine symmetrische Speisung eines symmetrischen Motors darstellen, gilt für die Impedanzen $\underline{Z}_m$, $\underline{Z}_g$ das bekannte Ersatzschaltbild in Abb. 61a und b. Der Unterschied zwischen $\underline{Z}_m$ und $\underline{Z}_g$ besteht nur in dem Schlupf. Für die Mitkomponente, welche ein in gleicher Richtung wie der Läufer umlaufendes Drehfeld erzeugt, gilt der Schlupf s, wie für den Motor selbst, und für die

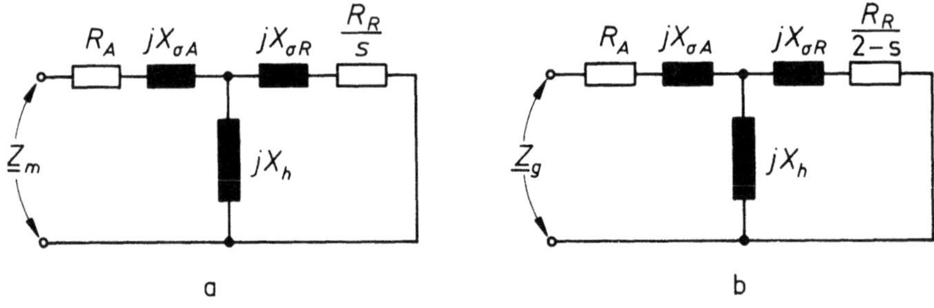

Abb. 61. Impedanzen der symmetrischen Komponentensysteme

Gegenkomponente der Schlupf $s_g = (2 - s)$, weil diese Komponente ein Kreisfeld hervorruft, welches in Gegenrichtung umläuft (siehe auch Gl. (319))[1].

Für die Komponenten der Spannungen, welche zum Unterschied von Strömen nicht gleich groß sind, gelten analoge Beziehungen wie für die Ströme, und man kann für den Strang A schreiben

$$\underline{U}_A = \underline{U}_{mA} + \underline{U}_{gA} = \underline{Z}_m \underline{I}_{mA} + \underline{Z}_g \underline{I}_{gA}$$

$$= (\underline{Z}_m + \underline{Z}_g) \underline{I}_{mA} = \tfrac{1}{2}(\underline{Z}_m + \underline{Z}_g) \underline{I}_A. \tag{88}$$

Für den Strang B gilt ganz analog nach Gln. (82) und (83)

$$\underline{U}_B = \underline{U}_{mB} + \underline{U}_{gB} = \underline{Z}_m \underline{I}_{mB} + \underline{Z}_g \underline{I}_{gB} = (\underline{Z}_m - \underline{Z}_g) \underline{I}_{mB}$$

$$= j(\underline{Z}_m - \underline{Z}_g) \underline{I}_{mA} = \tfrac{1}{2} j(\underline{Z}_m - \underline{Z}_g) \underline{I}_A. \tag{89}$$

In Gl. (88) kommt die Summe der Impedanzen $\underline{Z}_m$ und $\underline{Z}_g$ zur Geltung, welche man durch eine Reihenschaltung von Ersatzschaltbildern in Abb. 61 darstellen kann. So erhält man das Ersatzschaltbild in Abb. 62, welches für einen Vergleich mit der

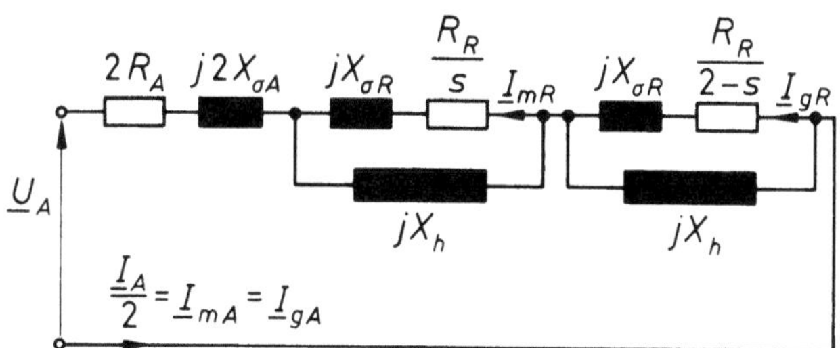

Abb. 62. Ersatzschaltbild des einsträngigen Motors, ausgedrückt durch Impedanzen einer symmetrischen Maschine ($m_S = 2$)

symmetrischen Zweiphasenmaschine besonders gut geeignet ist, weil die einzelnen Impedanzen identisch mit denen in Abb. 37 sind und die Mitkomponente dieselbe Rolle wie der Gesamtstrom bei der symmetrischen Speisung spielt[2]. Das Schaltbild in Abb. 62 entspricht auch genau der Reihenschaltung von zwei Maschinen in Abb. 58. Man sieht, daß das Fehlen des zweiten Stranges sich so auswirkt, als ob der Wirkwiderstand R_A und die Streureaktanz $X_{\sigma A}$ verdoppelt und zusätzlich noch eine Impedanz, welche dem gegenlaufenden Luftspaltfeld entspricht, in Reihe geschaltet würde. Die zu erwartende Abnahme der Leistung ist auf diese Weise näher charakterisiert.

Der Ersatzstromkreis in Abb. 62 kann noch umgeformt werden. Wenn man bedenkt, daß die Impedanzen $X_{\sigma R}$, R_R und X_h der Strangzahl der Ständerwicklung

---

[1] Es ist zu beachten, daß die Beziehung Mit- und Gegen- erst im Bezug auf eine rotierende Maschine, das heißt auf die Drehrichtung des Feldes dem Läufer gegenüber, eine klare Berechtigung findet. Nicht die Größe der Komponenten wie im Abschnitt 1.4, sondern die Drehrichtung des Feldes ist entscheidend.

[2] Bei R_A und $X_{\sigma A}$ wurde der Index S durch A ersetzt, weil sich diese Konstanten auf den Strang A beziehen und der Strang B als identisch ausgeführt angenommen wird.

proportional sind (siehe Abschnitt 6.1) und für $m = 2$ berechnet wurden, kann man neue, auf *einen* Strang am Ständer ($m = 1$) bezogene Konstanten

$$X_{\sigma R1} = \tfrac{1}{2}X_{\sigma R},$$

$$R_{R1} = \tfrac{1}{2}R_R,$$

$$X_{h1} = \tfrac{1}{2}X_h \tag{90}$$

einführen. Nach der Division der Impedanzen im Ersatzschaltbild durch zwei erhält man das Schaltbild in Abb. 63, welches für den Gesamtstrom $\underline{I}_A$ gilt, weil dieser Strom eben doppelt so groß wie die Mitkomponente $\underline{I}_{mA}$ ist. Dieses Ersatzschaltbild ist in der Literatur üblich, aber die Schaltung in Abb. 62 hat den Vorteil, daß man den Einphasenmotor als Sonderfall des Motors mit Hilfsstrang betrachtet, der normalerweise wenigstens für den Anlauf in Frage kommt. Es wird außerdem im Abschnitt 3.7 gezeigt, daß man die Konstanten der Motoren ganz einheitlich auf einen einzigen Leiter am Ständer beziehen und dadurch überflüssige Umrechnungen vermeiden kann.

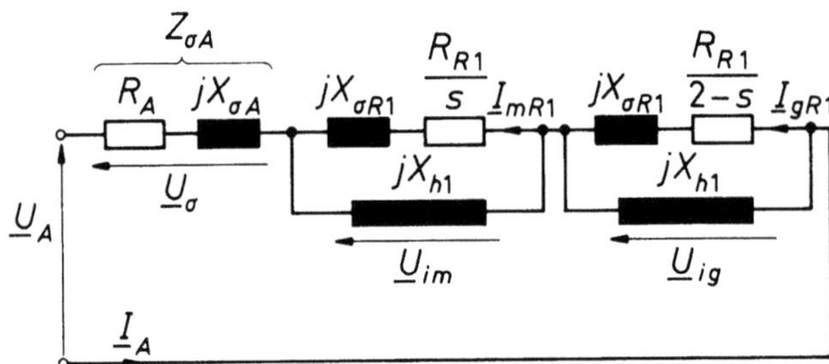

Abb. 63. Ersatzschaltbild des einsträngigen Motors mit Konstanten für $m_S = 1$

Die Klemmenspannung $\underline{U}_A$ des Einphasenmotors besteht nach Abb. 63 aus drei Komponenten: dem Spannungsabfall $\underline{U}_\sigma$ am Wirkwiderstand R_A und der Streu-reaktanz $X_{\sigma A}$ der einphasigen Ständerwicklung, der Spannung $\underline{U}_{im}$, welche das mitlaufende Luftspaltfeld induziert, und der Spannung $\underline{U}_{ig}$ des gegenlaufenden Luftspaltfeldes (siehe Abschnitt 1.3). Die beiden Spannungen $\underline{U}_{im}$, $\underline{U}_{ig}$ sind bei $s \neq 1$ nicht gleich, weil in den Zweigen des Schaltbildes, welche die Läuferrückwirkung darstellen, die Widerstände R_{R1}/s und $R_{R1}/(2 - s)$ unterschiedlich sind. Die beiden im Luftspalt gegeneinander umlaufenden gleich großen Feldkomponenten der Ständerwicklung werden nämlich durch den Läufer unterschiedlich gedämpft: die gegenlaufende Komponente mehr — die mitlaufende weniger. Beim laufenden Motor ist die Spannung $\underline{U}_{im}$ des mitlaufenden Feldes entscheidend.

3.4.3 Läuferströme, Drehmoment und Energiefluß

In Abb. 58, 62 und 63 wurde die Möglichkeit gezeigt, den Einphasenmotor als eine Überlagerung von zwei Motoren mit Kreisfeldern zu verstehen. Daraus ergibt sich unmittelbar die wichtige Tatsache, daß der Läuferstrom des Einphasenmotors aus zwei Komponenten unterschiedlicher Frequenz besteht, welche nach der

Umrechnung auf den Ständer als Ströme $\underline{I}_{mR}$, $\underline{I}_{gR}$ in Abb. 62 erscheinen. Die Frequenzen der beiden Läuferstromkomponenten ergeben sich wie beim Drehstrommotor aus der Ständerfrequenz f und dem Schlupf s. Es gilt daher für die Läuferströme der Mitkomponente

$$f_{Rm} = f s_m = f s, \tag{91}$$

wobei s den Schlupf des Motors, bezogen auf die Mitkomponente, bezeichnet. Für die Gegenkomponente gilt ganz analog

$$f_{Rg} = f s_g = f(2 - s). \tag{92}$$

Aus Gln. (91) und (92) ist ersichtlich, daß die Frequenzen beim laufenden Motor sehr unterschiedlich sind. Z. B. bei $f = 50$ Hz und $s = 4\%$ ist $f_{Rm} = 2$ Hz und $f_{Rg} = 98$ Hz.

Die beiden Läuferströme haben für die Wirkungsweise des Motors ganz unterschiedliche Bedeutungen: Die niederfrequenten Ströme des mitlaufenden Feldes entsprechen dem erwünschten nützlichen Drehmoment der Maschine, aber die Ströme der Gegenkomponente bedeuten eine unerwünschte Bremse und zusätzliche Verluste. Dabei ist die Gegenkomponente der Läuferströme größer als die nützliche Mitkomponente, wie aus Abb. 62 ersichtlich ist. Beim gegebenen Strom $\underline{I}_A/2$ hängt die Größe der Ströme $\underline{I}_{mR}$, $\underline{I}_{gR}$ von der Aufteilung dieses Stromes zwischen der Hauptreaktanz X_h und dem zugehörigen Läuferzweig ab. Weil beim normalen Motorbetrieb

$$R_R/s \gg R_R/(2 - s) \tag{93}$$

ist, übernimmt der Läuferzweig der Gegenkomponente einen größeren Anteil von $\underline{I}_A/2$, und es muß daher

$$I_{gR} > I_{mR} \tag{94}$$

sein. Der Unterschied der beiden Läuferströme ist besonders groß bei Motoren mit großem Magnetisierungsstrom, das heißt bei Motoren mit großer Polzahl.

Der auf die zweiphasige Ständerwicklung bezogene Effektivwert des Läuferstroms ergibt sich zu

$$I_R = \sqrt{I_{mR}^2 + I_{gR}^2}, \tag{95}$$

und der Stabstrom im Läufer ist dann (siehe Gln. (56) und (379))

$$I_t = \sqrt{I_{mt}^2 + I_{gt}^2} = \frac{m_S z_A \xi_A}{N_R \chi_R} I_R, \tag{96}$$

wobei $m_S = 2$ die Strangzahl der zugrunde gelegten Ständerwicklung, z_A die Leiterzahl des Ständerstranges, N_R die Nutenzahl des Läufers und χ_R der Schrägungsfaktor des Läufers ist (siehe Abschnitt 6.1.6 und 4.7.4.1).

In Abschnitt 4.4.1 und 8.3 wird näher erläutert, daß das Drehmoment des Einphasenmotors nicht wie bei Drehstrommotoren konstant ist und sogar in gewissen Augenblicken verschwindet. Es ist ziemlich einfach zu begreifen, da am Ständer nur ein einziger Strang wirkt, dessen Wechselstrom zweimal je Periode durch Null geht. Ohne Ständerstrom gibt es auch kein Drehmoment. Wenn man sich jedoch auf den Mittelwert des Drehmomentes beschränkt, kann man die bei Drehstrommaschinen übliche Berechnung des Drehmomentes aus der Drehfeldleistung verwenden. Man muß nur die Drehmomente der beiden Feldkomponenten getrennt bestimmen und das Drehmoment der Gegenkomponente von dem der Mitkomponente abziehen. Anhand des Ersatzschaltbildes in Abb. 62 ergibt sich das innere Drehmoment der mitlaufenden Feldkomponente entsprechend dem Abschnitt 3.2 zu

$$M_m = \frac{P_{Dm}}{\omega_S} = \frac{P_{Dm}}{2\pi n_S},\tag{97}$$

wobei die Drehfeldleistung des mitlaufenden Feldes

$$P_{Dm} = m_S I_{mR}^2 \frac{R_R}{s} = m_S \left(\frac{I_A}{2}\right)^2 \mathrm{Re}\left[\frac{jX_h(R_R/s + jX_{\sigma R})}{R_R/s + j(X_h + X_{\sigma R})}\right]\tag{98}$$

ist. Für $m_S = 2$ gilt dann

$$M_m = \frac{1}{\pi n_S} I_{mR}^2 \frac{R_R}{s} = \frac{1}{4\pi n_S} I_A^2 \mathrm{Re}\left[\frac{jX_h(R_R/s + jX_{\sigma R})}{R_R/s + j(X_h + X_{\sigma R})}\right].\tag{99}$$

Für das Drehmoment der Gegenkomponente gilt ganz analog

$$M_g = \frac{P_{Dg}}{\omega_S} = \frac{1}{\pi n_S} I_{gR}^2 \frac{R_R}{2 - s} = \frac{1}{4\pi n_S} I_A^2 \mathrm{Re}\left[\frac{jX_h(R_R/(2 - s) + jX_{\sigma R})}{R_R/(2 - s) + j(X_h + X_{\sigma R})}\right].\tag{100}$$

Das resultierende Drehmoment des Motors ist dann

$$M = M_m - M_g.\tag{101}$$

Von diesem inneren Drehmoment müssen noch die Reibungsverluste (ΔM_{mech}) abgezogen werden, und man erhält das Drehmoment des Motors

$$M_W = M - \Delta M_{\mathrm{mech}}.\tag{102}$$

Dieses Drehmoment ist maßgebend für die mechanische Leistung des Motors

$$P_{\mathrm{mech}} = \omega_{\mathrm{mech}} M_W = 2\pi n M_W.\tag{103}$$

Die berechnete mechanische Leistung P_{mech} könnte nun für die Berechnung des Wirkungsgrades verwendet werden. Es ist jedoch zu beachten, daß die bisherige Berechnung nur drei Verlustquellen im Motor berücksichtigt und die tatsächliche Leistungsbilanz in Wirklichkeit komplizierter aussieht, wie sie in Abb. 64 in der Form eines Leistungsfluß-Diagramms veranschaulicht ist. In Abb. 64 sind in der rechten Hälfte des Diagramms die bisher berücksichtigten und auf der linken Seite die vernachlässigten Verlustquellen dargestellt.

Der Ständerwicklung des Einphasenmotors wird die elektrische Leistung

$$P_S = U_A I_A \cos\varphi_A\tag{104}$$

zugeführt. Von dieser Leistung werden die Kupferverluste in der Ständerwicklung

$$\Delta P_S = R_A I_A^2\tag{105}$$

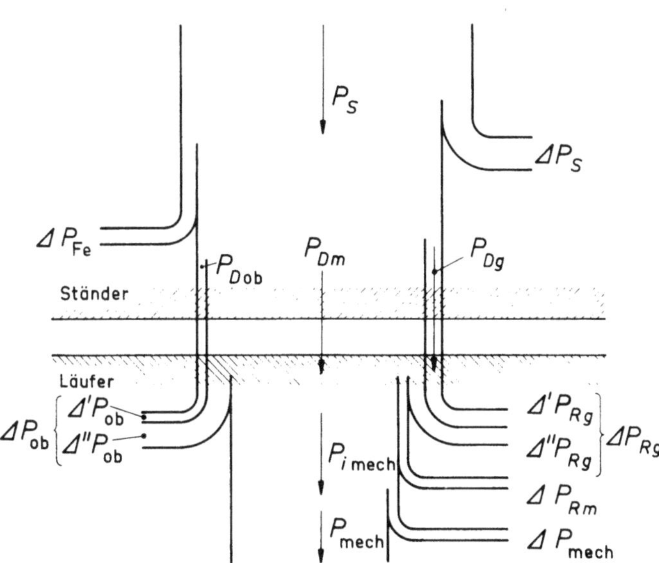

Abb. 64. Verteilung der Leistung im einsträngigen Motor

abgezogen, welche man entsprechend dem Ersatzschaltbild in Abb. 62 durch die symmetrischen Komponenten ausdrücken und daher schreiben kann

$$\Delta P_S = m_S(R_A I_{mA}^2 + R_A I_{gA}^2) = 2[R_A(I_A/2)^2 + R_A(I_A/2)^2] = R_A I_A^2. \qquad (106)$$

Eine weitere Verlustkomponente, welche auch unmittelbar von der Ständerwicklung gedeckt, aber nicht in der Ersatzschaltung in Abb. 62 berücksichtigt wird, stellen die Eisenverluste ΔP_{Fe} dar (Abb. 64). Diese Verluste entstehen überwiegend im Ständereisen, und ihr größter Anteil entspricht dem Fluß der Arbeitsgrundwelle. Den Rest bilden die Eisenverluste, welche die Streufelder übertragen. Das Problem ihrer Berücksichtigung im Ersatzschaltbild wird gegenüber der Drehstrommaschine (Abb. 39) noch dadurch kompliziert, daß das Drehfeld im laufenden Einphasenmotor elliptisch ist (siehe Abschnitt 1.3) und seine Amplitude sich während der Drehung ändert (siehe auch Abschnitt 6.1.12)[1]. Die nach Abzug der Wicklungs- und Eisenverluste verbliebene Leistung in Abb. 64 wird durch das Luftspaltfeld auf den Läufer übertragen. Daran beteiligen sich nicht nur das mitlaufende (P_{Dm}) und gegenlaufende (P_{Dg}) Grundfeld, sondern auch Oberfelder (P_{Dob}), welche bisher nicht berücksichtigt wurden (siehe Abschnitt 4). Die durch das gegenlaufende Grundfeld übertragene Leistung (siehe Abb. 62)

$$P_{Dg} = m_S I_{gR}^2 R_R/(2 - s) \qquad (107)$$

verwandelt sich gleich in einen Teil der Läuferverluste

$$\Delta'P_{Rg} = P_{Dg}. \qquad (108)$$

---

[1] Die Hauptachsen der Ellipse ergeben sich annähernd aus dem Verhältnis der Spannungen U_A, U_B nach Gln. (88) und (89), das heißt aus dem Verhältnis $(\underline{Z}_m - \underline{Z}_g)/(\underline{Z}_m + \underline{Z}_g)$.

Dabei entsteht jedoch das durch Gl. (100) gegebene bremsende Drehmoment des gegenlaufenden Feldes, und so wird von dem Drehmoment M_m des mitlaufenden Feldes (siehe Gl. (99)) noch die Leistung

$$\Delta'' P_{Rg} = \omega_{\text{mech}} M_g = (1 - s)\omega_S \frac{P_{Dg}}{\omega_S} = (1 - s)m_S I_{gR}^2 \frac{R_R}{2 - s} \tag{109}$$

abgebremst. Die Summe

$$\Delta P_{Rg} = \Delta' P_{Rg} + \Delta'' P_{Rg} = m_S I_{gR}^2 R_R \tag{110}$$

stellt die Gesamtverluste der Gegenkomponente in der Läuferwicklung dar, von welchen praktisch eine Hälfte ($\Delta' P_{Rg}$) elektromagnetisch vom Ständer auf den Läufer übertragen und die andere Hälfte ($\Delta'' P_{Rg}$) mechanisch abgebremst wird.

Im Abschnitt 4.2 wird später gezeigt, daß im Läufer nicht nur die bisher besprochenen Ströme der Mit- und Gegenkomponente, sondern auch die Ströme anderer Frequenzen fließen, welche von den Oberwellen der Ständerwicklung herrühren. Die Verluste, welche diese Ströme im Läufer bewirken, sind in Abb. 64 mit ΔP_{ob} bezeichnet. Sie werden nur zu einem kleinen Teil ($\Delta' P_{\text{ob}}$) elektromagnetisch auf den Läufer übertragen. Der entscheidende Teil $\Delta'' P_{\text{ob}}$ dieser Verluste wird von dem Drehmoment der Arbeitsgrundwelle abgebremst. Diese Verluste entstehen nicht nur in der Läuferwicklung allein, sondern insbesondere beim nicht isolierten Käfig mit geschrägten Läufernuten im Eisen (Querströme – siehe Abschnitt 4.7) und können unter Umständen sogar 15% der Nennleistung des Motors betragen.

Die letzte Quelle der Verluste im Einphasenmotor in Abb. 64 stellen die mechanischen Reibungsverluste ΔP_{mech} dar. Nach Abzug aller dieser Verluste erhält man die mechanische Leistung

$$P_{\text{mech}} = P_S - \Delta P_S - \Delta P_{\text{Fe}} - \Delta P_{Rm} - \Delta P_{Rg} - \Delta P_{\text{ob}} - \Delta P_{\text{mech}}, \tag{111}$$

und der Wirkungsgrad ergibt sich zu

$$\eta = \frac{P_{\text{mech}}}{P_S} = 1 - \frac{\sum \Delta P}{P_S}. \tag{112}$$

Die Verlustkomponenten ΔP_{Fe} und ΔP_{ob}, welche auf der linken Seite des Diagramms in Abb. 64 stehen, wurden in den Ersatzschaltungen in Abb. 62 und 63 vernachlässigt. Die anhand dieser Ersatzschaltbilder berechneten Drehmomente gelten daher nur informativ und werden nie voll erreicht. In Abschnitt 4.2.3 und 6.2 wird eine ausführlichere Berechnung erklärt, welche heutzutage mit modernen Rechnern ohne Schwierigkeiten durchgeführt werden kann.

3.4.4 Ortskurve des Ständerstroms

Im Abschnitt 3.2.2 wurde gezeigt, daß beim Mehrphasenmotor die Endpunkte des Ständerzeigers für verschiedene Schlupfwerte auf einem Kreis liegen (Abb. 41), den man als Ortskurve des Ständerstromes bezeichnet. Beim Einphasenmotor ist die Abhängigkeit vom Schlupf komplizierter. Die Ortskurve des Ständerstromes $\underline{I}_A$ ergibt sich aus der Klemmenspannung $\underline{U}_A$ und der Impedanz $\underline{Z}$ des Ersatzschaltbildes in Abb. 63 zu

$$\underline{I}_A = \underline{U}_A / \underline{Z}, \tag{113}$$

wobei

$$\underline{Z} = R_A + jX_{\sigma A} + \frac{jX_h(R_R/s + jX_{\sigma R})}{R_R/s + j(X_h + X_{\sigma R})} + \frac{jX_h[R_R/(2-s) + jX_{\sigma R}]}{R_R/(2-s) + j(X_h + X_{\sigma R})} \quad (114)$$

ist. (Indizes 1 sind bei den beteiligten Impedanzen der Übersichtlichkeit halber weggelassen, obwohl die Konstanten mit den in Abb. 63 identisch sind).
Wenn man

$$X_R = X_h + X_{\sigma R} \quad (115)$$

einführt, erhält man nach einigen Umformungen

$$\underline{I}_A = \frac{U_A}{\underline{N}} \left[\frac{R_R}{s(2-s)} (R_R + j2X_R) - X_R^2 \right], \quad (116)$$

wobei

$$\underline{N} = \frac{a}{s(2-s)} - b + j\left[\frac{c}{s(2-s)} - d \right] \quad (117)$$

ist. Für die reellen Konstanten in der Gl. (117) gilt [1]

$$a = R_R\{R_A R_R - 2[X_h(X_h + X_{\sigma A} + 2X_{\sigma R}) + X_{\sigma A}X_{\sigma R}]\},$$
$$b = R_A X_R^2,$$
$$c = R_R[R_R(2X_h + X_{\sigma A}) + 2R_A X_R,$$
$$d = (X_{\sigma A}X_R + 2X_h X_{\sigma R})X_R. \quad (118)$$

Nach Gln. (116), (117) kann der Stromzeiger $\underline{I}_A$ geschrieben werden in der Form

$$\underline{I}_A = \frac{\underline{A} + s(2-s)\underline{B}}{\underline{C} + s(2-s)\underline{D}}, \quad (119)$$

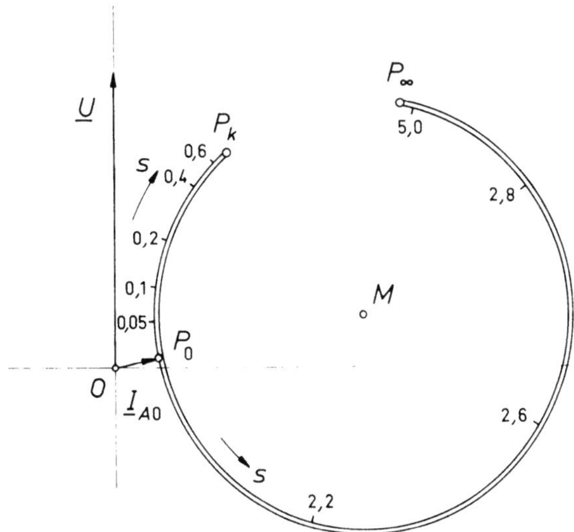

Abb. 65. Berechnete Ortskurve des Ständerstromes eines einsträngigen Kühlschrankmotors

wobei $\underline{A}$, $\underline{B}$, $\underline{C}$, $\underline{D}$ komplexe Konstanten sind. Die Gl. (119) entspricht einem Kreis mit dem Parameter $s \cdot (2 - s)$. Die quadratische Abhängigkeit vom Schlupf s deutet an, daß es sich um eine Ortskurve höherer Ordnung handelt (bizirkuläre Quartik), welche in diesem Fall auf einem Kreisbogen liegt (Abb. 65). Die Punkte P_k und P_∞ teilen den Kreis in zwei Teile auf, von welchen einer die beiden Zweige der bizirkulären Quartik trägt und der andere Teil des Kreises überhaupt nicht zu ihr gehört.

Anhand des Ersatzschaltbildes in Abb. 63 kann man sich davon überzeugen, daß die Punkte P_k, P_∞ der Ortskurve in Abb. 65 für $s = 1$ und $s = \infty$ mit den gleich bezeichneten Punkten des Kreisdiagramms in Abb. 41 eines symmetrischen und symmetrisch gespeisten Zweiphasenmotors übereinstimmen, wenn dieser aus dem betrachteten Einphasenmotor durch Zugabe eines zweiten, gleich verteilten Stranges entsteht. Es genügt zu beachten, daß die mit Index 1 bezeichneten Konstanten der Schaltung in Abb. 63 für $m = 1$ gelten und daher mit je einer Hälfte der analogen Widerstände in Abb. 37 vergleichbar sind. Mit anderen Worten: Wenn bei einem symmetrischen und symmetrisch gespeisten Zweiphasenmotor einer der beiden Stränge abgeschaltet wird, ändert sich der Strom des übrig gebliebenen Stranges bei $s = 1$ und $s = \infty$ nicht. Physikalisch ist es gut begreiflich, weil bei ruhendem oder sehr schnell laufendem Läufer die magnetischen Felder der elektrisch um $90°$ versetzten Wicklungen voneinander unabhängig sind. Der Leerlaufstrom ist jedoch bei einsträngigem Motor fast doppelt so groß wie bei dem symmetrischen.

Die Ortskurve des Einphasenmotors in Abb. 65 informiert zwar über die Stromverhältnisse in der Ständerwicklung, aber das Ablesen der Drehmomente und Leistungen ist dabei leider nicht möglich, weil es sich um eine Kurve höherer Ordnung handelt. Sofern man auch für Drehmomente die Vorteile der graphischen Darstellung ausnutzen will, muß man die graphisch-rechnerische Methode nach Krondl [16] verwenden, welche vor allem für Kondensatormotoren vorteilhaft ist und daher erst im Abschnitt 3.5.3 besprochen wird.

Anhand der aufgestellten Ersatzschaltbilder und Diagramme kann man die Eigenschaften des Einphasenasynchronmotors zusammenfassen. Der entscheidende Unterschied gegenüber dem Mehrphasenmotor besteht in der gegenlaufenden Feldkomponente des Einphasenmotors, welche sich in dem gesamten Drehzahlbereich geltend macht. Beim ruhenden Läufer ist das Drehmoment des gegenlaufenden Feldes gleich dem Drehmoment des mitlaufenden Feldes, so daß das Anzugsmoment gleich Null ist. Dabei entstehen im Läufer gleich große Verluste von beiden Feldkomponenten. Bei synchroner Drehzahl (Abb. 66) entstehen nur

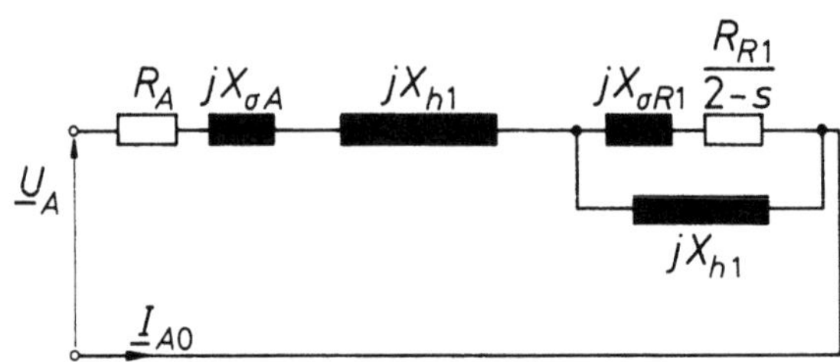

Abb. 66. Schaltbild des einsträngigen Motors beim Leerlauf

von dem gegenlaufenden Feld Verluste im Läufer, welche zur Hälfte elektromagnetisch vom Ständer und zur Hälfte mechanisch gedeckt werden. So kann der Einphasenmotor die synchrone Drehzahl nur mit Fremdantrieb erreichen. Dabei ist der Leerlaufstrom fast doppelt so groß wie beim symmetrischen Motor. Die Leerlaufverluste im Läufer wachsen mit dem Widerstand des Läufers und dem Leerlaufstrom des Ständers. Sie sind daher bei vielpoligen Motoren mit großem Magnetisierungsstrom groß. Wegen des gegenlaufenden Feldes, welches vom Läufer gedämpft wird, hängt das Kippmoment des Einphasenmotors im Gegensatz zum Drehstrommotor vom Wirkwiderstand des Läufers ab. Der Wirkwiderstand des Läuferkäfigs muß daher klein gehalten werden. Das ist eine Einschränkung für den eventuellen Anlauf mit Hilfsstrang, weil das Anzugsmoment bei kleinerem Läuferwiderstand auch klein ist. Wegen des gegenlaufenden Feldes kommt beim Einphasenmotor auch kein Hochstab- oder Doppelkäfigläufer in Frage. Eine wesentliche Verbesserung des Betriebsverhaltens bringt der dauernd angeschlossene Hilfsstrang mit Kondensator (siehe Abschnitt 3.5.4 – Betriebskondensatormotor).

3.5 Einphasenmotor mit Hilfsstrang

In diesem Abschnitt werden Einphasenmotoren mit zwei elektrisch senkrecht aufeinander stehenden Strängen behandelt, von welchen der eine (A) direkt und der andere Strang (B) über eine Hilfsimpedanz $\underline{Z}_H$ an eine Wechselspannung $\underline{U}$

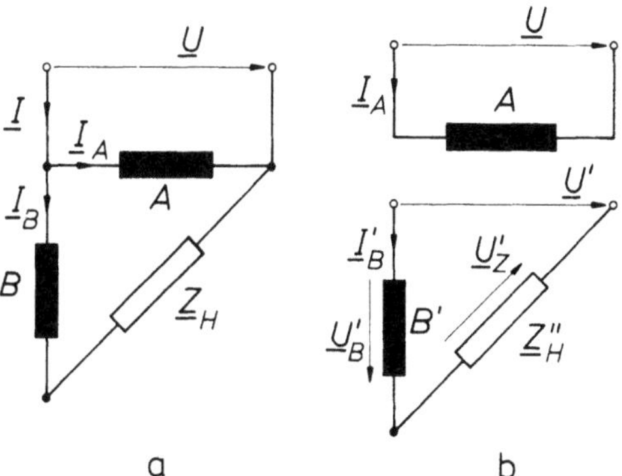

Abb. 67. Zweisträngiger Motor; a) Schaltung der Ständerstränge; b) umgerechnetes Schaltbild der Stränge

geschaltet ist (Abb. 67a). Es werden daher vor allem die Betriebskondensatormotoren, Anlaßkondensatormotoren (Abb. 46) sowie Einphasenmotoren mit Widerstandsanlauf (Abb. 54a) untersucht. Die beiden Stränge A und B sind im allgemeinen nicht gleich ausgeführt. Der Unterschied kann entweder nur in der Windungszahl und dem Drahtquerschnitt oder auch in der unterschiedlichen Leiterverteilung in den Nuten bestehen (Abb. 30 und 31). Zwei gleiche Stränge findet man praktisch nur bei Kondensatormotoren, deren Drehrichtung nach Abb. 152a mit einem einzigen Schaltkontakt S umgekehrt werden kann.

3.5.1 Grundgleichungen

Die auf symmetrischen Komponenten aufgebaute Lösungsmethode (Abschnitt 1.4), welche nun auf die in Abb. 67a dargestellte Schaltung angewandt werden soll, ist nur bei Maschinen mit symmetrischer Wicklung berechtigt, das heißt bei gleich ausgeführten Strängen. Im Abschnitt 1.6 wurde jedoch gezeigt, daß man Wicklungen umrechnen kann, und so kann man den Strang B in Abb. 67a, wenn er nicht gleich wie der Strang A ausgeführt ist, nach Gln. (49), (50), (53) bis (55) umrechnen. Die Umrechnung erfolgt mit dem Faktor

$$\ddot{u} = \frac{\zeta_B z_B}{\zeta_A z_A} = \frac{S_B}{S_A}, \tag{120}$$

wo ζ der Wicklungsfaktor für die Arbeitsgrundwelle und z die Leiterzahl des betrachteten Stranges ist. Es gilt

$$\underline{U}' = \frac{U}{\ddot{u}}, \tag{121}$$

$$\underline{I}'_B = \ddot{u}\underline{I}_B, \tag{122}$$

$$\underline{Z}'_H = \frac{\underline{Z}_H}{\ddot{u}^2}, \tag{123}$$

$$R'_B = \frac{R_B}{\ddot{u}^2}, \tag{124}$$

$$X'_{\sigma B} = \frac{X_{\sigma B}}{\ddot{u}^2}. \tag{125}$$

Wenn die beiden Stränge gleiches Kupfergewicht und gleiche Verteilung in den Nuten haben, findet man

$$R'_B = R_A,$$

$$X'_{\sigma B} = X_{\sigma A} \tag{126}$$

und erhält direkt nach der Umrechnung eine symmetrische Zweiphasenwicklung. Wenn jedoch die beiden Stränge nicht gleich in den Nuten verteilt sind, und ihr Kupfergewicht unterschiedlich ist, muß man die Differenzen

$$\Delta R = R'_B - R_A, \tag{127}$$

$$\Delta X_\sigma = X'_{\sigma B} - X_{\sigma A} \tag{128}$$

in die Hilfsimpedanz einbeziehen und schreiben

$$\underline{Z}''_H = \underline{Z}'_H + \Delta R + j\,\Delta X_\sigma. \tag{129}$$

Das umgerechnete Schaltbild des Motors ist in Abb. 67b dargestellt. Der umgerechnete Strang B' ist nun gleich wie A, aber um 90° (elektrisch) räumlich versetzt. Die Anwendung der symmetrischen Komponenten ist ohne weiteres zulässig.

Für die symmetrischen Komponenten des Motors in Abb. 67b gilt nach Abschnitt 1.4

$$\underline{U}_{mA} = \underline{Z}_m\underline{I}_{mA},$$

$$\underline{U}_{gA} = \underline{Z}_g\underline{I}_{gA},$$

$$\underline{U}'_{mB} = \underline{Z}_m\underline{I}'_{mB},$$

$$\underline{U}'_{gB} = \underline{Z}_g\underline{I}'_{gB} \tag{130}$$

und dabei auch

$$\underline{I}'_{mB} = j\underline{I}_{mA},$$

$$\underline{I}'_{gB} = -j\underline{I}_{gA}. \tag{131}$$

Die Klemmenspannung des Stranges A ergibt sich zu

$$\underline{U} = \underline{U}_A = \underline{U}_{mA} + \underline{U}_{gA} = \underline{Z}_m\underline{I}_{mA} + \underline{Z}_g\underline{I}_{gA}, \tag{132}$$

wobei die Impedanzen $\underline{Z}_m$, $\underline{Z}_g$ durch Schaltbilder in Abb. 61 gegeben sind. Für den Strang B' gilt dann

$$\underline{U}' = \frac{\underline{U}}{\ddot{u}} = \underline{U}'_B + \underline{Z}''_H\underline{I}'_B = \underline{U}'_{mB} + \underline{U}'_{gB} + \underline{Z}''_H(\underline{I}'_{mB} + \underline{I}'_{gB})$$

$$= (\underline{Z}_m + \underline{Z}''_H)\underline{I}'_{mB} + (\underline{Z}_g + \underline{Z}''_H)\underline{I}'_{gB}. \tag{133}$$

Als Lösung der Gln. (131) bis (133) ergeben sich die beiden Stromkomponenten

$$\underline{I}_{mA} = \frac{\underline{Z}''_H + \underline{Z}_g - j\underline{Z}_g/\ddot{u}}{\underline{Z}_m(\underline{Z}''_H + 2\underline{Z}_g) + \underline{Z}_g\underline{Z}''_H}\,\underline{U}, \tag{134}$$

$$\underline{I}_{gA} = \frac{\underline{Z}''_H + \underline{Z}_m + j\underline{Z}_m/\ddot{u}}{\underline{Z}_m(\underline{Z}''_H + 2\underline{Z}_g) + \underline{Z}_g\underline{Z}''_H}\,\underline{U}. \tag{135}$$

Aus den berechneten Komponenten $\underline{I}_{mA}$, $\underline{I}_{gA}$ erhält man den Strom des Hauptstranges

$$\underline{I}_A = \underline{I}_{mA} + \underline{I}_{gA}, \tag{136}$$

den Strom des Hilfsstranges

$$\underline{I}_B = j(\underline{I}_{mA} - \underline{I}_{gA})/\ddot{u}, \tag{137}$$

die Spannung am Hilfsstrang

$$\underline{U}_B = \ddot{u}(\underline{U}'_{mB} + \underline{U}'_{gB}) = j\ddot{u}(\underline{Z}_m\underline{I}_{mA} - \underline{Z}_g\underline{I}_{gA}) \tag{138}$$

und die Spannung an der Hilfsimpedanz

$$\underline{U}_Z = j\ddot{u}\underline{Z}''_H(\underline{I}_{mA} - \underline{I}_{gA}). \tag{139}$$

Das mittlere innere Drehmoment des Motors berechnet man aus den Drehfeldleistungen der beiden Komponenten wie beim Einphasenmotor im Abschnitt 3.4.3. Es gilt

$$M = M_m - M_g, \tag{140}$$

wobei

$$M_m = \frac{1}{\pi n_S} I_{mA}^2 \operatorname{Re}[\underline{Z}_m - R_A] \tag{141}$$

und

$$M_g = \frac{1}{\pi n_S} I_{gA}^2 \operatorname{Re}[\underline{Z}_g - R_A] \tag{142}$$

ist. Die Impedanzen $\underline{Z}_m$, $\underline{Z}_g$ sind durch die Ersatzschaltbilder in Abb. 61 gegeben. Für $\underline{Z}_H'' = \infty$ erhält man aus Gln. (134), (135)

$$\underline{I}_{mA} = \underline{I}_{gA} = \frac{\underline{I}_A}{2} = \frac{\underline{U}}{\underline{Z}_m + \underline{Z}_g}, \tag{143}$$

das heißt die Gl. (81) des Einphasenmotors ohne Hilfsstrang. Die Gln. (141), (142) sind dann identisch mit den Gln. (99), (100) des einfachen Anwurfmotors.

3.5.2 Anzugsmoment und Anzugsstrom

Beim Anlauf des Motors mit zwei Strängen nach Abb. 67a sind die Impedanzen der symmetrischen Komponenten in Gln. (134), (135)

$$\underline{Z}_m = \underline{Z}_g = \underline{Z}_{Ak} \tag{144}$$

gleich der Kurzschlußimpedanz $\underline{Z}_{Ak}$ des Hauptstranges A. Die Gln. (134) und (135) ergeben einfache Beziehungen

$$\underline{I}_{mA} = \frac{1}{2} \frac{\underline{U}}{\underline{Z}_{Ak}} \left(1 - \frac{j}{\ddot{u}} \frac{\underline{Z}_{Ak}}{\underline{Z}_H'' + \underline{Z}_{Ak}} \right), \tag{145}$$

$$\underline{I}_{gA} = \frac{1}{2} \frac{\underline{U}}{\underline{Z}_{Ak}} \left(1 + \frac{j}{\ddot{u}} \frac{\underline{Z}_{Ak}}{\underline{Z}_H'' + \underline{Z}_{Ak}} \right). \tag{146}$$

Wenn man die beteiligten Impedanzen in der Form

$$\underline{Z}_H'' = |\underline{Z}_H''| \exp(j\varphi_Z), \tag{147}$$

$$\underline{Z}_{Ak} = |\underline{Z}_{Ak}| \exp(j\varphi_k) \tag{148}$$

schreibt, das Verhältnis ihrer Beträge mit

$$k_Z' = |\underline{Z}_H''|/|\underline{Z}_{Ak}| \tag{149}$$

bezeichnet und den Kurzschlußstrom des Stranges A

$$\underline{I}_{Ak} = \underline{U}/\underline{Z}_{Ak} \tag{150}$$

einführt, erhält man aus Gln. (145), (146)

$$\underline{I}_{mA} = \underline{I}_{Ak}(1 + \alpha + j\beta)/2, \tag{151}$$

$$\underline{I}_{gA} = \underline{I}_{Ak}(1 - \alpha - j\beta)/2, \tag{152}$$

wobei

$$\alpha = \mathrm{Re}\left\{\frac{1}{j\ddot{u}}\,\frac{1}{1 + k'_Z\exp[\,j(\varphi_Z - \varphi_k)]}\right\}, \tag{153}$$

$$\beta = \mathrm{Im}\left\{\frac{1}{j\ddot{u}}\,\frac{1}{1 + k'_Z\exp[\,j(\varphi_Z - \varphi_k)]}\right\} \tag{154}$$

sind. Die durch Gln. (151) bis (154) gegebene Schreibweise ist sehr vorteilhaft, weil nur die Differenz der Phasenverschiebungen

$$\gamma = \varphi_k - \varphi_Z \tag{155}$$

des umgerechneten Hilfsstranges und der Hilfsimpedanz zur Geltung kommt.

Der Kurzschlußstrom $\underline{I}_{Ak}$ des Hauptstranges A ist identisch mit dem Kurzschlußstrom eines symmetrischen Zweiphasenmotors, weil sich die elektrisch senkrecht aufeinander stehenden Stränge bei ruhendem Läufer nicht beeinflussen. Man kann daher das Verhältnis des Anzugsmomentes M_A des unsymmetrisch gespeisten Motors auf das Drehmoment des symmetrischen Zweiphasenmotors M_{As} beziehen und für das relative Drehmoment m_A schreiben

$$m_A = \frac{M_A}{M_{As}} = \frac{|\underline{I}_{mA}|^2 - |\underline{I}_{gA}|^2}{|\underline{I}_{Ak}|^2}. \tag{156}$$

Durch Einsetzen aus Gln. (151), (152) erhält man ein sehr einfaches Ergebnis für das relative Drehmoment

$$m_A = M_A/M_{As} = \alpha, \tag{157}$$

wo α durch Gl. (153) gegeben ist. Mit Berücksichtigung der Gl. (155) kann man dann schreiben

$$m_A = \alpha = \frac{k'_Z\sin\gamma}{\ddot{u}(1 + k'^2_Z + 2k'_Z\cos\gamma)} = \frac{a}{\ddot{u}}, \tag{158}$$

wobei

$$a = \frac{k'_Z\sin\gamma}{1 + k'^2_Z + 2k'_Z\cos\gamma} \tag{159}$$

ist. Die Gl. (158) wird im Abschnitt 3.5.4.2 und 3.5.6.1 weiter umgeformt.

Wenn man bei festem Übersetzungsverhältnis $\ddot{u}$ den Verlauf $m_A = f(k'_Z)$ nach k'_Z differenziert, findet man unabhängig von dem Winkel γ das Maximum des Anzugsmomentes bei $k'_Z = 1$. Es wäre jedoch grundsätzlich falsch, diesen Wert beim Kondensator- oder Widerstandsanlauf als Optimum zu betrachten. In diesem Punkt erreicht man zwar das maximale Anzugsmoment für ein bestimmtes Übersetzungsverhältnis $\ddot{u}$; wesentlich günstigere Verhältnisse (Kondensatorgröße, Anlaßstrom, Verluste beim Hochlauf) erreicht man aber immer bei $k'_Z > 1$. Wenn man in Gl. (158) $k'_Z = 1$ einsetzt, erhält man

$$m_{A\max} = \frac{\sin\gamma}{2\ddot{u}(1 + \cos\gamma)}, \tag{160}$$

und man sieht, daß die *erreichbaren* Anzugsmomente von dem Übersetzungsverhältnis und der Phasenwinkeldifferenz γ abhängen.

Die Größe β, welche den imaginären Teil des Klammerausdruckes in Gl. (154) darstellt, kann man unter Berücksichtigung der Gl. (155) in der Form

$$\beta = -\, b/\ddot{u} \tag{161}$$

schreiben, wobei

$$b = \frac{1 + k'_Z \cos\gamma}{1 + k'^2_Z + 2k'_Z \cos\gamma} \tag{162}$$

ebenso wie a in Gl. (159) von dem Übersetzungsverhältnis $\ddot{u}$ unabhängig ist.

Der Anzugsstrom des Hauptstranges $\underline{I}_{Ak}$, der durch die Spannung $\underline{U}$ und die Kurzschlußimpedanz $\underline{Z}_{Ak}$ nach Gl. (150) gegeben ist, kann als Bezugsgröße für andere Ströme bei Stillstand verwendet werden. Für den Anzugsstrom im Hilfsstrang des in Abb. 67a dargestellten Motors gilt nach Gln. (137), (151), (152), (158), (161)

$$\underline{I}_{Bk} = \underline{I}'_B/\ddot{u} = j(\underline{I}_{mA} - \underline{I}_{gA})/\ddot{u} = \underline{I}_{Ak}(b + ja)/\ddot{u}^2, \tag{163}$$

wobei a und b durch Gln. (159) und (162) gegeben sind. Der Betrag dieses Stromes ist dann

$$I_{Bk} = \frac{I_{Ak}}{\ddot{u}^2} \sqrt{\frac{1}{1 + k'^2_Z + 2k'_Z \cos\gamma}}. \tag{164}$$

Der Anzugsstrom $\underline{I}_k$ des Motors ist gleich der Summe der beiden Strangströme, und es gilt

$$\underline{I}_k = \underline{I}_{Ak} + \underline{I}_{Bk} = \underline{I}_{Ak}[1 + (b + ja)/\ddot{u}^2]$$
$$= \underline{I}_{Ak}(1 + b/\ddot{u}^2 + ja/\ddot{u}^2). \tag{165}$$

Für den Betrag kann man dann schreiben

$$I_k = I_{Ak}\sqrt{(1 + b/\ddot{u}^2)^2 + a^2/\ddot{u}^4}. \tag{166}$$

In Gl. (166) kann man die Übersetzung $\ddot{u}$ nach Gl. (158) durch

$$\ddot{u} = a/m_A \tag{167}$$

ersetzen, und man erhält den relativen Anzugsstrom des Motors, bezogen auf den Strom I_{Ak}, in der Form

$$i_k = I_k/I_{Ak} = \sqrt{(1 + bm_A^2/a^2)^2 + m_A^4/a^2}. \tag{168}$$

Die Größe des Anzugsstromes spielt eine wichtige Rolle beim Anlauf mit Widerstand (Abschnitt 3.5.6.1).

3.5.3 Graphisch-analytische Lösung von Krondl

Von dem Gesichtspunkt der modernen Rechentechnik aus betrachtet ist die im Abschnitt 3.5.1 angegebene Berechnung des Einphasenmotors mit Hilfe der symmetrischen Komponenten schon fast veraltet, weil man auch komplizierte, genaue Berechnungen mit Oberwellen ohne Schwierigkeiten programmieren und in der Praxis ausnutzen kann (siehe Abschnitt 4). Trotzdem verwendet man heute immer noch die nur auf der Grundwelle aufgebaute Berechnung, welche man mit Rechenschieber, Taschenrechner oder mit Hilfe von graphischen Konstruktionen bewältigen kann, sofern der automatische Rechner nicht immer verfügbar ist, oder wenn man gewisse Zusammenhänge zwar weniger genau, dabei aber anschaulicher verfolgen will. Es soll daher an dieser Stelle die graphisch-analytische Lösung der Gln. (134), (135) nach Krondl [16] nicht vergessen werden.

Die Gln. (134), (135) kann man auch mit Hilfe der komplexen Leitwerte ausdrücken. Man führt

$$\underline{Y}_m = 1/\underline{Z}_m, \tag{169}$$

$$\underline{Y}_g = 1/\underline{Z}_g, \tag{170}$$

$$\underline{Y}_H'' = 1/\underline{Z}_H'' \tag{171}$$

ein und erhält aus Gln. (134), (135)

$$\underline{I}_{mA} = \underline{U}\underline{Y}_m \frac{\underline{Y}_H''(1 - j/\ddot{u}) + \underline{Y}_g}{2[\underline{Y}_H'' + (\underline{Y}_m + \underline{Y}_g)/2]}, \tag{172}$$

$$\underline{I}_{gA} = \underline{U}\underline{Y}_g \frac{\underline{Y}_H''(1 + j/\ddot{u}) + \underline{Y}_m}{2[\underline{Y}_H'' + (\underline{Y}_m + \underline{Y}_g)/2]}. \tag{173}$$

Es wurde schon in Abschnitt 3.4.2 und 3.5.1 darauf hingewiesen, daß die für die symmetrischen Komponenten gültigen Impedanzen $\underline{Z}_m$, $\underline{Z}_g$ mit den komplexen Widerständen des Ersatzschaltbildes der symmetrischen Maschine bei symmetrischer Speisung in Abb. 37 für die Schlupfwerte s und $(2 - s)$ identisch sind. Diesen Schlupfwerten entsprechen dann in dem zugehörigen Kreisdiagramm in Abb. 41 die Ströme

$$\underline{I}_{S(s)} = \underline{Y}_m\underline{U}, \tag{174}$$

$$\underline{I}_{S(2-s)} = \underline{Y}_g\underline{U}. \tag{175}$$

Wenn man daher für den in Abb. 67b dargestellten Zweiphasenmotor ein Kreisdiagramm bei symmetrischer Speisung ($\underline{U}_B' = j\underline{U}$) aufstellt, findet man in dem Kreisdiagramm direkt die Produkte $\underline{U}\underline{Y}_m$, $\underline{U}\underline{Y}_g$, aus welchen man die Ausdrücke in den Gln. (172), (173) konstruieren kann (Abb. 68). Man kann nämlich die Gln. (172), (173) auch in der Form

$$\underline{I}_{mA} = \underline{U}\underline{Y}_m \frac{\underline{U}\underline{Y}_H''(1 - j/\ddot{u}) + \underline{U}\underline{Y}_g}{2[\underline{U}\underline{Y}_H'' + (\underline{U}\underline{Y}_m + \underline{U}\underline{Y}_g)/2]} = \underline{U}\underline{Y}_m \frac{b}{2a}, \tag{176}$$

$$\underline{I}_{gA} = \underline{U}\underline{Y}_g \frac{\underline{U}\underline{Y}_H''(1 + j/\ddot{u}) + \underline{U}\underline{Y}_m}{2[\underline{U}\underline{Y}_H'' + (\underline{U}\underline{Y}_m + \underline{U}\underline{Y}_g)/2]} = \underline{U}\underline{Y}_g \frac{c}{2a} \tag{177}$$

schreiben, so daß man auch den Zähler und Nenner der Brüche aus den in dem Kreisdiagramm vorhandenen Größen zusammensetzen kann, wie es aus Abb. 69 ersichtlich ist. Zunächst muß man den komplexen Leitwert $\underline{Y}_H''$ in das Diagramm einzeichnen, welcher multipliziert mit $(1 \mp j/\ddot{u})$ auch im Nenner vorkommt. Damit

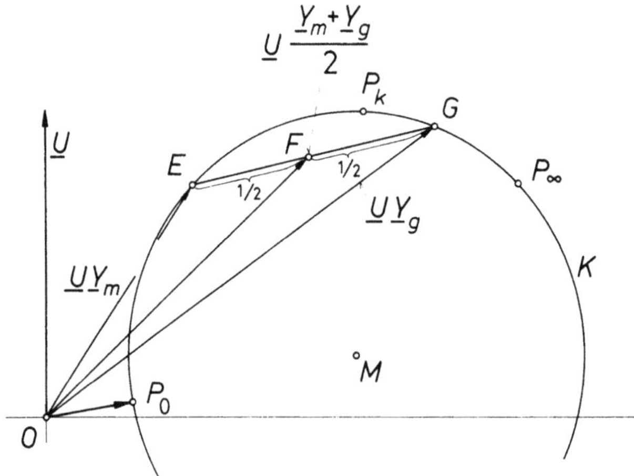

Abb. 68. Komplexe Leitwerte der symmetrischen Komponenten im Kreisdiagramm

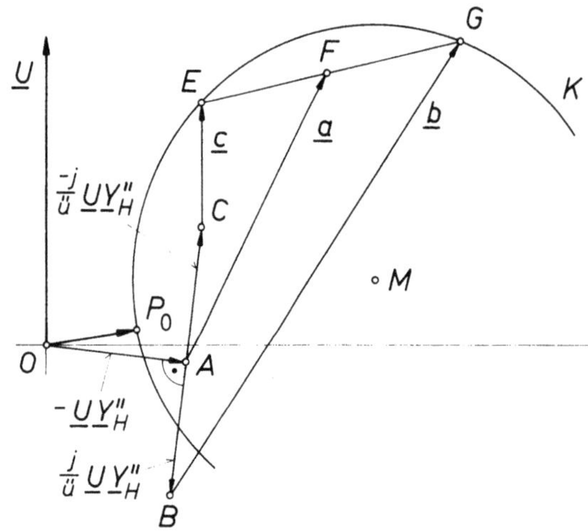

Abb. 69. Graphische Auswertung der Formeln (172) und (173)

die Bildung der Summe einfacher ist, trägt man das Produkt $-\underline{U}\underline{Y}_H''$ mit dem negativen Vorzeichen ein, und in dem erhaltenen Punkt A addiert und subtrahiert man $j\underline{U}\underline{Y}_H''/\ddot{u}$. Dann kann man die beiden komplexen Zähler $\underline{b}$, $\underline{c}$ und den Nenner $\underline{a}$ der Gln. (176), (177) direkt ablesen.

Mit Hilfe des Kreisdiagramms kann man auch die Drehmomente der beiden Komponenten bestimmen (Abb. 70a). Für die bereits in Abb. 68 bestimmten Punkte E und G kann man im Kreisdiagramm mit Hilfe der Drehmomentlinie $P_0 P_\infty$ (siehe Abschnitt 3.2.2) die Längen $\overline{EH}$, $\overline{GK}$ ablesen, welche die Drehmomente der Mit- und Gegenkomponente darstellen, wenn die Mit- und Gegenkomponente der Spannungen gleich der Spannung $\underline{U}$ wären. Diese Drehmomente müssen daher auf die wirkliche Größe der beiden Komponenten umgerechnet werden. Die Umrechnung der Ströme ist bereits in Gln. (176), (177) enthalten, und weil die

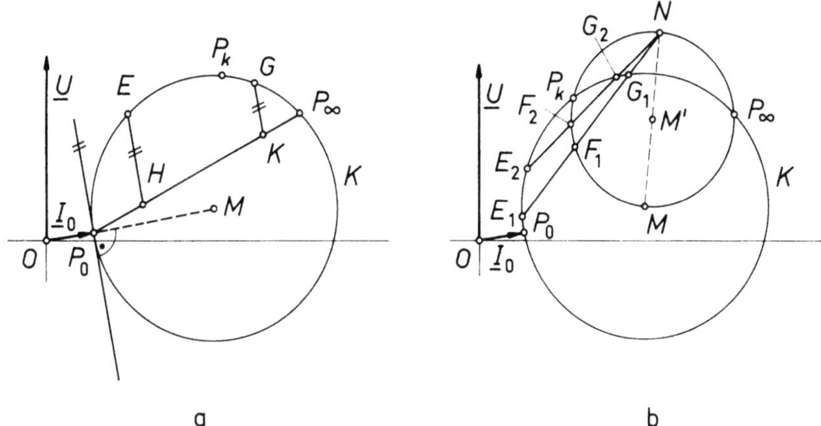

Abb. 70. Graphische Lösung nach Krondl; a) Drehmomente der symmetrischen Komponenten; b) Hilfskonstruktion für die Betriebspunkte

Drehmomente von den Strömen quadratisch abhängen, kann man schreiben

$$M_m = \overline{EH}\left(\frac{b}{2a}\right)^2, \tag{178}$$

$$M_g = \overline{GK}\left(\frac{c}{2a}\right)^2. \tag{179}$$

Bei der Konstruktion der Drehzahl-Drehmoment-Kurve oder der Ortskurven des Motors muß man den beschriebenen Berechnungsvorgang für mehrere Schlupfwerte wiederholen. Dabei kann man den in Abb. 70b ohne Beweis demonstrierten Zusammenhang ausnutzen. Die Verbindungslinien der Punktepaare $E - G$ haben einen gemeinsamen Punkt N. Die Punkte F liegen auf einem Kreis, der durch diesen Punkt N und den Mittelpunkt des Kreisdiagramms M geht und seinen Mittelpunkt M' auf der Verbindungslinie $\overline{MN}$ hat.

3.5.4 Der Betriebskondensatormotor

Mit Hilfe des im Abschnitt 3.5.3 beschriebenen Verfahrens kann man die Drehmoment-Drehzahl-Kennlinie und die Ortskurven der Ströme für eine beliebige Impedanz $\underline{Z}''_H$ im Hilfsstrang bestimmen. Praktisch verwendet man dieses Verfahren fast ausschließlich bei Betriebskondensatormotoren (Abb. 46a), welche heute, neben den Spaltpolmotoren, die überwiegende Mehrheit der produzierten Einphasenmotoren darstellen.

Die Ausführung der beiden Stränge A, B kann gleich oder unterschiedlich sein. Gleiche Stränge mit gleicher Windungszahl und gleicher Verteilung in Nuten verwendet man in den Fällen, wo man die Drehrichtung des Motors mit einem einzigen Schaltkontakt nach Abb. 152a ändern will und die Betriebseigenschaften in beiden Drehrichtungen gleich sein sollen. Sonst wählt man normalerweise eine unsymmetrische Ausführung, bei welcher beide Stränge unterschiedliche Windungszahlen bzw. unterschiedliche Verteilungen in Nuten haben. Die unsymmetrische Ausführung bietet die Möglichkeit, die Wicklung und die Kapazität des Kondensators den Betriebsbedingungen besser anzupassen und die Herstellungskosten des Motors samt Kondensator möglichst klein zu halten. Der Preis des Kondensators spielt dabei eine erhebliche Rolle, so daß optimale elektromagnetische Verhältnisse im Motor allein nicht immer die wirtschaftlichste Lösung bedeuten. Der Entwurf des Kondensatormotors wird durch die Tatsache erschwert, daß der Kondensator vor allem dem Dauerbetrieb angepaßt werden muß und für den Anlauf im Verhältnis zu klein ist, weil jeder Asynchronmotor beim Stillstand wesentlich größere Ströme als beim Dauerbetrieb aufnimmt. Im Vergleich mit Drehstrommotoren ist daher das Anzugsmoment des Kondensatormotors mit einem einzigen Kondensator relativ klein. Dieses Anzugsmoment wird noch kleiner, wenn man mit einem kleinen Kondensator auskommen will, dessen Preis vor allem von seiner Kapazität abhängt. Die Kapazität des Kondensators wächst mit dem Strom des Hilfsstranges beim Nennbetrieb, das heißt mit dem Querschnitt des Drahtes. Ein kleinerer Kondensator genügt dann, wenn die Windungszahl des Hilfsstranges größer als die des Hauptstranges ist und der Hilfsstrang einen kleineren Anteil des gesamten Nutenraumes des Ständers einnimmt, so daß das Kupfergewicht der beiden Stränge nicht gleich ist. Von diesen zwei Parametern wirkt sich vor allem das Kupfergewicht des Hilfsstranges auf das Anzugsmoment des Kondensatormotors aus. Deswegen ist das Kupfergewicht beider Stränge bei den meisten Kondensatormotoren nicht wesentlich unterschiedlich, aber die Windungszahl des Hilfsstranges ist sehr oft größer als im Hauptstrang. Wegen des Anzugsmomentes wird der Hilfsstrang des Kondensatormotors oft mehr als der Hauptstrang belastet (größere Stromdichte). Bei größeren Unterschieden sollte man lieber den Nutenraum des Hilfsstranges vergrößern, weil eine unausgewogene Kupferbelastung höhere Gesamtverluste bedeutet (Abb. 71). Man sollte dabei auch nicht vergessen, daß man das Anzugsmoment durch Vergrößerung des Läuferwiderstandes verbessern kann. Man kann wohl sagen, daß man beim Kondensatormotor einen wesentlich größeren Läuferwiderstand als bei einsträngigem Einphasenmotor zulassen kann, weil das gegenlaufende Feld im Kondensatormotor wesentlich kleiner ist. Mit dem Wirkwiderstand des Läufers wächst jedoch der Schlupf beim Nennbetrieb, und die Drehzahl-Drehmoment-

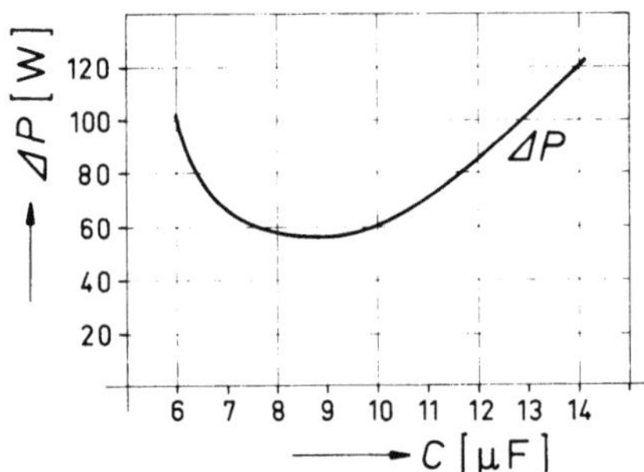

Abb. 71. Beispiel der Abhängigkeit der Verluste im Kondensatormotor von der Größe der Kapazität bei konstantem Drehmoment

Kennlinie wird „weicher". So ist man auch bei der Wahl des Läuferwiderstandes vom Dauerbetrieb abhängig, und zwar besonders bei mehrpoligen Motoren. Sehr große Anzugsmomente kann man jedoch nur mit zwei Kondensatoren erreichen, von welchen einer dem Dauerbetrieb und der andere dem Anlauf angepaßt wird (siehe Abschnitt 3.5.5).

Bei der Suche einer optimalen Ausführung des Hilfsstranges mit Kondensator ist daher eine Durchrechnung von mehreren Varianten notwendig. Der Optimierungsvorgang wird in der Praxis oft dadurch eingeschränkt, daß die Größe der erwünschten Kapazität im voraus bekannt ist und dieser Kapazität die Leiterzahl des Hilfsstranges angepaßt werden muß. Bei der Optimierung des Hilfsstranges macht man normalerweise den letzten Schritt experimentell am Mustermotor (siehe Abschnitt 3.3.3.1 und 7.1).

3.5.4.1 Kreisfeld im Kondensatormotor (Dauerbetrieb)

Im Abschnitt 3.3.2 (Abb. 45) wurde gezeigt, daß man bei einem symmetrischen Zweiphasenmotor, dessen Phasenverschiebung zwischen Spannung und Strom $\varphi = 45°$ beträgt, die symmetrische Zweiphasenspeisung durch einen Kondensator ersetzen kann, so daß in diesem Motor ein Kreisfeld wie beim symmetrischen Betrieb entsteht. Die Erregung des Kreisfeldes ist durch gleich große, aber um 90° phasenverschobene Durchflutungen der beiden Stränge bedingt. Wenn man eine

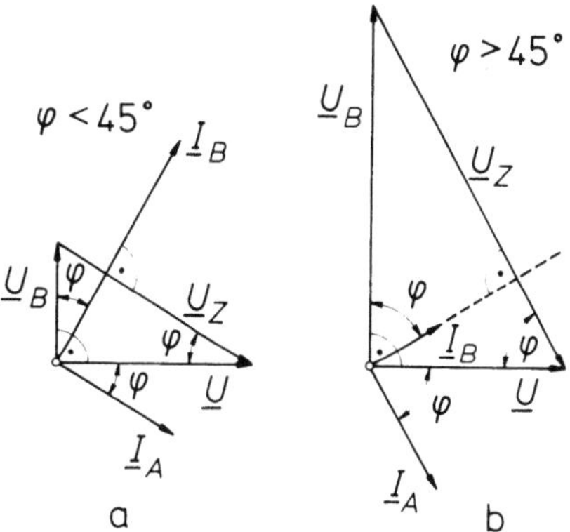

Abb. 72. Kreisfeld im Kondensatormotor bei verschiedenen Phasenverschiebungen zwischen Strom und Spannung

andere Windungszahl des Hilfsstranges (bei gleichem Kupfergewicht!) zuläßt, kann man dieselben Bedingungen im Motor bei anderen Werten der Phasenverschiebung φ erreichen, wie es in Abb. 72 angedeutet ist. Die Ströme sowie die Spannungen stehen senkrecht aufeinander, und ihre Beträge erfüllen die Bedingung

$$\frac{I_A}{I_B} = \frac{U_B}{U_A} = \frac{U_B}{U} = \tan \varphi = ü, \tag{180}$$

so daß beide Stränge dieselbe Wirk- und Blindleistung aufnehmen. Die Kapazität des Kondensators ist dann

$$C = \frac{I_B}{2\pi f U_Z}. \tag{181}$$

Für die Spannung U_Z gilt dabei

$$U_Z = U\sqrt{1 + \ddot{u}^2}, \tag{182}$$

und für den Strom des Hilfsstranges kann man schreiben

$$I_B = \frac{I_A}{\ddot{u}} = \frac{1}{\ddot{u}}\frac{P_S}{2U\cos\varphi}, \tag{183}$$

wobei P_S die Leistungsaufnahme des Motors beim symmetrischen Betrieb ist. Damit ergibt sich die Kapazität aus Gl. (181) zu

$$C = \frac{1}{2\pi f}\frac{P_S}{2U^2\ddot{u}\cos\varphi\cdot\sqrt{1 + \ddot{u}^2}}. \tag{184}$$

Wenn man bedenkt, daß bei Berücksichtigung der Gl. (180)

$$\cos\varphi\cdot\sqrt{1 + \ddot{u}^2} = \cos\varphi\cdot\sqrt{1 + \tan^2\varphi} = 1 \tag{185}$$

ist und die Leistungsaufnahme P_S durch die mechanische Leistung des Motors P_{mech} und den Wirkungsgrad η ausgedrückt werden kann

$$P_S = \frac{P_{\mathrm{mech}}}{\eta}, \tag{186}$$

erhält man

$$C = \frac{1}{2\pi f}\frac{P_{\mathrm{mech}}}{2U^2\ddot{u}\eta} \tag{187}$$

oder

$$C = \frac{10^6}{2\pi f}\frac{P_{\mathrm{mech}}}{2U^2\ddot{u}\eta}\quad [\mu\mathrm{F}; \mathrm{Hz}, \mathrm{W}, \mathrm{V}]. \tag{188}$$

Es ist zu beachten, daß der Motor mit dieser Kapazität nur dann symmetriert werden kann, wenn das Verhältnis der effektiven Windungszahlen nach Gl. (180) $\ddot{u} = \tan\varphi$ ist und beide Wicklungsstränge gleiches Kupfergewicht und gleiche Verteilung in den Nuten haben. Diese beiden Bedingungen führen jedoch besonders bei niederpoligen Motoren mit kleiner Phasenverschiebung φ zu sehr großen Kondensatoren. Deswegen verzichtet man in der Praxis meistens auf die Symmetrie, welche man in dem Motor ohnehin nur bei einer Drehzahl erreichen kann, und wählt unabhängig von Gl. (180) eine größere Windungszahl des Hilfsstranges, dem gegebenenfalls eine kleinere Nutenzahl als dem Hauptstrang zugewiesen wird. Die Kapazität des Kondensators bestimmt man dann nach Gln. (181), (182), wobei sich I_B als zulässiger Strom des Hilfsstranges nach dem Drahtquerschnitt richtet.

Die Abhängigkeit der Gegenkomponente von der Windungszahl des Hilfsstranges und dem Wert der Kapazität wird anschaulich bei der Anwendung des in Abschnitt 3.5.3 beschriebenen graphisch-analytischen Verfahrens nach Krondl.

Die Lage der Punkte A, B, C in Abb. 69 entspricht einem Kondensatormotor mit ungleichen Kupferquerschnitten beider Stränge, weil die Admittanz $\underline{Y}''_H$ einen Realteil enthält, der die Ungleichheit der Kupfergewichte erfaßt (siehe Gln. (171) und (129)). Wenn sich beide Stränge nur durch die Windungszahlen bei gleichem Kupfergewicht und gleicher Verteilung in den Nuten unterscheiden, liegt der Punkt A auf der imaginären Achse. Wenn die Gegenkomponente verschwinden soll, muß der Punkt C in Abb. 69 nach Gl. (177) mit dem Punkt E identisch sein, das heißt auf dem Kreis liegen. Der Punkt $E \equiv C$ stellt dann den Strom bei symmetrischem Betrieb dar, und es gilt für die Phasenverschiebung φ zwischen der Spannung und diesem Strom

$$\tan \varphi = \frac{\overline{OA}}{\overline{CA}} = \ddot{u}, \tag{189}$$

wie es nach Gl. (180) zu erwarten war. Die Symmetrierung ist mit einem Wert der Kapazität nur in einem einzigen, aber sonst beliebigen Betriebspunkt (Schlupf) möglich. Vom Grad der Symmetrierung hängen auch die Pendelmomente doppelter Netzfrequenz ab, welche bei völliger Symmetrie verschwinden und bei einem reinen Einphasenmotor am stärksten ausgeprägt sind (siehe Abschnitt 8.3).

Der vollständig symmetrierte Motor könnte theoretisch dieselbe Leistung wie eine symmetrische Mehrphasenmaschine abgeben. Praktisch erreichen die Kondensatormotoren bei gleichen Verlusten nur 70 bis 90% dieser Leistung. Es ist jedoch immer noch mehr als beim einsträngigen Einphasenmotor (ca. 50%).

3.5.4.2 Anzugsmoment des Kondensatormotors

Bei der Berechnung des Anzugsmoments des Kondensatormotors kann man von Gln. (157), (158) ausgehen, welche die Möglichkeit bieten, den Zusammenhang zwischen dimensionslosen Größen $\ddot{u}$, m_A und k'_Z graphisch darzustellen und auf diese Weise allgemein gültige Diagramme für den Entwurf des Hilfsstranges zu gewinnen. Eine gewisse Schwierigkeit bereitet nur der in γ enthaltene Phasenwinkel φ_Z der effektiven Hilfsimpedanz Z''_H, welche nach Gl. (129) auch einen reellen Anteil ΔR bei sonst als verlustlos betrachtetem Kondensator enthält. Der diesem Zusatzwiderstand entsprechende Verlustwinkel $\Delta \varphi$ hängt von dem Kupfergewicht

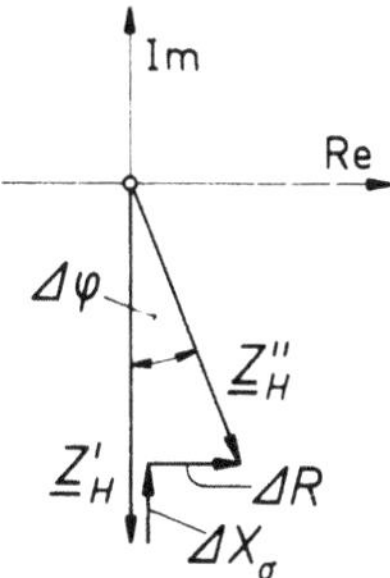

Abb. 73. Effektive Hilfsimpedanz $\underline{Z}''_H$ und die Korrektur $\Delta \varphi$ des Phasenwinkels beim Kondensatormotor

des Hilfsstranges ab und kann nicht in allgemein gültige Diagramme direkt einbezogen werden (Abb. 73). In Gl. (158) kommt jedoch nur die Differenz

$$\gamma = \varphi_k - \varphi_Z = \varphi_k + \pi/2 - \Delta\varphi = (\varphi_k - \Delta\varphi) + \pi/2 = \varphi_k' + \pi/2 \qquad (190)$$

zur Geltung, so daß der dem Widerstand ΔR entsprechende Winkel

$$\Delta\varphi \approx \arctan\frac{\Delta R}{Z_H'} \qquad (191)$$

nachträglich durch eine Korrektur des Winkels φ_k berücksichtigt und die Diagramme für eine reine Kapazität ($\varphi_Z = -\pi/2$) aufgestellt werden können. Die Reaktanz ΔX_σ (Abb. 73) wirkt sich wie eine kleine Vergrößerung der Kapazität aus.

Die Formel für die Berechnung des relativen, auf eine symmetrische Maschine bezogenen Anzugsmomentes erhält man aus der allgemein gültigen Gl. (158), in welche man γ aus Gl. (190) einsetzt. Es gilt für den Kondensatormotor

$$m_A = \frac{k_Z' \cos\varphi_k'}{\ddot{u}(1 + k_Z'^2 - 2k_Z'\sin\varphi_k')} . \qquad (192)$$

Der Winkel

$$\varphi_k' = \varphi_k - \Delta\varphi \qquad (193)$$

ist der nach Abb. 73 korrigierte Phasenwinkel des Hauptstranges bei ruhendem Läufer. Bei gleichem Kupfergewicht beider Stränge ist $\Delta\varphi = 0$. Die Größe k_Z' stellt dann nach Gl. (149) das Verhältnis der Beträge der umgerechneten Hilfsimpedanz Z_H' und der Impedanz des Hauptstranges Z_{Ak} bei ruhendem Läufer dar.

Entsprechend Gl. (192) hängt das relative Anzugsmoment m_A des nach Abb. 46 geschalteten Motors von drei Parametern ab. Die Werte, welche diese Parameter annehmen, sind jedoch nicht ganz unabhängig. Bei zweipoligen Motoren, deren Läufer unter Umständen große Widerstände haben können, sind die Phasenwinkel φ_k relativ klein ($\varphi_k < 45°$) und die Werte k_Z' groß ($k_Z' \approx 3$ bis 4), weil der Anzugsstrom wesentlich größer als der Nennstrom ist und die Hilfsimpedanz dem Nennbetrieb angepaßt werden muß. Vielpolige Motoren ($p = 6$ oder 9) dagegen haben einen großen Magnetisierungsstrom, kleinen Läuferwiderstand und dementsprechend großen Phasenwinkel φ_k ($\approx 60°$) bei Stillstand. Weil bei großer Polzahl der Unterschied zwischen Nenn- und Anzugsstrom klein ist, bewegt sich k_Z' in den Grenzen 1,5 bis 2. Bezüglich des Übersetzungsverhältnisses $\ddot{u}$ wurde schon im Abschnitt 3.5.4 darauf hingewiesen, daß größere $\ddot{u}$-Werte zu einem kleineren Kondensator führen und daher der Symmetrierung beim Dauerbetrieb oft vorgezogen werden. Wie sich die größeren Windungszahlen des Hilfsstranges auf das relative Anzugsmoment m_A auswirken, soll nun untersucht werden.

Bei fast gleichen Kupfergewichten beider Stränge kann man die Spannung des gegenlaufenden Feldes beim Nennbetrieb vernachlässigen und annehmen

$$U_B = U\ddot{u} \qquad (194)$$

und

$$U_Z = Z_H I_B \approx U\sqrt{1 + \ddot{u}^2} . \qquad (195)$$

Wenn man die Übersetzung $\ddot{u}$ ändert, muß man annähernd gleiche Verluste im Hilfsstrang annehmen und daher auch

$$I_B = \frac{I_{B0}}{\ddot{u}}, \tag{196}$$

wobei I_{B0} der Strom des Hilfsstranges bei $\ddot{u} = 1$ ist. Aus Gln. (196) und (195) ergibt sich

$$Z_H = \frac{U}{I_{B0}} \ddot{u}\sqrt{1 + \ddot{u}^2} \tag{197}$$

und

$$k'_Z = \frac{Z_H}{\ddot{u}^2 Z_{Ak}} = \frac{U}{I_{B0}Z_{Ak}} \sqrt{1/\ddot{u}^2 + 1}$$

$$= \frac{U\sqrt{2}}{I_{B0}Z_{Ak}} \sqrt{(1/\ddot{u}^2 + 1)/2}. \tag{198}$$

Bezeichnet man

$$k'_{Z0} = \frac{U\sqrt{2}}{I_{B0}Z_{Ak}}, \tag{199}$$

gilt

$$k'_Z = k'_{Z0}\sqrt{b}, \tag{200}$$

wobei

$$b = (1/\ddot{u}^2 + 1)/2 \tag{201}$$

ist.

Wenn man die Abhängigkeit der relativen umgerechneten Hilfsimpedanz k'_Z nach Gln. (200), (201) in Gl. (192) einführt, erhält man für verschiedene Werte von k'_{Z0} und φ'_k die Kennlinien in Abb. 74. Aus dem Verlauf der Kurven ist ersichtlich,

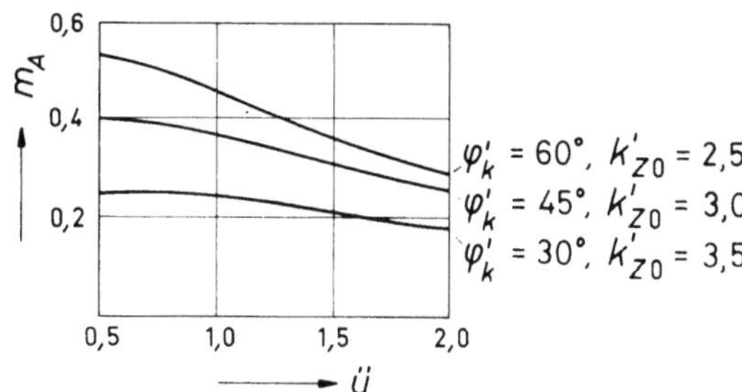

Abb. 74. Abhängigkeit des bezogenen Anzugsmomentes m_A eines Betriebskondensatormotors von der Leiterzahl des Hilfsstranges (Übersetzung $\ddot{u}$); Verluste bei Betrieb annähernd gleich

daß bei annähernd gleicher Dauerbelastung des Hilfsstranges die Anzugsmomente mit wachsender Windungszahl des Hilfsstranges abnehmen. Bei Motoren mit größerem Leistungsfaktor $\cos \varphi_k$ ist die Abnahme kleiner. Weil jedoch bei kleineren Windungszahlen des Hilfsstranges größere Kapazitäten notwendig sind, zieht man oft größere Windungszahlen vor.

Das Problem des Anzugsmomentes des Kondensatormotors sieht ganz anders aus, wenn die Kapazität des Kondensators von vornherein angegeben ist, wie es in der Praxis oft vorkommt. Die Aufgabe des Entwurfes besteht in der Wahl einer optimalen Windungszahl bzw. einer optimalen Aufteilung des Nutenraumes, sofern man schon von einem bekannten Muster ausgeht und die Hauptabmessungen und der Läuferwiderstand bekannt sind. Im allgemeinen kann gesagt werden, daß bei gegebener Kapazität und gegebenem Kupfergewicht höhere Windungszahlen des Hilfsstranges zu größeren Stromdichten im Kupfer des Hilfsstranges und ab einer gewissen Grenze zu größeren Verlusten im Dauerbetrieb führen. Eine andere Frage ist jedoch, ob das Anzugsmoment entsprechend der höheren Beanspruchung des Hilfsstranges beim Dauerlauf auch unbeschränkt wächst. Die Antwort kann man auch anhand der Gl. (192) finden, wenn man das Verhältnis k'_Z der umgerechneten Hilfsimpedanz durch das Verhältnis der *nicht* umgerechneten Hilfsimpedanz Z_H zu der Impedanz Z_{Ak} des Hauptstranges, das heißt durch

$$k_Z = \frac{Z_H}{Z_{Ak}},\tag{202}$$

ausdrückt. Man kann dann schreiben

$$k'_Z = \frac{Z'_H}{Z_{Ak}} = \frac{1}{\ddot{u}^2}\frac{Z_H}{Z_{Ak}} = \frac{1}{\ddot{u}^2}k_Z.\tag{203}$$

Nach dem Einsetzen aus Gl. (203) in Gl. (192) erhält man

$$m_A = \frac{\ddot{u}k_Z \cos \varphi'_k}{\ddot{u}^4 + k_Z^2 - 2\ddot{u}^2 k_Z \sin \varphi'_k}.\tag{204}$$

Die Formel (204) kann für den Entwurf des Hilfsstranges verwendet werden, wenn die Hauptabmessungen des Motors und der Hauptstrang bereits entworfen sind und die Kapazität des Kondensators bekannt ist. Die Größen φ'_k und k_Z sind dann vorgegeben, und die Gl. (204) stellt die Abhängigkeit des relativen Anzugsmomentes von der bezogenen effektiven Windungszahl des Hilfsstranges $\ddot{u}$ dar. In Abb. 75a und 75b ist der Verlauf der nach Gl. (204) berechneten Kurven für zwei sehr unterschiedliche Phasenwinkel $\varphi'_k = 70°$ und $\varphi'_k = 20°$ als Beispiel gezeigt. Man sieht, daß bei kleinen Phasenwinkeln des Motors wesentlich kleinere relative Anzugsmomente erreicht werden können und die Kurven auch verhältnismäßig flach verlaufen. Bei großen Phasenverschiebungen φ'_k, welche bei vielpoligen oder größeren Motoren zu finden sind, können die bezogenen Momente sogar wesentlich größer als bei symmetrischer Speisung sein. Das kommt jedoch nur bei Motoren mit Anlaßkondensatoren (Abb. 46b und c) in Frage, die eine große Kapazität besitzen, welche unabhängig vom Dauerbetrieb ist, und während des Hochlaufs abgeschaltet wird (siehe Abschnitt 3.5.5). Bei Betriebskondensatormotoren sind die Werte k_Z immer verhältnismäßig groß ($k_Z = 3$ bis 7) und die

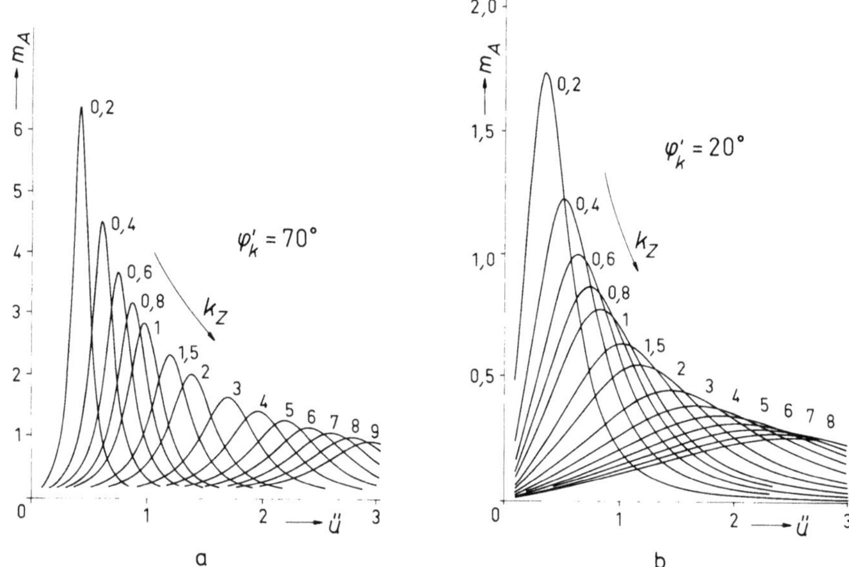

Abb. 75. Abhängigkeit des bezogenen Anzugsmomentes von der Leiterzahl des Hilfsstranges (Übersetzung $ü$); a) $\varphi'_k = 70°$; b) $\varphi'_k = 20°$

bezogenen Anzugsmomente relativ klein. Die Kurven verlaufen bei diesen Werten flach und erreichen das Maximum bei $ü \approx 1,5$ bis $2,0$, das heißt bei Windungszahlen, welche bei Dauerbetrieb zu großer Belastung des Hilfsstranges führen können. Hier sieht man deutlich, wie die Forderungen eines guten Anzugsmomentes und kleiner Verluste beim Dauerbetrieb auseinander gehen. Deshalb muß man einen vernünftigen Kompromiß suchen.

Das erreichbare Maximum des Anzugsmomentes bei gegebener Kapazität ist für den Entwurf des Hilfsstranges mindestens ein Ausgangspunkt. Aus Gl. (204) ergibt sich für das Übersetzungsverhältnis $ü_{max}$, bei welchem das Maximum auftritt, die Beziehung (siehe Abschnitt 3.5.5)

$$ü_{max} = \sqrt{k_Z(\sin \varphi'_k + \sqrt{\sin^2 \varphi'_k + 3})/3}.$$ (205)

3.5.4.3 Betriebsverhalten des Betriebskondensatormotors

Das Betriebsverhalten des Kondensatormotors unterscheidet sich nicht grundsätzlich von dem eines normalen Asynchronmotors, wenn man von kleinerer Ausnutzung der Baugröße und des aktiven Materials absieht. Die Betriebseigenschaften eines neu entwickelten Motors werden experimentell nachgeprüft und in der Form der sogenannten „Bremsreihe" graphisch dargestellt. Es handelt sich um die Abhängigkeit der wichtigsten charakteristischen Größen vom Drehmoment. In Abb. 76 sieht man als Beispiel die Bremsreihe eines zweipoligen Kondensatormotors 300 W. Die günstigen Werte des Anzugsmomentes wurden offensichtlich durch höheren Läuferwiderstand erreicht, der aber auch zu größeren Schlupfwerten beim Dauerbetrieb führt. Das Anzugsmoment hängt von der Läuferlage ab, und so trägt

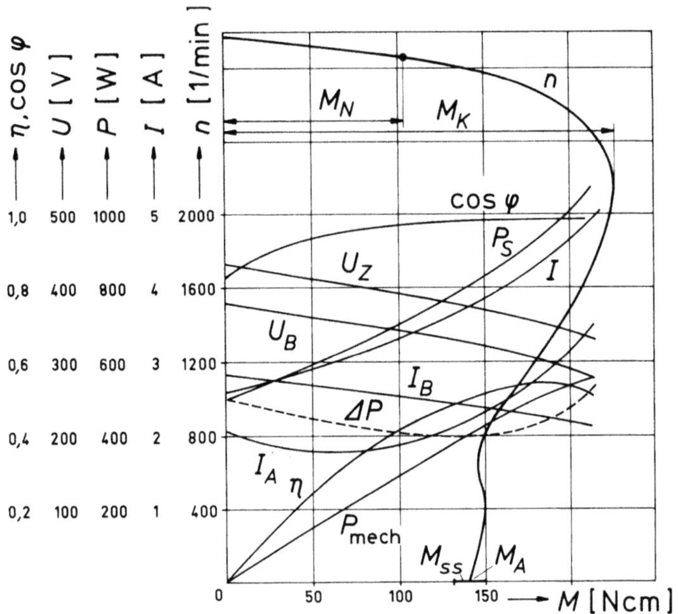

Abb. 76. Gemessene Kennlinien eines zweipoligen Kondensatormotors 300 W

man das minimale und maximale Anzugsmoment ein (Zusatzmoment M_{ss}). Diese Schwankung hängt mit Oberwellen zusammen, deren Wirkungen im Abschnitt 4 untersucht werden. Auch der Knick im Drehmomentverlauf bei kleiner Läufergeschwindigkeit ist dieses Ursprungs. Es ist zu beachten, daß der Strom des Hilfsstranges I_B mit der Belastung abnimmt, wie es auch aus den Ortskurven (siehe Abschnitt 3.5.4.4 und Abb. 77) ersichtlich ist. Auch die Gesamtverluste ΔP sind beim Leerlauf größer als beim Nennbetrieb und erreichen ihr Minimum erst bei größeren Werten des Drehmomentes, obwohl der Strom I_A des Hauptstranges dabei schon wesentlich größer ist. Dies bedeutet, daß die Kapazität des Kondensators mit Rücksicht auf das erforderliche Anzugsmoment für den Dauerbetrieb etwas zu groß gewählt wurde. Dasselbe zeigt auch die steigende Linie des Wirkungsgrades η. Von den anderen Größen bezeichnen P_S die Leistungsaufnahme, P_{mech} die mechanische Leistung, U_Z die Spannung am Kondensator und cos φ den Leistungsfaktor.

3.5.4.4 Ortskurven der Ströme

Wie bei anderen Asynchronmotoren kann man auch beim Betriebskondensatormotor die Abhängigkeit der Ströme vom Schlupf durch Ortskurven darstellen, welche man entweder nach Gln. (134) bis (137) punktweise berechnet oder nach Krondl (Abschnitt 3.5.3) graphisch konstruiert. Die von Richter [1] und anderen Autoren angegebenen Ortskurven beziehen sich auf größere Motoren mit normal ausgeführten Läufern. Die meisten heutzutage produzierten Motoren werden jedoch speziell für bestimmte Antriebe mit entsprechenden Betriebseigenschaften entworfen. Z. B. die Waschmaschinenmotoren haben meistens sehr dünne

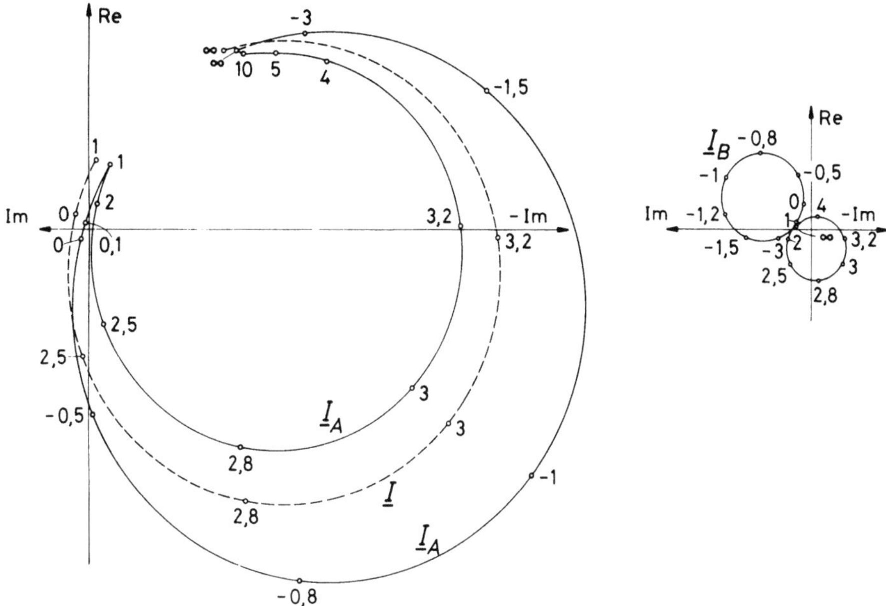

Abb. 77. Berechnete Ortskurven der Ständerströme eines zweisträngigen Kondensatormotors (mit angeschriebenen Schlupfwerten); $\underline{I}_A$ — Hauptstrang; $\underline{I}_B$ — Hilfsstrang; $\underline{I}$ — Gesamtstrom

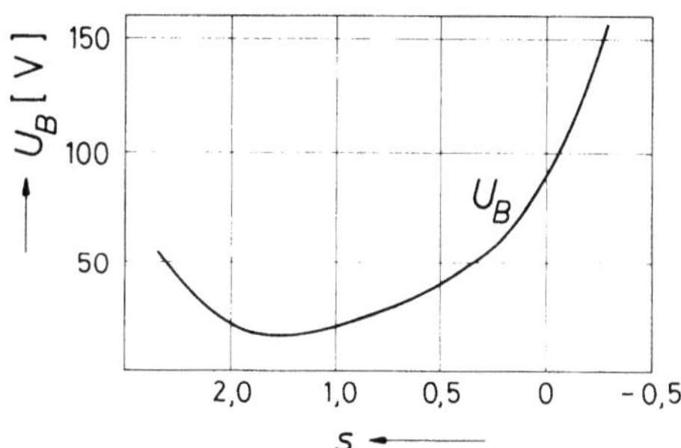

Abb. 78. Gemessene Abhängigkeit der Spannung $\underline{U}_B$ des Hilfsstranges im wenig gesättigten Kondensatormotor vom Schlupf

Kurzschlußringe und einen dementsprechend hohen Läuferwiderstand bei kleinen Polzahlen. Die berechneten Ortskurven eines solchen zweipoligen Waschmaschinenmotors sind in Abb. 77 dargestellt. Die Ortskurven der Strangströme $\underline{I}_A$, $\underline{I}_B$ sind bizirkuläre Quartiken; die Ortskurve des Gesamtstromes $\underline{I}$ liegt auf einem Kreis (siehe [1]). Wegen des großen Läuferwiderstandes stellt der übliche Drehzahlbereich zwischen $s = 1$ und $s = 0$ nur einen kleinen Teil der Ortskurve dar, und man findet sehr große Ströme bei negativen Schlupfwerten, das heißt beim übersynchronen Lauf, wobei auch die Spannungen am Kondensator und am Hilfsstrang sehr hohe Werte erreichen müssen. In Wirklichkeit kann man den steilen

Anstieg der Spannung am Hilfsstrang beim sinkenden Schlupf nur dann feststellen, wenn die Speisespannung herabgesetzt und der Motor wenig gesättigt ist (Abb. 78). Bei Nennspannung wird das Anwachsen der Spannung des Hilfsstranges und der Ströme in der Nähe des Synchronismus durch die Sättigung des magnetischen Kreises entscheidend eingeschränkt.

3.5.5 Der zweisträngige Anlaßkondensatormotor

Als zweisträngige Anlaßkondensatormotoren bezeichnet man die nach Abb. 79 und 80 geschalteten Einphasenmotoren. Beide Schaltungen sind durch einen nur für den Anlauf bestimmten Kondensator K_A charakterisiert. Nach dem abgeschlossenen Hochlauf wird dieser Kondensator durch ein Relais oder einen Fliehkraftschalter (siehe Abschnitt 3.5.7) abgeschaltet, und der Motor läuft

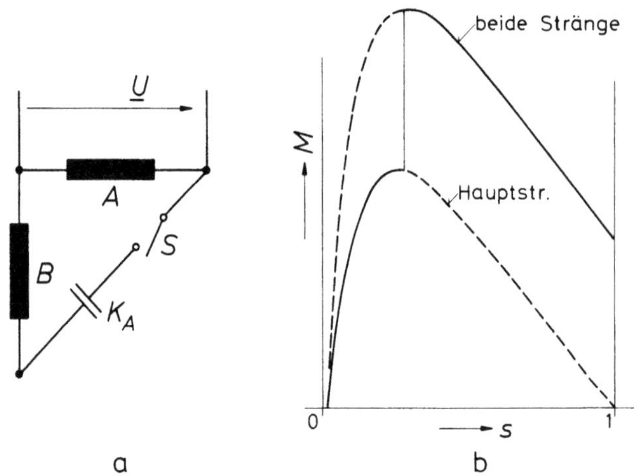

Abb. 79. Ständerschaltung des Anlaßkondensatormotors und seine Drehmoment-Drehzahl-Kennlinie

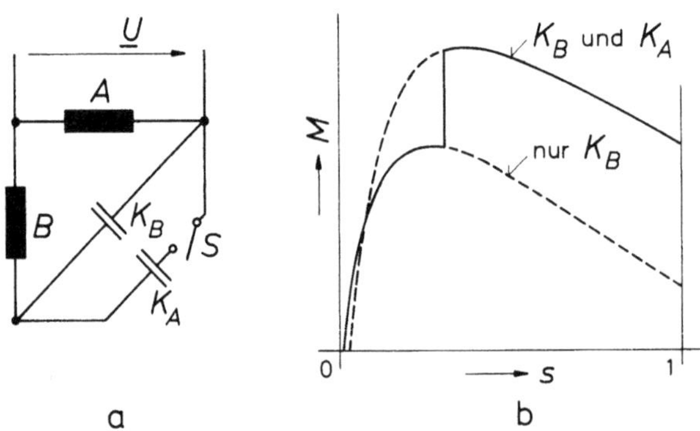

Abb. 80. Ständerschaltung des Doppelkondensatormotors und seine Drehmoment-Drehzahl-Kennlinie

entweder als reiner Einphasenmotor (Abb. 79) oder als Kondensatormotor mit einem (kleineren) Betriebskondensator K_B weiter (Abb. 80). Die in Abb. 67 dargestellte Grundschaltung gilt sowohl für Betriebskondensatormotoren als auch für Anlaßkondensatormotoren. Der Unterschied besteht vor allem in der Größe der für den Hochlauf bestimmten Kapazität, welche beim Motor mit einfachem Betriebskondensator wegen der Verluste beim Dauerbetrieb relativ klein ist und für größere Anzugsmomente nicht ausreicht. Mit Hilfe des Anlaßkondensators, der nur dem Anlauf dient, kann man wesentlich größere Anzugsmomente, die sogar größer als bei symmetrischer Mehrphasenspeisung sein können, erreichen (siehe Abb. 79, 80 und 81). Dabei ist es nicht notwendig, den Läuferwiderstand zu vergrößern, wie es bei Kondensatormotoren mit einfachem Dauerkondensator wegen des zu kleinen Anzugsmomentes oft der Fall ist. Man kann daher die steile Drehzahl-Kennmoment-Kennlinie, das heißt hohe Nenndrehzahl, erreichen. Sofern der Hilfsstrang nur dem Anlauf dient (Abb. 79), kann er nur in einem Drittel des Nutenraumes untergebracht werden (siehe Abb. 30).

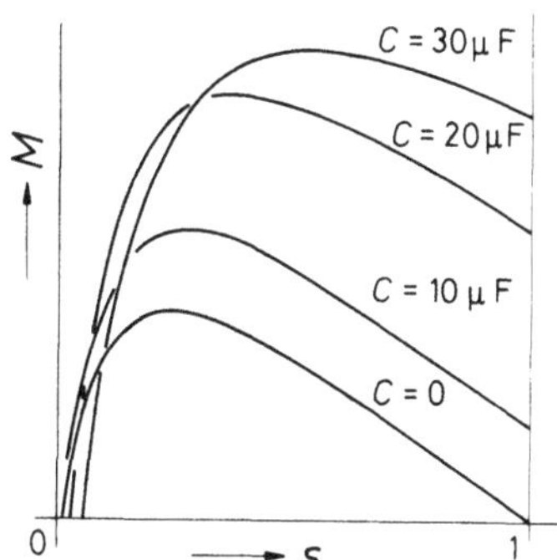

Abb. 81. Drehmoment-Drehzahl-Kennlinien eines Motors mit verschiedenen Kondensatoren

Wenn die Kapazität des Anlaßkondensators nicht von vornherein gegeben ist, geht der Entwurf des Hilfsstranges eines Anlaßkondensatormotors von dem erwünschten Anzugsmoment aus. Zu diesem Netto-Anzugsmoment muß man zunächst die erfahrungsgemäß geschätzten Reibungs- und Oberwellenmomente (siehe Abschnitt 4.3) addieren und die Summe M nach Gl. (156) auf das vorher berechnete Anzugsmoment M_{As} eines symmetrischen Motors beziehen. Die Phasenverschiebung des Hauptstranges φ_k kann man bei diesem vorläufigen Entwurf noch nicht nach Gln. (193) und (191) genau korrigieren, weil die Impedanz des Kondensators noch nicht bekannt ist. Man muß $\Delta\varphi$ in Gl. (193) zunächst abschätzen. Bei Anwendung von Elektrolytkondensatoren muß man auch ihren relativ großen Verlustwinkel δ_v berücksichtigen und schreiben (siehe Abschnitt 2.2)

$$\varphi_k' = \varphi_k - \delta_v - \Delta\varphi. \tag{206}$$

Der weitere Entwurf des Hilfsstranges besteht in der Bestimmung der Kapazität und der Windungszahl des Hilfsstranges, mit welchem man bei gegebenem Winkel φ_k' das erwünschte bezogene Drehmoment m_A erreicht. Dazu sind die Diagramme

Tabelle 3a. *Parameter bei minimalem Anzugsstrom des Anlaßkondensatormotors*

m_A	$\varphi'_k = 5°$				$\varphi'_k = 10°$				$\varphi'_k = 15°$				$\varphi'_k = 20°$				$\varphi'_k = 25°$			
	$\ddot{u}$	i_k	k'_z	k_z	$\ddot{u}$	i_k	k'_z	k_z	$\ddot{u}$	i_k	k'_z	k_z	$\ddot{u}$	i_k	k'_z	k_z	$\ddot{u}$	i_k	k'_z	k_z
0,3	1,24	1,10	2,43	3,73																
0,35	1,14	1,15	2,22	2,88	1,14	1,11	2,39	3,10												
0,4	1,04	1,21	2,08	2,24	1,07	1,16	2,18	2,49	1,07	1,12	2,34	2,67								
0,45	0,96	1,28	1,97	1,81	1,00	1,22	2,03	2,03	1,03	1,17	2,12	2,24	1,03	1,13	2,27	2,40				
0,5	0,89	1,37	1,88	1,48	0,94	1,30	1,92	1,69	0,98	1,23	1,98	1,90	1,00	1,18	2,07	2,07	1,00	1,13	2,20	2,20
0,55	0,82	1,46	1,81	1,21	0,88	1,38	1,83	1,41	0,93	1,30	1,87	1,61	0,97	1,24	1,92	1,80	0,99	1,18	2,00	1,96
0,6	0,77	1,58	1,76	1,04	0,82	1,47	1,77	1,19	0,87	1,39	1,79	1,35	0,92	1,31	1,82	1,54	0,96	1,24	1,87	1,72
0,65	0,72	1,70	1,71	0,88	0,77	1,58	1,71	1,01	0,83	1,48	1,72	1,18	0,88	1,39	1,74	1,34	0,93	1,30	1,77	1,53
0,7	0,67	1,84	1,67	0,74	0,73	1,70	1,67	0,88	0,78	1,58	1,67	1,01	0,84	1,47	1,68	1,18	0,90	1,38	1,69	1,36
0,75	0,63	1,99	1,64	0,65	0,69	1,83	1,63	0,77	0,74	1,69	1,63	0,89	0,80	1,57	1,63	1,04	0,86	1,46	1,63	1,20
0,8	0,60	2,15	1,61	0,57	0,65	1,97	1,60	0,67	0,70	1,82	1,59	0,77	0,76	1,68	1,59	0,91	0,82	1,55	1,58	1,06
0,85					0,62	2,13	1,57	0,60	0,67	1,95	1,55	0,69	0,73	1,80	1,55	0,82	0,79	1,66	1,54	0,96
0,9									0,64	2,10	1,54	0,63	0,69	1,92	1,52	0,72	0,75	1,76	1,51	0,84
0,95									0,61	2,25	1,51	0,56	0,66	2,06	1,50	0,65	0,72	1,88	1,48	0,76
1,0													0,63	2,20	1,48	0,58	0,69	2,01	1,46	0,69
1,05													0,61	2,36	1,46	0,54	0,66	2,14	1,44	0,62
1,1													0,58	2,52	1,44	0,48	0,64	2,29	1,42	0,58

Tabelle 3b. *Parameter bei minimalem Anzugsstrom des Anlaßkondensatormotors*

m_A	$\varphi'_k = 30°$				$\varphi'_k = 35°$				$\varphi'_k = 40°$				$\varphi'_k = 45°$				$\varphi'_k = 50°$			
	$ü$	i_k	k'_z	k_z	$ü$	i_k	k'_z	k_z	$ü$	i_k	k'_z	k_z	$ü$	i_k	k'_z	k_z	$ü$	i_k	k'_z	k_z
0,6	0,99	1,17	1,94	1,90																
0,65	0,97	1,23	1,81	1,70																
0,7	0,95	1,29	1,72	1,55	0,99	1,22	1,75	1,71												
0,75	0,92	1,36	1,64	1,38	0,97	1,28	1,67	1,61												
0,8	0,88	1,44	1,59	1,23	0,94	1,34	1,60	1,41	1,00	1,25	1,62	1,62								
0,85	0,85	1,53	1,54	1,11	0,92	1,42	1,54	1,30	0,99	1,31	1,55	1,51								
0,9	0,82	1,62	1,50	1,00	0,89	1,50	1,50	1,18	0,96	1,38	1,50	1,38								
0,95	0,79	1,73	1,47	0,91	0,86	1,59	1,46	1,07	0,93	1,46	1,46	1,26	1,01	1,34	1,46	1,48				
1,0	0,76	1,84	1,44	0,83	0,83	1,68	1,43	0,98	0,90	1,54	1,43	1,15	0,99	1,41	1,42	1,39				
1,05	0,73	1,95	1,42	0,75	0,80	1,78	1,41	0,90	0,88	1,63	1,40	1,08	0,96	1,48	1,39	1,28	1,06	1,35	1,39	1,56
1,1	0,70	2,08	1,40	0,68	0,77	1,89	1,39	0,82	0,85	1,72	1,37	0,98	0,94	1,56	1,36	1,20	1,03	1,42	1,36	1,44
1,15	0,68	2,21	1,38	0,63	0,74	2,00	1,37	0,75	0,82	1,82	1,35	0,90	0,91	1,65	1,34	1,10	1,01	1,49	1,33	1,35
1,2	0,65	2,35	1,37	0,57	0,72	2,13	1,35	0,69	0,79	1,92	1,34	0,83	0,88	1,73	1,32	1,02	0,98	1,56	1,31	1,25
1,25	0,63	2,50	1,35	0,53	0,69	2,25	1,34	0,63	0,77	2,03	1,32	0,78	0,86	1,83	1,30	0,96	0,96	1,64	1,29	1,18
1,3					0,66	2,39	1,32	0,57	0,74	2,15	1,31	0,71	0,83	1,93	1,29	0,88	0,93	1,73	1,28	1,10
1,35					0,65	2,53	1,31	0,55	0,72	2,27	1,29	0,66	0,80	2,03	1,28	0,81	0,91	1,82	1,26	1,04
1,4									0,70	2,40	1,28	0,62	0,78	2,14	1,26	0,76	0,88	1,91	1,25	0,96
1,45									0,68	2,53	1,27	0,58	0,76	2,26	1,25	0,72	0,86	2,01	1,24	0,91
1,5									0,66	2,67	1,25	0,54	0,74	2,38	1,24	0,67	0,83	2,11	1,23	0,84

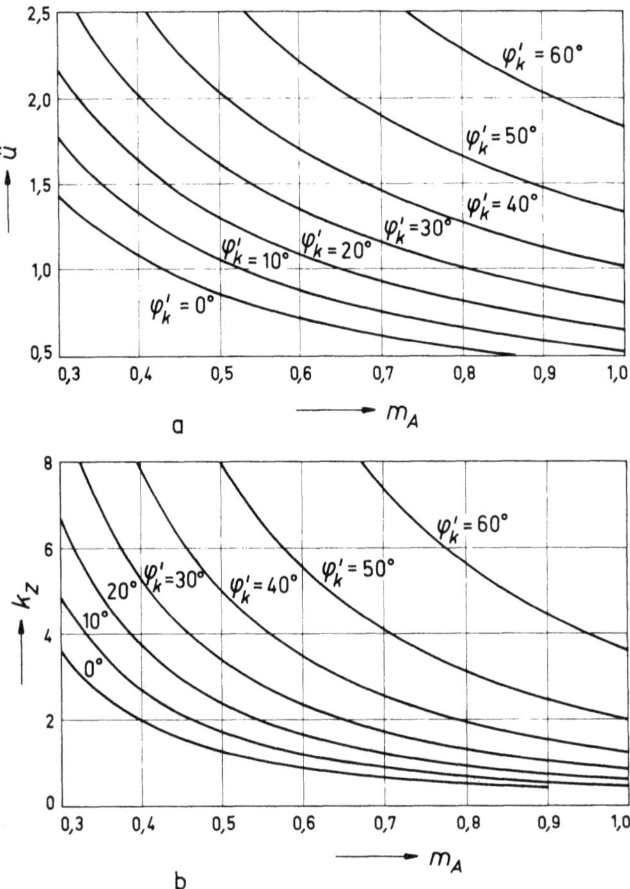

Abb. 82. Diagramm für den Entwurf des Hilfsstranges von Anlaßkondensatormotoren; m_A
— bezogenes Anzugsmoment; φ_k' = korrigierter Phasenwinkel des Hauptstranges; a)
Bestimmung des Übersetzungsverhältnisses $\ddot{u}$; b) Bestimmung des Kondensators

nach Abb. 75a oder 75b unbequem. Wesentlich schneller findet man die entsprechende Kombination mit Hilfe des Diagramms in Abb. 82a, b, das man anhand der Gln. (204) und (205) aufstellen kann. Für das gegebene relative Drehmoment m_A und den vorläufig bestimmten Winkel φ_k' findet man in Abb. 82a das Übersetzungsverhältnis $\ddot{u}$ der Windungszahlen (siehe Gl. (120)) und in Abb. 82b die bezogene Impedanz des Kondensators k_Z (siehe Gl. (202)).

Die Suche nach möglichst kleiner Kapazität des Anlaßkondensators ist nicht die einzige Optimierungsmöglichkeit beim Entwurf des Hilfsstranges. Wenn große Anzugsmomente verlangt werden und die Leistung des Motors nicht sehr klein ist, spielt auch die Größe des Anzugsstromes eine wichtige Rolle. Anhand Gln. (168), (159) und (162) kann man die Tabelle 3 aufstellen, welche es ermöglicht, für gegebene Werte von φ_k' und m_A eine Kombination von $\ddot{u}$ und k_Z zu finden, bei welcher der auf den Strom des Hauptstranges bezogene Anzugsstrom i_k am kleinsten ist (siehe Gln. (168), (202), (203) und (120)). Wenn man den Entwurf des

Hilfsstranges nach Abb. 82 und der Tabelle 3 vergleicht, sieht man, daß beide Lösungen nicht weit voneinander liegen. Z. B. für $m_A = 0,7$ und $\varphi_k' = 20°$ findet man in Abb. 82 $\ddot{u} = 0,91$ und $k_Z = 1,2$. Für dieselben Werte von m_A und φ_k' findet man in der Tabelle 3b $\ddot{u} = 0,84$ und $k_Z = 1,18$. In der Tabelle 3 sind auch die bezogenen Werte i_k des Anzugsstromes angegeben, so daß man nach Gl. (168) den notwendigen Anzugsstrom I_k schnell bestimmen kann.

Aus den Diagrammen in Abb. 82a, b und der Tabelle 3 ist ersichtlich, daß größere Anzugsmomente bei größeren Phasenverschiebungen φ_k' des Hauptstranges und kleineren Windungszahlen des Hilfsstranges auftreten. Mit dem erwünschten Anzugsmoment wächst auch der Anzugsstrom, aber die Frage des Anzugsstromes ist beim Kondensatoranlauf bei weitem nicht so wichtig wie beim Anlauf mit Wirkwiderstand (siehe Abb. 83a im Abschnitt 3.5.6.1), wo die Anzugsströme wesentlich größere Werte erreichen.

Im Abschnitt 3.5.2 wurde gezeigt, daß für jede gegebene Windungszahl des Hilfsstranges das maximale Anzugsmoment bei $k_Z' = 1$ erreicht wird. Weil die erreichbaren Anzugsmomente mit der Windungszahl des Hilfsstranges sinken (siehe Gl. (158)), entspricht die Lösung mit $k_Z' = 1$ der größten zulässigen Windungszahl des Hilfsstranges für das erwünschte Anzugsmoment. Weil jedoch $k_Z' = 1$ in der Tabelle 3 an keiner Stelle vorkommt, sieht man, daß dieser Fall kein Optimum darstellt und man mit der Windungszahl des Hilfsstranges nicht bis an die höchst zulässige Grenze mit $k_Z' = 1$ gehen darf.

In der Praxis kommt es vor, daß der Wert der Anlaßkapazität von vornherein bekannt ist und man die Windungszahl des Hilfsstranges sucht, bei welcher das Anzugsmoment am größten ist. Dann kann man wieder die Diagramme in Abb. 82a, b verwenden. Durch die gegebene Kapazität ist nach Gl. (202) auch der bezogene Wert k_Z ihrer Impedanz bekannt. Man geht daher von gegebenen Werten von k_Z und φ_k' (siehe Gl. (206)) aus und findet in Abb. 82b direkt das erreichbare bezogene Moment m_A und für dieses Drehmoment die geeignete Übersetzung $\ddot{u}$ in Abb. 82a. Dabei kann die Korrektur des Phasenwinkels φ_k nach Gl. (206) zunächst nur mit einem geschätzten Winkel $\Delta\varphi$ erfolgen, der erst bei Wiederholung des Verfahrens genauer bestimmt werden kann.

3.5.6 Motor mit Widerstandshilfsstrang

Der Motor mit Widerstandsanlauf (Abb. 83a) wird verwendet, wenn man keinen Kondensator außerhalb des Motors anschließen will und sich mit größerem Materialaufwand für den Motor selbst abfindet. Wegen des relativ großen Anzugsstromes, kommt der Widerstandsanlauf nur bei kleineren Leistungen und bei kleineren Schalthäufigkeiten in Frage, weil der Hilfsstrang beim Hochlauf thermisch sehr beansprucht wird. Nach dem Hochlauf wird der Hilfsstrang in der Nähe der Kippdrehzahl durch einen Fliehkraftschalter oder ein Relais abgeschaltet (Abb. 83b), und der Motor läuft wie ein einfacher Einphasenmotor weiter (siehe Abschnitt 3.4). Verglichen mit dem Anlaßkondensatormotor muß man der Ständerwicklung des Motors mit Widerstandshilfsstrang mehr Aufmerksamkeit widmen, weil man wegen der kleinen Phasenverschiebung der Strangströme einen großen Strom im Hilfsstrang zulassen muß (Übersetzung $\ddot{u} = 0,4$ bis 0,6) und dadurch starke Oberwellenmomente (siehe Abschnitt 4.2) und große Erwärmung

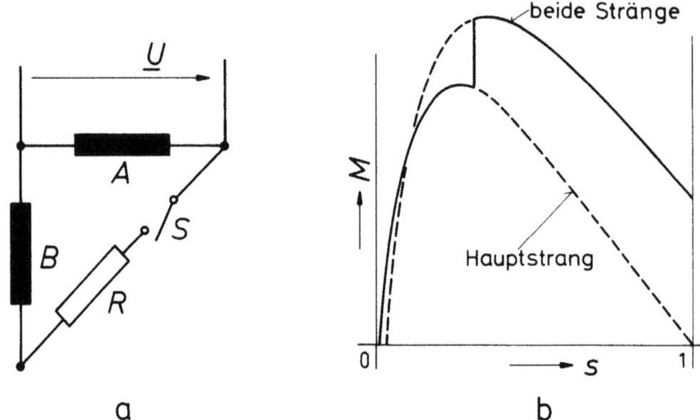

Abb. 83. Motor mit Widerstandshilfsstrang und sein Drehmoment

des Hilfsstranges zu erwarten sind. Das bedeutet praktisch, daß der Hilfsstrang normalerweise in mehr als einem Drittel der Nuten untergebracht werden muß. Damit man wegen der besseren Verteilung des Hilfsstranges dem Hauptstrang nicht zu viele Nuten wegnimmt, benutzt man beim Widerstandsanlauf abgestufte Ständerwicklungen mit einer Überlappung der Stränge in den Nuten (siehe Abschnitt 2.4.4 und Abb. 31). Durch die Anwendung dieser Wicklungen wird die Aufteilung der Kupfergewichte unabhängig von der Anzahl der mit dem Hilfsstrang bewickelten Nuten. Für den Dauerbetrieb braucht man möglichst viel Kupfer im Hauptstrang; man muß jedoch auf die notwendige Wärmekapazität des beim Hochlauf stark beanspruchten Hilfsstranges Rücksicht nehmen. Es wird nämlich immer der in Abb. 83a als Zusatzimpedanz dargestellte Widerstand R in den Drahtwiderstand des Hilfsstranges selbst einbezogen und auf diese Weise eine einfache, billige Lösung gefunden. Dann entwickelt sich jedoch die gesamte Wärme des Anlaßstromkreises in der Wicklung, deren Erwärmung beim Hochlauf von der Wärmekapazität des Hilfsstranges abhängt (siehe Abschnitt 3.5.6.2). Man kann daher nicht den erhöhten Wirkwiderstand des Hilfsstranges nur durch einen kleineren Drahtquerschnitt realisieren. Es kommen deshalb nur ein anderes Material oder bifilare Windungen für den Hilfsstrang in Frage. Einen Hilfsstrang aus Messingdraht (Widerstand ca. 4 mal größer als beim Kupfer) findet man heute kaum mehr, weil zwei verschiedene Leitermaterialien die Fertigung komplizieren und verteuern (siehe [25]). Man verwendet daher meistens Hilfsstränge aus Kupferdraht mit bifilaren Windungen in jeder Spule. Man wickelt eine Anzahl der Windungen in einer Richtung und dann eine kleinere Windungszahl in Gegenrichtung. In einer so entstandenen Spule ist nur die Differenz der beiden Windungszahlen im Luftspalt wirksam, der Wirkwiderstand der Spule entspricht jedoch der Gesamtlänge des Drahtes. Dabei entsteht eine kleine zusätzliche magnetische Streuung in den Nuten selbst, welche meistens nicht berücksichtigt werden muß und auch nicht berechnet werden kann, weil die gegenseitige Lage der positiven und negativen Spulenseite in der Nut nicht ausreichend definiert ist. Der Entwurf einer bifilaren Wicklung ist im Abschnitt 5.2.2.2 beschrieben.

Es wurde im Abschnitt 3.5.4 erwähnt, daß der Läuferwiderstand bei Kondensatormotoren oft wegen zu kleiner Anzugsmomente wesentlich vergrößert wird.

Das gilt vor allem für Betriebskondensatormotoren, weil diese Maßnahme bei Doppelkondensatormotoren zwar auch möglich, aber normalerweise nicht notwendig ist. Beim Widerstandslauf kommt diese Möglichkeit überhaupt nicht in Frage, weil sich der große Läuferwiderstand nicht nur negativ auf das Kippmoment und die Verluste des einsträngigen Einphasenmotors auswirkt (siehe Abschnitt 3.4) sondern auch keine wesentliche Verbesserung des Anzugsmomentes bringt. Es hängt damit zusammen, daß die Vergrößerung des Läuferwiderstandes auch eine Verringerung der ohnedies kleinen Phasenverschiebung der beiden Strangströme zur Folge hat.

3.5.6.1 Anzugsmoment beim Widerstandsanlauf

Bei der Berechnung des Anzugsmomentes eines Motors mit Widerstandsanlauf kann man wieder von Gl. (158) für das bezogene Anzugsmoment m_A ausgehen.

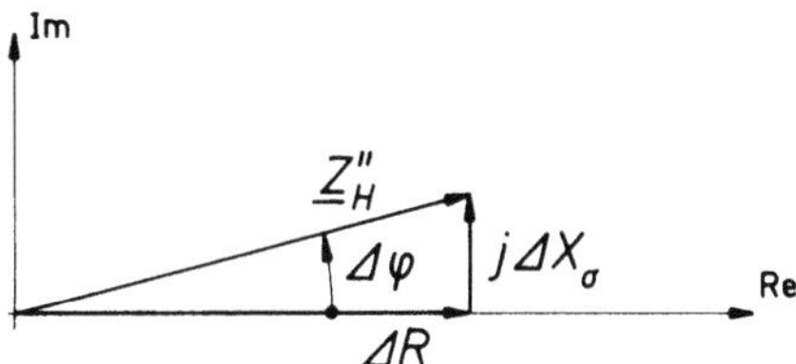

Abb. 84. Effektive Hilfsimpedanz und die Korrektur $\Delta\varphi$ des Phasenwinkels bei Widerstandsanlauf

Weil normalerweise keine äußere Impedanz der Hilfswicklung angeschlossen wird, ergibt sich die effektive Hilfsimpedanz $\underline{Z}''_H$ nach Gl. (129) und Abb. 84 zu

$$\underline{Z}''_H = \Delta R + j\,\Delta X_\sigma, \tag{207}$$

wobei

$$\Delta R = R'_B - R_A, \tag{208}$$

$$\Delta X_\sigma = X'_{\sigma B} - X_{\sigma A} \tag{209}$$

der unterschiedlichen Ausführung der beiden Stränge entsprechen. Für den Winkel γ kann man nach Gl. (155) schreiben

$$\gamma = \varphi_k - \Delta\varphi = \varphi'_k, \tag{210}$$

wobei

$$\Delta\varphi = \arctan\frac{\Delta X_\sigma}{\Delta R} \tag{211}$$

der unterschiedlichen Streuung der beiden Stränge entspricht. Aus Gln. (158) und (210) erhält man das relative Anzugsmoment des Motors mit Widerstandshilfsstrang in der Form

$$m_A = \frac{k'_Z \sin\varphi'_k}{\ddot{u}(1 + k'^2_Z + 2k'_Z \cos\varphi'_k)}. \tag{212}$$

Dabei gilt für die bezogene Hilfsimpedanz nach Gln. (149) und (129)

$$k'_Z = \frac{Z''_H}{Z_{Ak}} = \frac{\Delta R}{Z_{Ak}} = \frac{R'_B - R_A}{Z_{Ak}},\qquad(213)$$

und für den Wirkwiderstand R_A des Hilfsstranges kann man nach Gl. (124) schreiben

$$R_B = \ddot{u}^2(k'_Z Z_{Ak} + R_A).\qquad(214)$$

Für den weiter beschriebenen Entwurf des Hilfsstranges soll zunächst angenommen werden, daß der Winkel $\Delta\varphi$ in Gl. (210) gegenüber dem Phasenwinkel φ_k des Hauptstranges relativ klein ist und der Winkel φ'_k daher nur vom Hauptstrang abhängt (allgemein nicht zulässig bei zweipoligen Motoren). Der Entwurf des Hilfsstranges besteht dann in der Feststellung von k'_Z und $\ddot{u}$, damit das erwünschte relative Anzugsmoment m_A (Reibungsverluste und geschätzte Oberwellenmomente inbegriffen — siehe Abschnitt 4.3) nach Gl. (212) erreicht wird. Ebenso wie beim Kondensatoranlauf ergeben sich dabei unendlich viele Kombinationen von k'_Z und $\ddot{u}$, und man kann noch eine zusätzliche Bedingung einführen. Es können entweder der minimale Anzugsstrom I_k des Motors oder die minimalen Verluste im Hilfsstrang beim Hochlauf angestrebt werden.

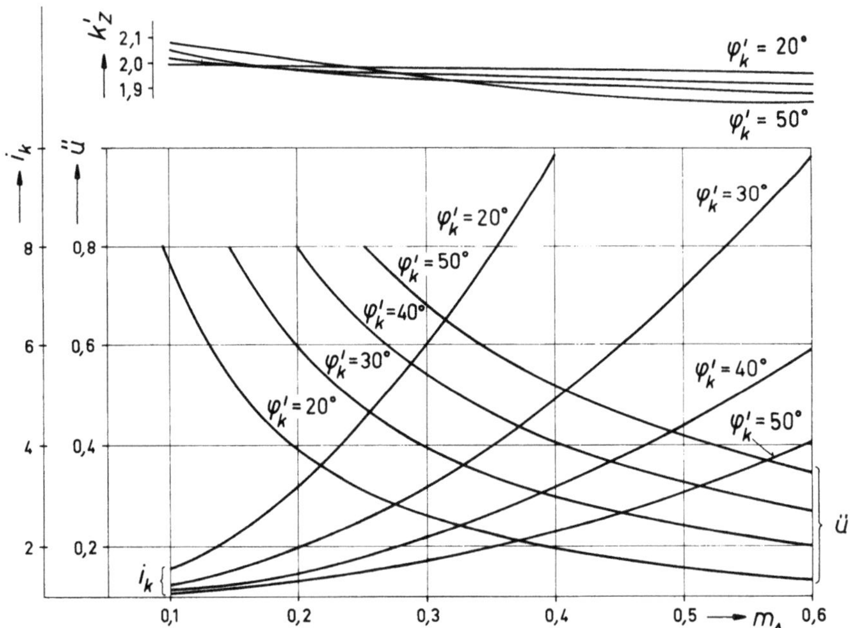

Abb. 85. Diagramm für den Entwurf des Widerstandshilfsstranges mit kleinstem Anzugsstrom

Die Abhängigkeit des bezogenen Anzugsstromes i_k vom relativen Drehmoment m_A wurde als Gl. (168) hergeleitet. Die dabei notwendigen Konstanten a und b

hängen nach Gln. (159) und (162) nur von dem Phasenwinkel $\gamma = \varphi'_k$ und der bezogenen Hilfsimpedanz k'_Z ab. Wenn man das Minimum der sich aus diesen Gleichungen ergebenden Funktion $i_k = f(m_A, k'_Z)$ für das gegebene Drehmoment m_A findet, erhält man die Lösung mit kleinstem Anzugsstrom, das heißt als erstes Optimum. In Abb. 85 ist ein Diagramm dargestellt, das den Zusammenhang der beteiligten Größen beim kleinsten Anzugsstrom darstellt. Aus diesem Diagramm ist ersichtlich, daß bei Maschinen mit größerem Phasenwinkel φ'_k des Hauptstranges dieselben Werte des Anzugsmomentes m_A bei kleineren Anzugsströmen i_k erreicht werden können und die Windungszahl des Hilfsstranges größer sein kann. Überraschend wenig ändert sich dabei der Wert der bezogenen Hilfsimpedanz k'_Z, der in dem meist benutzten Bereich zwischen 1,9 und 2,0 liegt. Wenn man die Werte in Abb. 85 mit der Tabelle 3 (Seiten 86 und 87) für den Kondensatoranlauf vergleicht, sieht man, daß man beim Widerstandsanlauf wesentlich kleinere Windungszahlen des Hilfsstranges ($\ddot{u} = 0,3$ bis $0,6$) als beim Kondensatoranlauf wählen muß und dabei der Anzugsstrom wesentlich größer ist. Wegen des großen Anzugsstromes verwendet man den Widerstandsanlauf nur bei Motoren kleinerer Leistung (bis ca. 250 W). Die erreichbaren Anzugsmomente sind beim Widerstandsanlauf auch wesentlich kleiner als bei Anlaßkondensatormotoren. Sie sind nur mit denen des Kondensatormotors mit einem Dauerkondensator vergleichbar. Dieser Vergleich täuscht jedoch, weil der Motor mit Widerstandsanlauf als einsträngiger Einphasenmotor läuft und daher eine größere Baugröße als Kondensatormotor gleicher Nennleistung haben muß.

Ein anderes Optimum des Motors mit Widerstandsanlauf stellt die Bedingung der kleinsten Verluste im Hilfsstrang beim Hochlauf dar. Dieses Optimum ist deswegen wichtig, weil von den Verlusten im Hilfsstrang die notwendige thermische Kapazität, das heißt das Kupfervolumen des Hilfsstranges, abhängt. Wenn das erwünschte Drehmoment bei kleineren Verlusten entwickelt wird, kann man einen größeren Nutenraum dem Hauptstrang zuteilen und das Betriebsverhalten beim Dauerbetrieb verbessern [22].

Für den Strom $\underline{I}_B$ des Hilfsstranges kann man mit $\gamma = \varphi'_k$ anhand der Gl. (164) schreiben

$$I^2_{Bk} = \frac{U^2}{Z^2_{Ak}} \frac{1}{\ddot{u}^4} \frac{1}{1 + k'^2_Z + 2k'_Z \cos \varphi'_k} . \tag{215}$$

Der Widerstand des Hilfsstranges ergibt sich dann nach Gl. (214) in der Form

$$R_B = \ddot{u}^2 (k'_Z + \zeta) Z_{Ak}, \tag{216}$$

wobei

$$\zeta = \frac{R_A}{Z_{Ak}} \tag{217}$$

ist. Die im Hilfsstrang in Wärme umgesetzte Leistung ist dann

$$\Delta P_B = R_B I^2_{Bk} = \frac{U^2}{Z_{Ak}} \frac{1}{\ddot{u}^2} \frac{k'_Z + \zeta}{1 + k'^2_Z + 2k'_Z \cos \varphi'_k} . \tag{218}$$

Aus Gl. (212) folgt auch

$$\frac{1}{\ddot{u}} = \frac{m_A(1 + k_Z'^2 + 2k_Z'\cos\varphi_k')}{k_Z'\sin\varphi_k'}, \tag{219}$$

so daß nach einer Umformung gilt

$$\Delta P_B = \frac{U^2 m_A^2}{Z_{Ak}} \frac{k_Z'^3 + (2\cos\varphi_k' + \zeta)k_Z'^2 + (1 + 2\zeta\cos\varphi_k')k_Z' + \zeta}{k_Z'^2\sin^2\varphi_k'}. \tag{220}$$

Aus

$$\frac{\partial \Delta P_B}{\partial k_Z'} = 0$$

folgt die Gleichung

$$k_Z'^3 - (2\zeta\cos\varphi_k' + 1)k_Z' - 2\zeta = 0. \tag{221}$$

Die Werte von k_Z', die sich aus Gl. (221) ergeben, sind in Abb. 86 dargestellt. Sie

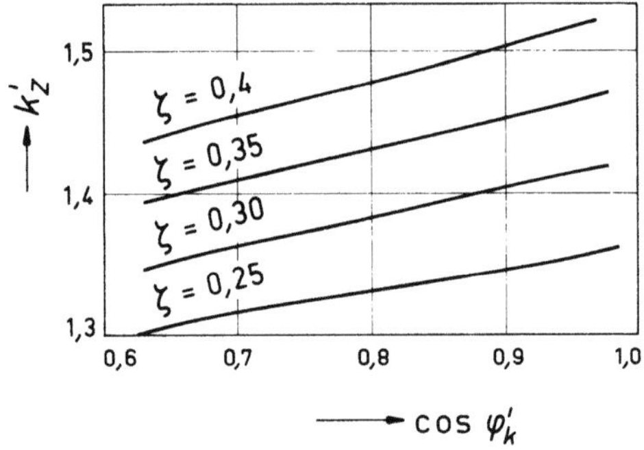

Abb. 86. Bezogener Widerstand des Hilfsstranges bei kleinsten Verlusten im Hilfsstrang

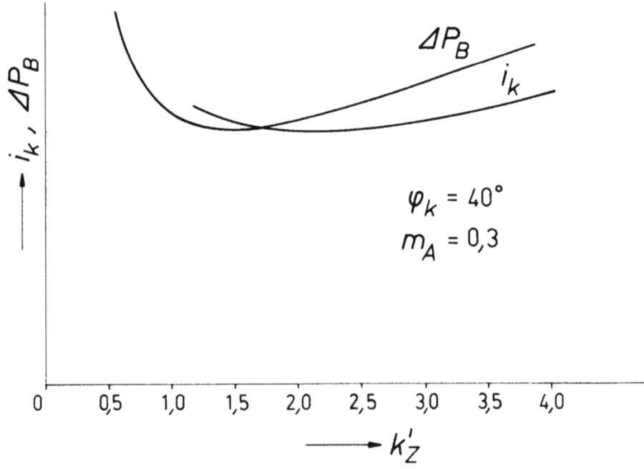

Abb. 87. Vergleich der Auslegungen des Hilfsstranges für minimalen Anzugsstrom und
minimale Verluste im Hilfsstrang

liegen zwischen 1,3 und 1,6. Aus dem Vergleich der Diagramme in Abb. 85 und 86 folgt, daß man nicht gleichzeitig den kleinsten Anzugsstrom und die kleinsten Verluste im Hilfsstrang erreichen kann, weil die Werte k'_Z in beiden günstigen Fällen nicht gleich sind (Anzugsstrom $- k'_Z = 1{,}9$ bis $2{,}0$, Verluste $- k'_Z = 1{,}3$ bis $1{,}6$). Die Abhängigkeit der Größen i_k, ΔP_B von k'_Z verläuft jedoch meistens flach (Beispiel in Abb. 87), so daß man k'_Z zwischen beiden Optima wählen und beide Forderungen ziemlich gut erfüllen kann. Aus der so gewählten relativen Impedanz und dem verlangten bezogenen Anzugsmoment m_A ergibt sich dann unmittelbar das Übersetzungsverhältnis nach Gl. (212) zu

$$\ddot{u} = \frac{k'_Z \sin \varphi'_k}{m_A(1 + k'^2_Z + 2k'_Z \cos \varphi'_k)}. \tag{222}$$

Es ist jedoch außerordentlich wichtig zu bemerken, daß die beiden Optimierungsverfahren (minimaler Anzugsstrom, minimale Verluste des Hilfsstranges) unter Umständen zu falschen Ergebnissen führen und beide optimalen Lösungen bei größeren Werten von k'_Z liegen können, wenn der Hilfsstrang nur in wenigen Nuten verteilt ist. Es gilt vor allem für zweipolige Motoren, bei welchen die Phasenverschiebung φ_k klein und der Unterschied der Streureaktanzen des Haupt- und Hilfsstranges (ΔX_σ $-$ siehe Gl. (209)) von Bedeutung ist. Der Winkel $\Delta\varphi$ (Gl. 211) hängt nämlich von der Größe des Zusatzwiderstandes ΔR und damit direkt nach Gl. (213) von k'_Z ab. In Abb. 88 ist gezeigt, daß die Größe a (Gl. (159)), welche nach Gl. (158) für die Größe des Anzugsmomentes entscheidend ist, wesentlich mehr von dem Winkel γ als von dem Wert der bezogenen Impedanz k'_Z abhängt. So hat die Korrektur $\Delta\varphi$ nach Gl. (211), welche bei wachsendem k'_Z kleiner wird, bei zweipoligen Motoren einen großen Einfluß und kann bewirken, daß das Optimum sowohl für den minimalen Anzugsstrom als auch für die minimalen Verluste im Hilfsstrang nicht bei $k'_Z = 1{,}5$ bis $2{,}0$, sondern bei größeren Werten k'_Z auftritt. Man findet deswegen auch zweipolige Motoren mit $k'_Z = 3$ bis 4, welche den genannten Forderungen besser entsprechen. Eine definitive Lösung kann man daher nur durch Berechnung von mehreren Varianten finden.

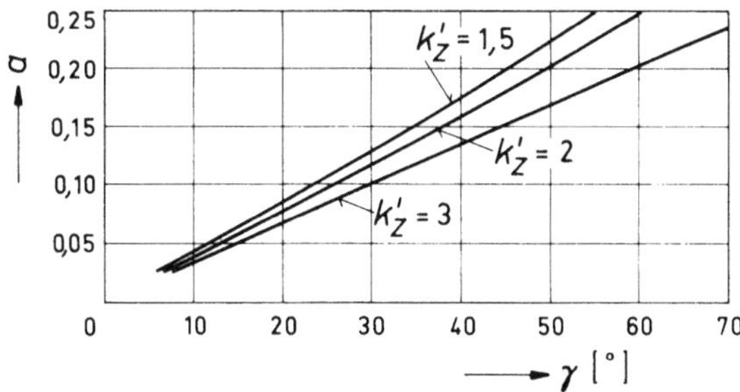

Abb. 88. Abhängigkeit der Größe a (Gl. (159)) von dem Winkel γ (Gl. (155)) und der bezogenen Hilfsimpedanz k'_Z (Gl. (213)) bei Widerstandsanlauf

Von dem optimalen Entwurf des Hilfsstranges muß man oft dann abweichen, wenn der Hilfsstrang von einem stromabhängigen Relais geschaltet wird, welches einen steilen Verlauf der Hauptstrang-Stromkennlinie über der Drehzahl erfordert [18].

3.5.6.2 Erwärmung der Hilfswicklung bei Widerstandshochlauf

Beim Widerstandshochlauf, der in der Nähe des Kippmomentes abgebrochen wird, ändert sich der Strom des Hilfsstranges nicht so wesentlich, daß man diese Änderung bei qualitativen Überlegungen berücksichtigen müßte. Man kann daher von den Verhältnissen beim Anzug ausgehen. Die Wärme, welche sich während des Hochlaufs entwickelt, entspricht daher dem Produkt aus der Verlustleistung ΔP_B, welche im Hilfsstrang in Wärme umgesetzt wird, und der Zeit t des Hochlaufs. Sofern der Hochlauf so schnell verläuft, daß in der kurzen Zeit praktisch keine Wärme abgeführt wird, bleibt die entwickelte Wärme in dem Kupfervolumen V_B des Hilfsstranges, und es gilt für die Erwärmung

$$\Delta\vartheta = \frac{\Delta P_B}{V_B c D}\, t, \tag{223}$$

wobei c die spezifische Wärmekapazität und D die Dichte bedeuten. Die Verluste kann man nach

$$\Delta P_B = \frac{S^2}{\gamma}\, V_B \tag{224}$$

durch die Stromdichte S und die Leitfähigkeit γ ausdrücken und schreiben

$$\Delta\vartheta = \frac{S^2}{\gamma c D}\, t. \tag{225}$$

Eingesetzt in Gl. (225) ergeben die in der Tabelle 2 auf S. 20 angegebenen Werte für die Erwärmung eines Hilfsstranges aus Kupfer in einer Sekunde die Formel

$$\frac{\Delta\vartheta}{t} = 5{,}14\, S^2 \cdot 10^{-3} \quad [\text{K/s}; \text{A/mm}^2], \tag{226}$$

in welche die Stromdichte in A/mm^2 einzusetzen ist. Die Stromdichten im Hilfsstrang beim Hochlauf sind sehr groß und liegen im Bereich $S = 50$ bis 90 A/mm^2. Für diese Werte ergibt sich aus Gl. (226) die Tabelle 4.

Tabelle 4

S [A/mm^2]	50	60	70	80	90
$\Delta\vartheta/t$ [K/s]	12,8	18,5	25,2	32,9	41,6

Aus der Tabelle 4 ist auf den ersten Blick ersichtlich, daß für den Hochlauf, der auch beim voll erwärmten Motor erfolgen kann, nur sehr kurze Hochlaufzeiten in Frage kommen und der Anlauf mit Widerstandshilfsstrang für Beschleunigung großer Trägheitsmomente und hohe Schalthäufigkeiten nicht geeignet ist. Die Tabelle bestätigt auch die oben getroffene Annahme, daß die Erwärmung beim

Hochlauf adiabatisch verläuft. Nach Angaben von Koch [22] liegt die Zeitkonstante der Erwärmung von Hilfssträngen im Bereich $T = 15$ bis 25 s, so daß nach 10 Sekunden die Abweichung von der adiabatischen Erwärmung nur 17% bis 25% beträgt.

3.5.7 Abschalten von Anlaßimpedanzen

Die in Abb. 46, 54, 57, 79, 80 und 83 dargestellten Schalter S müssen den Anlaßkondensator oder den ganzen Hilfsstrang beim Anzug des Motors einschalten und nach dem abgeschlossenen Hochlauf in der Nähe des Kippmomentes wieder abschalten. Für diese Aufgabe kommen folgende Schaltelemente in Frage:

a) Fliehkraftschalter,
b) stromgesteuertes Relais,
c) spannungsgesteuertes Relais,
d) thermisches Relais,
e) handbetätigte Kontakte,
f) Kaltleiter.

a) Der Fliehkraftschalter reagiert auf die Drehzahl des Läufers und muß daher einen rotierenden Teil besitzen, der den am Lagerschild befestigten Kontakt schließt oder öffnet. Seine Funktion ist in Abb. 89 schematisch dargestellt. Wenn der Läufer die entsprechende Drehzahl erreicht, wird der Ring R am Läufer durch die rotierenden Massen zurückgezogen und der Schaltkontakt K geöffnet. Beim Lauf berührt der Läuferring den Ständerteil nicht, damit Geräusche und vorzeitige Abnutzung vermieden werden.

b) Das stromabhängig schaltende Relais wird nach Abb. 90 durch den Strom des Hauptstranges gesteuert. Beim Anzug des Motors ist dieser Strom groß, das Relais schaltet ein und bleibt so lange eingeschaltet, bis der Strom des Hauptstranges nach dem Durchlaufen des Kippmomentes wesentlich abnimmt. Dann wird der Stromkreis des Hilfsstranges (Abb. 90a) oder des Anlaßkondensators (Abb. 90b) unterbrochen. Eine wesentliche Komplikation bringen jedoch die sonst zulässige Schwankung der Speisespannung und die Änderung des Widerstandes mit der

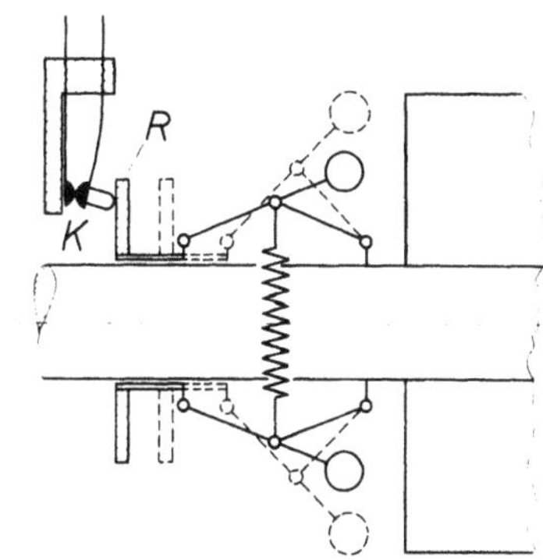

Abb. 89. Prinzip des Fliehkraftschalters zum Abschalten des Hilfsstranges (nach [3])

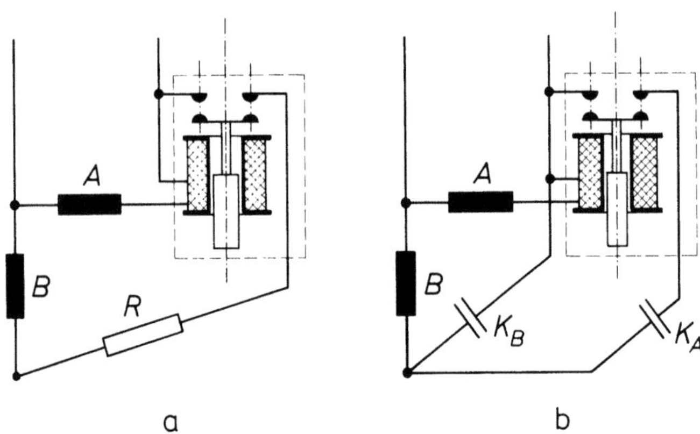

Abb. 90. Relais zum stromabhängigen Abschalten des Hilfsstranges; a) Widerstandshilfsstrang; b) Doppelkondensatormotor

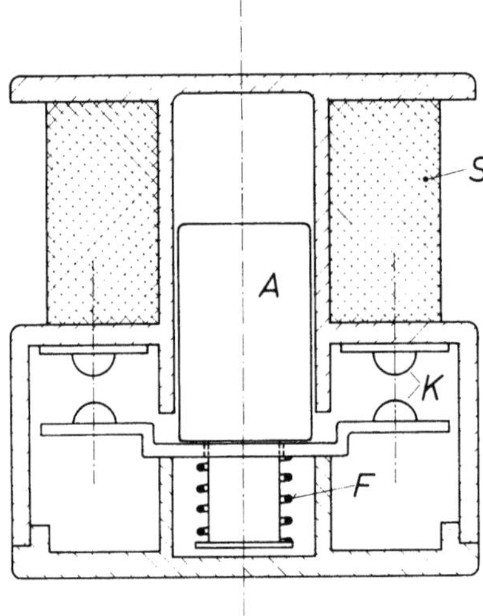

Abb. 91. Relais zum Abschalten des Hilfsstranges; A Anker; S Spule; K Kontakte; F Feder

Erwärmung der Wicklung. Das Relais muß beim betriebswarmen Motor und bei
Unterspannung den Kontakt noch verläßlich schließen und beim kalten Motor,
größter mechanischer Belastung und beliebiger, in den üblichen Grenzen liegender
Spannung den Stromkreis wieder unterbrechen. Diese Forderungen können den
Entwurf des Motors wesentlich beeinflussen, weil die Ströme in beiden Extremfäl-
len ausreichend unterschiedlich sein müssen, damit das Relais überhaupt verwendet
werden kann. Damit das Relais schon bei kleinen Stromunterschieden verläßlich
reagiert, muß seine Konstruktion so gewählt werden, daß die Zugkraft des im
Relais wirkenden Elektromagneten sich möglichst wenig mit der Lage des
Eisenankers ändert. Das bedeutet eine fast lineare Zunahme der Induktivität der
Relaisspule mit der Verschiebung des Eisenankers, das heißt keine wesentliche
Verkürzung des Luftweges für den magnetischen Fluß im Relais, welche der
hyperbolischen Abhängigkeit der Induktivität von der Arbeitsstrecke entspricht.

Deswegen muß der Luftweg des Flusses im Relais verhältnismäßig lang sein, und die nützliche Kraft kann keine großen Werte erreichen. Weil dann das Gewicht des beweglichen Teiles gleicher Ordnung ist, wird das Relais lageabhängig. Bei der Ausführung in Abb. 91 wird sogar das Gewicht des beweglichen Teiles als Rückstellkraft ausgenutzt. Bei kleinen Strömen der Spule S liegt der Eisenanker A, mit welchem die Kontakte K mittels einer Feder F verbunden sind, unten. Bei einem gewissen Strom I_e wird die Zugkraft der Spule S größer als das Gewicht des Ankers mit Kontakten, und der bewegliche Teil wird angehoben, bis die Kontakte K den Stromkreis des Hilfsstranges schließen. Wenn andererseits der Strom der Relaisspule auf einen Wert I_a sinkt, fällt der Anker durch sein eigenes Gewicht herunter, und der Stromkreis wird unterbrochen. Der Unterschied

$$\Delta I = I_e - I_a \tag{227}$$

muß klein sein. Das Problem der Relaisanpassung wird noch komplizierter durch unvermeidliche Fertigungstoleranzen [18]. Das Relais in Abb. 91 ist lageabhängig und darf nur vertikal aufgestellt werden. Wenn ein solches Relais im Lagerschild des Motors eingebaut ist, muß der ganze Motor in einer bestimmten Lage arbeiten. Bei lageunabhängigen Relais erfolgt das Schließen der Kontakte durch Drehbewegung des im Schwerpunkt befestigten Ankers. Die elastische Verbindung des Ankers mit den Kontakten (Feder F in Abb. 91) ist wegen der Schwankung der Zugkraft der Spule mit Wechselstrom unbedingt notwendig, damit das Flattern der Kontakte vermieden wird.

c) In Abb. 92a ist die Schaltung mit spannungsabhängigem Relais dargestellt. Die Spule des Relais wird parallel zu der Hilfswicklung geschaltet, so daß die Schaltvorgänge von der Größe der am Hilfsstrang liegenden Spannung abhängen. Im stromlosen Zustand sind die Kontakte des Relais geschlossen. Unmittelbar nach dem Einschalten des Motors liegt ein größerer Anteil der Spannung am Kondensator, weil durch den immer noch ruhenden kurzgeschlossenen Läufer das Feld des Hilfsstranges weitgehend unterdrückt wird. Bei dieser Spannung des

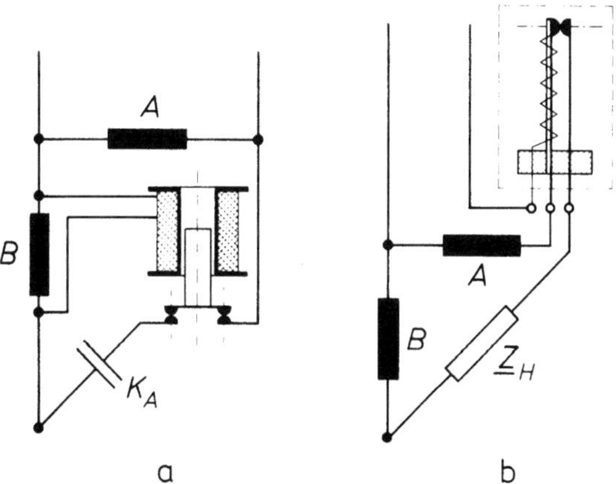

Abb. 92. Relais zum Abschalten des Hilfsstranges; a) spannungsabhängiges Abschalten; b) thermisches Relais (stromabhängig)

Hilfsstranges darf das Relais noch nicht ansprechen. Wenn der Läufer jedoch eine höhere Drehzahl erreicht, ist die Spannung am Hilfsstrang größer, und das Relais unterbricht den Stromkreis des Kondensators.

Ebenso wie beim stromgesteuerten Relais gibt es auch für die Anpassung des spannungsabhängigen Relais kritische Umstände: Das Relais darf nicht bei größter Überspannung und betriebswarmem Motor gleich nach dem Einschalten oder bei zu niedriger Drehzahl ansprechen. Es muß aber auch bei größter Unterspannung und kaltem Motor den Stromkreis in ausreichendem Abstand von dem Dauerbetrieb mit voller mechanischer Belastung verläßlich unterbrechen. Die Konstruktion ist ähnlich wie die des stromgesteuerten Relais.

d) Das thermische Relais in Abb. 92b wird ähnlich wie das stromgesteuerte Relais in Reihe mit dem Hauptstrang geschaltet. Die Schaltvorgänge werden jedoch nicht magnetisch, sondern durch Erwärmung eines Bimetallschalters ausgelöst. Das thermische Relais ist lageunabhängig, aber es schaltet nicht drehzahlabhängig, sondern zeitabhängig, so daß der Hilfsstrang ziemlich lange nach dem abgeschlossenen Hochlauf eines kalt eingeschalteten Motors noch angeschlossen bleibt. Es ist auch nicht möglich, den Motor zweimal kurz nacheinander hochlaufen zu lassen. Ein Thermoschutzschalter ist daher für den Schutz des Hilfsstranges unbedingt notwendig (Abschnitt 2.3).

e) Handbetätigte Schalter (Wischkontaktschalter) werden heutzutage kaum mehr gebraucht, weil man bestrebt ist, die Schaltvorgänge möglichst unabhängig von der Bedienung zu machen.

f) Die intensive Entwicklung auf dem Gebiet der Halbleitertechnik und der ferroelektrischen Keramik hat auch ein neues Bauelement für die Abschaltung des Hilfsstranges von Einphasenasynchronmotoren gebracht. Es handelt sich um die sogenannten Kaltleiter, deren Widerstand innerhalb eines engen Temperaturintervalls stark zunimmt. Die Kennlinie eines solchen Kaltleiters ist in Abb. 93

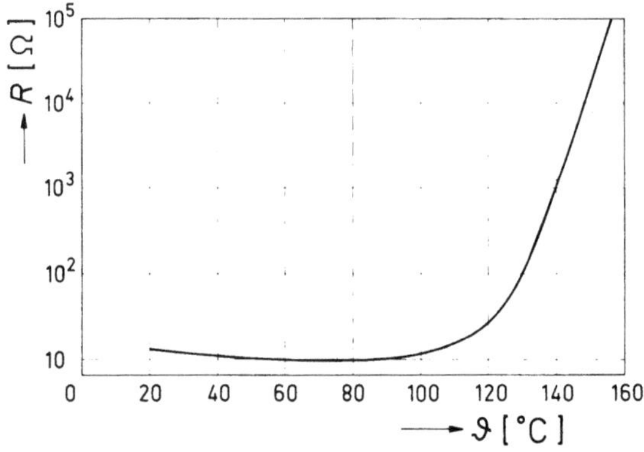

Abb. 93. Kennlinie eines Kaltleiters zum Abschalten des Hilfsstranges

dargestellt. Man sieht, daß sich der Widerstand des Kaltleiters zwischen $100\,°C$ und $140\,°C$ im Verhältnis $1:100$ ändert und der Kaltleiter als kontaktloser, temperaturabhängiger Schalter verwendet werden kann. Dem Vorteil der kontaktlosen Wirkungsweise stehen jedoch die Nachteile aller temperaturabhängigen Schaltelemente und ein kleiner Dauerstrom gegenüber. Für eine endgültige Beurteilung dieser neuen Technik fehlen einstweilen ausreichende Erfahrungen in der Praxis.

Von den oben genannten Schaltelementen kommen die ersten beiden a), b) in der Praxis am häufigsten vor. Der Fliehkraftschalter ist seit Jahrzehnten ein wichtiges Bauelement. Bei gekapselten Kühlschrankmotoren, welche direkt im Kühlmedium laufen, verwendet man oft stromabhängige Relais, ergänzt durch den notwendigen Schutz der Wicklung gegen Übertemperaturen (siehe Abschnitt 2.3).

3.6 Die Steinmetzschaltung

Die in Abb. 44a, b und 94 dargestellte Steinmetzschaltung bedeutet eine unsymmetrische Speisung des symmetrischen Drehstrommotors. Man kann die im Abschnitt 1.4 beschriebenen symmetrischen Komponenten verwenden und schreiben (siehe Gln. (28) bis (31))

$$\underline{U}_A = \underline{Z}_m\underline{I}_m + \underline{Z}_g\underline{I}_g, \tag{228}$$

$$\underline{U}_B = \underline{Z}_m\underline{I}_m\dot{a} + \underline{Z}_g\underline{I}_g\dot{a}^{-1}, \tag{229}$$

$$\underline{U}_C = \underline{Z}_m\underline{I}_m\dot{a}^{-1} + \underline{Z}_g\underline{I}_g\dot{a}, \tag{230}$$

wobei

$$\underline{I}_m = \tfrac{1}{3}(\underline{I}_A + \underline{I}_B\dot{a}^{-1} + \underline{I}_C\dot{a}), \tag{231}$$

$$\underline{I}_g = \tfrac{1}{3}(\underline{I}_A + \underline{I}_B\dot{a} + \underline{I}_C\dot{a}^{-1}) \tag{232}$$

und

$$\dot{a} = \exp(j2\pi/3) \tag{233}$$

ist. Weil der Sternpunkt nicht angeschlossen ist, verschwindet die Nullkomponente

$$\underline{I}_0 = \tfrac{1}{3}(\underline{I}_A + \underline{I}_B + \underline{I}_C) = 0. \tag{234}$$

Bei Speisung vom Einphasennetz gilt auch nach Abb. 94

$$\underline{U} = \underline{U}_A - \underline{U}_C, \tag{235}$$

$$0 = \underline{U}_A - \underline{U}_B - \underline{U}_Z \tag{236}$$

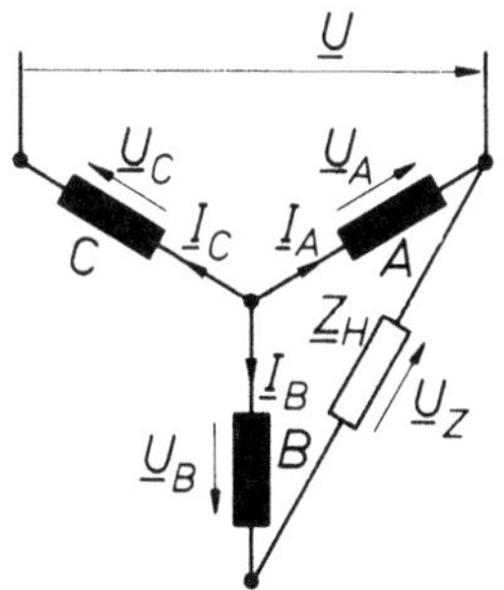

Abb. 94. Ströme und Spannungen in der Steinmetzschaltung

und

$$\underline{U}_Z = \underline{Z}_H \underline{I}_B. \tag{237}$$

Aus Gln. (235), (228) und (230) folgt

$$\underline{U} = \underline{U}_A - \underline{U}_C = \underline{Z}_m(1 - \dot{a}^{-1})\underline{I}_m + \underline{Z}_g(1 - \dot{a})\underline{I}_g. \tag{238}$$

Wenn man von Gl. (235) die mit zwei multiplizierte Gl. (236) subtrahiert, erhält man

$$\underline{U} = 2\underline{U}_B - \underline{U}_A - \underline{U}_C + 2\underline{U}_Z. \tag{239}$$

Der Sinn dieser Umformung wird später erklärt.

Es soll nun gezeigt werden, daß man das oben aufgeschriebene, für drei Stränge gültige Gleichungssystem in die Gleichungen einer unsymmetrischen Zweiphasenmaschine transformieren und das Betriebsverhalten der Steinmetzschaltung anhand der schon im Abschnitt 3.5 angeführten Theorie des Zweiphasenmotors erörtern kann.

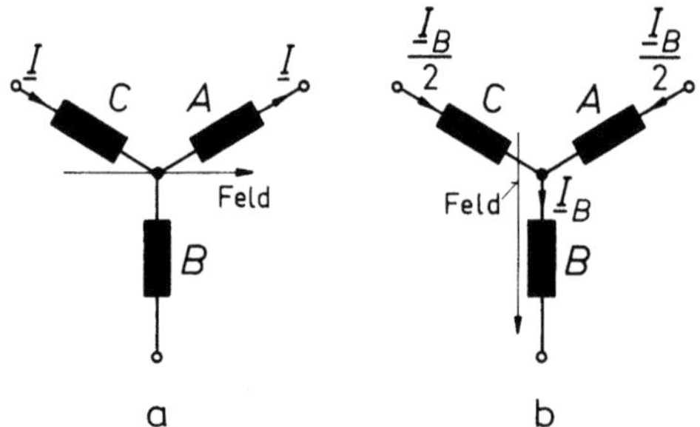

Abb. 95. Komponenten des Stromes in der Steinmetzschaltung und ihr Luftspaltfeld

Weil der Sternpunkt der Ständerwicklung in Abb. 94 nicht angeschlossen ist, kann man die drei Strangströme $\underline{I}_A$, $\underline{I}_B$, $\underline{I}_C$ durch zwei Stromgrößen ausdrücken, welche so gewählt werden können, daß ihre Felder elektrisch senkrecht aufeinander stehen (Abb. 95). Wenn man schreibt

$$\underline{I}_A = \underline{I} - \underline{I}_B/2, \tag{240}$$

$$\underline{I}_C = -\underline{I} - \underline{I}_B/2, \tag{241}$$

sieht man in Abb. 95, daß der Strom $\underline{I}$, der nur in den Strängen A und C fließt, in der Maschine ein Feld erzeugen muß, welches elektrisch senkrecht auf dem Feld steht, welches der Strom $\underline{I}_B$ in dem Strang B und den anderen zwei Strängen hervorruft. Das Feld des Stromes $\underline{I}_B$ liegt in der Achse des Stranges B. Die Bestätigung dieser Annahme erhält man erst nach der entsprechenden Umformung der Gleichungen. Wenn man Gln. (240), (241) in Gln. (231), (232) einsetzt, erhält man

$$\underline{I}_m = \frac{1 - \dot{a}}{3}\left(\underline{I} - j\frac{\sqrt{3}}{2}\underline{I}_B\right) = \frac{2(1 - \dot{a})}{3}\underline{I}'_m, \tag{242}$$

$$\underline{I}_g = \frac{1 - \dot{a}^{-1}}{3}\left(\underline{I} + j\frac{\sqrt{3}}{2}\underline{I}_B\right) = \frac{2(1 - \dot{a}^{-1})}{3}\underline{I}'_g, \tag{243}$$

wobei

$$\underline{I}'_m = \frac{1}{2}\left(\underline{I} - j\frac{\sqrt{3}}{2}\underline{I}_B\right), \tag{244}$$

$$\underline{I}'_g = \frac{1}{2}\left(\underline{I} + j\frac{\sqrt{3}}{2}\underline{I}_B\right) \tag{245}$$

den symmetrischen Komponenten einer unsymmetrischen Zweiphasenmaschine mit senkrecht aufeinander stehenden Strängen entsprechen. Die Gl. (238) geht mit Gln. (242), (243) über in die Form

$$\underline{U} = 2\underline{Z}_m\underline{I}'_m + 2\underline{Z}_g\underline{I}'_g. \tag{246}$$

Diese Gleichung ist identisch mit Gl. (132) eines zweisträngigen Kondensatormotors, dessen Hauptstrang $\sqrt{3}$-mal größere effektive Windungszahl hat und dessen Konstanten für $m = 2$ berechnet sind. Die Impedanzen $2\underline{Z}_m$, $2\underline{Z}_g$ in Gl. (246) entsprechen nämlich genau der Mit- und Gegenimpedanz eines solchen zweisträngigen Motors, weil $\underline{Z}_m$, $\underline{Z}_g$ für die Strangzahl $m = 3$ berechnet wurden (siehe Gln. (379) und (382)).

Eine andere Gleichung ergibt sich aus Gln. (239), (231) und (232), wenn man nach Gln. (242) und (243) die neuen Komponenten $\underline{I}'_m, \underline{I}'_g$ einführt. Es gilt dann nach einer Umformung

$$\frac{\underline{U}}{\sqrt{3}} = j2\underline{Z}_m\underline{I}'_m - j2\underline{Z}_g\underline{I}'_g + \frac{2}{\sqrt{3}}\underline{Z}_H\underline{I}_B. \tag{247}$$

Wenn man Gln. (246), (247) mit (132), (133) vergleicht, sieht man, daß die Steinmetzschaltung dieselben Betriebseigenschaften wie eine unsymmetrische Zweiphasenschaltung (Abschnitt 3.5) hat, deren Übersetzungsverhältnis

$$\ddot{u} = \frac{z_B\xi_B}{z_A\xi_A} = \sqrt{3} \tag{248}$$

ist. Der auf den Hauptstrang umgerechnete Strom des Hilfsstranges ist dann

$$\underline{I}'_B = \sqrt{3}\underline{I}_B/2, \tag{249}$$

und die umgerechnete Hilfsimpedanz ist

$$\underline{Z}'_H = 4\underline{Z}_H/3 = 4\underline{Z}_H/\ddot{u}^2. \tag{250}$$

Anhand der Gln. (248), (250) kann man die Steinmetzschaltung nach Abb. 94 durch eine zweisträngige Schaltung in Abb. 96a ersetzen, wo $z\xi$ die effektive Leiterzahl eines Stranges des ursprünglichen Drehstrommotors bedeutet. Das Übersetzungsverhältnis dieses Ersatzmotors $\ddot{u} = \sqrt{3}$ ist hoch. Deswegen kann man die Steinmetzschaltung nur mit Kondensator und nicht mit Wirkwiderstand realisieren. Wegen des großen Übersetzungsverhältnisses sind auch die erreichbaren Anzugsmomente bei Doppelkondensator nicht so hoch wie bei zweisträngigen

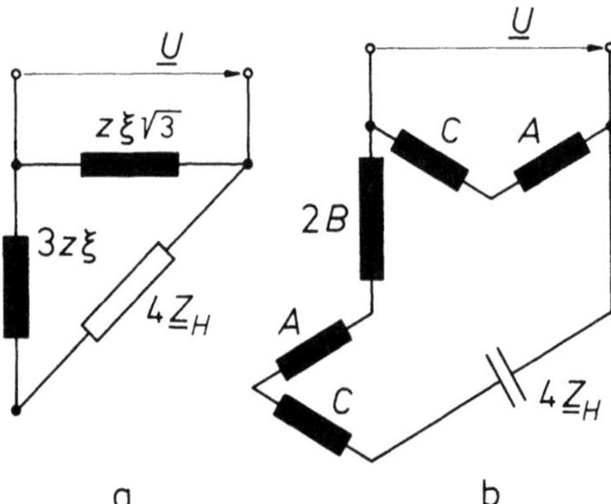

Abb. 96. Die Steinmetzschaltung nach der Transformation in eine zweisträngige Schaltung

Anlaßkondensatormotoren. Der größte Nachteil besteht in der großen Kapazität. Die Spannung am Kondensator ist zwar kleiner, aber die notwendige Kapazität ist viermal größer als beim zweisträngigen Kondensatormotor (siehe Gl. (250) und Abb. 96a). Die Impedanz in Abb. 96a ist $4\underline{Z}_H$, das heißt sie wirkt wie eine viermal kleinere Kapazität, als der Kondensator tatsächlich hat. So muß man die Kapazität viermal vergrößern, damit man gleiche Wirkung wie beim zweisträngigen Kondensator mit $\ddot{u} = \sqrt{3}$ erreicht. Der Grund für diese große, notwendige Kapazität ist aus Abb. 95a ersichtlich, wenn man noch dazu die durch zwei dividierte Gl. (239)

$$\underline{U}/2 = \underline{U}_A - (\underline{U}_A + \underline{U}_C)/2 + \underline{U}_Z \qquad (251)$$

betrachtet. Die zwei Stränge A, C wirken wie ein Spannungsteiler für die Speisung des Stranges B, so daß im Stromkreis der Hilfsimpedanz nur die Hälfte der Klemmenspannung $\underline{U}$ wirksam ist.

Trotz der notwendig großen Kapazität wird die Steinmetzschaltung oft gebraucht, und zwar bei polumschaltbaren Waschmaschinenmotoren, wo man die vielpolige Wicklung als Steinmetzschaltung ausführt. Die Größe der Kapazität stört nicht, wenn man einen größeren Kondensator auch für die niederpolige Wicklung verwenden und so mit einer gemeinsamen Kapazität bei beiden Wicklungen auskommen kann. Dabei hat die Steinmetzschaltung einen Vorteil, der besonders bei vielpoligen Wicklungen mit kleiner Nutenzahl pro Pol zu Geltung kommt: Es entsteht in der Maschine keine dritte Oberwelle (Abschnitt 4.2.4.2). Bei dem Vergleich sollte auch nicht vergessen werden, daß die Drehstromwicklung einen größeren Wicklungsfaktor als eine zweisträngige Wicklung hat (Abschnitt 6.1.5 und 8.1.3).

Die Möglichkeit, die Steinmetzschaltung in eine zweisträngige Ausführung zu verwandeln, ist praktisch von großer Bedeutung. Man kann nämlich die in Steinmetzschaltung betriebenen Motoren mit gleichen Rechenprogrammen berechnen wie die zweisträngigen. Die beschriebene Transformation ist sogar oberwellentreu, so daß auch Rechenprogramme, in welchen Oberwellen berücksichtigt werden, verwendet werden können. Dabei muß man entsprechend der Gl. (239) beachten, daß der Hilfsstrang der transformierten Maschine in den Nuten nach Abb. 96b verteilt ist und in dieser Form in das Programm mit Oberwellenberücksichtigung eingeführt werden muß. Der Hilfsstrang des in Abb. 96b dargestellten Ersatzmotors hat nicht nur in den Nuten des Stranges B die doppelte Leiterzahl wie der Drehstrommotor in Abb. 94, sondern belegt auch die Nuten der anderen Stränge C, A mit der Leiterzahl wie diese Stränge auch haben. Diese zweisträngige Ersatzwicklung dient nur der Berechnung und könnte nicht in dem Nutenraum der ursprünglichen Maschine untergebracht werden. Man kann sich leicht davon überzeugen, daß weder der Haupt- noch der Hilfsstrang des Ersatzmotors die dritte Oberwelle im Luftspalt hervorruft, was die Oberwellentreue der beschriebenen Transformation bestätigt.

3.7 Drehfeldtheorie als Überlagerung von Einphasenmotoren

Im Abschnitt 3.4.2 wurde gezeigt, daß man die Gleichungen eines einsträngigen Einphasenmotors anhand der Gleichungen einer symmetrischen Asynchronmaschine erhalten kann. Es wird nun gezeigt, daß auch ein umgekehrter Vorgang möglich ist und daß man durch Überlagerung von einsträngigen Einphasenmotoren die Gleichungen von Mehrphasenmaschinen mit beliebig vielen und beliebig am Ständer verteilten Strängen herleiten kann.

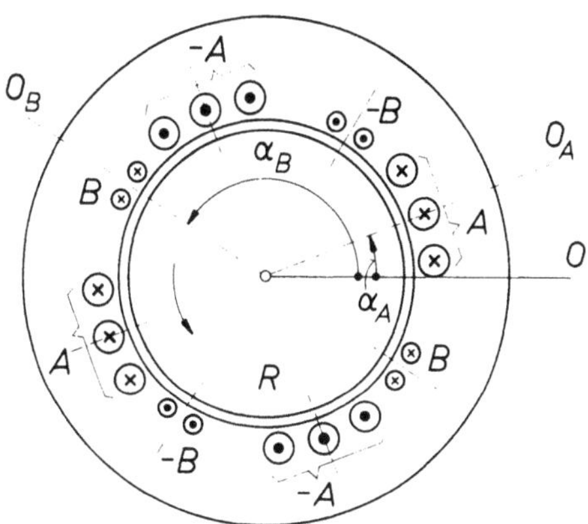

Abb. 97. Polarkoordinaten der Stränge einer unsymmetrischen Ständerwicklung

In Abb. 97 ist ein Käfigläufermotor mit zwei Ständersträngen A, B angedeutet. Jeder dieser Stränge ist vierpolig, und alle Polspulengruppen sind gleich und regelmäßig am Umfang verteilt; sonst sind die beiden Stränge unterschiedlich ausgeführt, und ihre Lage ist durch die Symmetrieachsen O_A, O_B definiert. Wenn man die positive Stromrichtung in die Papierebene annimmt (Kreuze), ist es leicht zu erkennen, daß jeder der beiden Stränge einen Strombelag darstellt, dessen Grundwelle ihren positiven Scheitelpunkt an der Symmetrieachse O_A bzw. O_B hat (siehe Abschnitt 1.3). Die Leiterzahlen z_A, z_B sowie die Wicklungsfaktoren ξ_A, ξ_B für die vierpolige Grundwelle der Ordnung $p = 2$ sind unterschiedlich. Es wird sich später als zweckmäßig erweisen, wenn man zwei komplexe Größen einführt

$$\dot{S}_A = z_A \xi_A \exp(jp\alpha_A), \tag{252}$$

$$\dot{S}_B = z_B \xi_B \exp(jp\alpha_B), \tag{253}$$

welche weiter als komplexe effektive Leiterzahlen der Stränge A und B bezeichnet werden (ausführliche Begründung im Abschnitt 8.1.3).

Es soll nun angenommen werden, daß von den beiden Strängen nur der Strang A von einer Wechselspannungsquelle $\underline{U}_A$ gespeist wird. Der Strang A stellt dann zusammen mit dem Käfigläufer einen einsträngigen Motor dar, dessen Ersatzschaltbild in Abb. 63 dargestellt ist. Aus den Formeln für die Berechnung der Maschinenkonstanten im Abschnitt 6.1 ist ersichtlich, daß die Impedanzen X_{h1}, $X_{\sigma R1}$, R_{R1} der in Abb. 63 dargestellten Schaltung dem Quadrat des Produkts $(z_A\xi_A)$ proportional sind. Man kann daher diese Konstanten wie folgt schreiben:

$$X_{h1} = X_{h0}(z_A\xi_A)^2, \tag{254}$$

$$X_{\sigma R1} = X_{\sigma R0}(z_A\xi_A)^2, \tag{255}$$

$$R_{R1} = R_{R0}(z_A\xi_A)^2. \tag{256}$$

Die Spannungen $\underline{U}_{im}$, $\underline{U}_{ig}$ in Abb. 63 kann man dann ausdrücken in der Form

$$\underline{U}_{im} = (z_A\xi_A)^2 \underline{Z}'_m \underline{I}_A = \dot{S}_A \dot{S}^*_A \underline{Z}'_m \underline{I}_A, \tag{257}$$

$$\underline{U}_{ig} = (z_A\xi_A)^2 \underline{Z}'_g \underline{I}_A = \dot{S}^*_A \dot{S}_A \underline{Z}'_g \underline{I}_A, \tag{258}$$

wobei die Impedanzen $\underline{Z}'_m$, $\underline{Z}'_g$ den Ersatzschaltbildern in Abb. 98 entsprechen. Es ist nun zu beachten, daß die Konstanten X_{h0}, $X_{\sigma R0}$, R_{R0} nach den Formeln (382), (400), (371) für $m = 1$, $z = 1$, $\xi = 1$ zu berechnen sind. Sie sind auf einen Einphasenständer mit einem einzigen Stromleiter bezogen!

Der Strang B in Abb. 97 wird zwar als stromlos betrachtet, aber es werden in ihm Spannungen induziert. Ihre Größe kann man ziemlich einfach bestimmen, wenn man bedenkt, daß die Spannungen $\underline{U}_{im}$, $\underline{U}_{ig}$ des Stranges A durch zwei Kreisfelder (siehe Abschnitt 1.3) induziert werden, deren Amplituden während der Drehung konstant bleiben. Die Effektivwerte der Spannungen U_{imB}, U_{igB} müssen zu den Spannungen U_{im}, U_{ig} in gleichem Verhältnis wie die effektiven Leiterzahlen $z_A\xi_A$, $z_B\xi_B$ stehen. Die Phase der Spannungen in beiden Strängen wird nicht gleich sein, weil das mitlaufende Kreisfeld den Strang B um den Raumwinkel $(\alpha_B - \alpha_A)$, das heißt um den elektrischen Winkel $p\cdot(\alpha_B - \alpha_A)$, später und das gegenlaufende

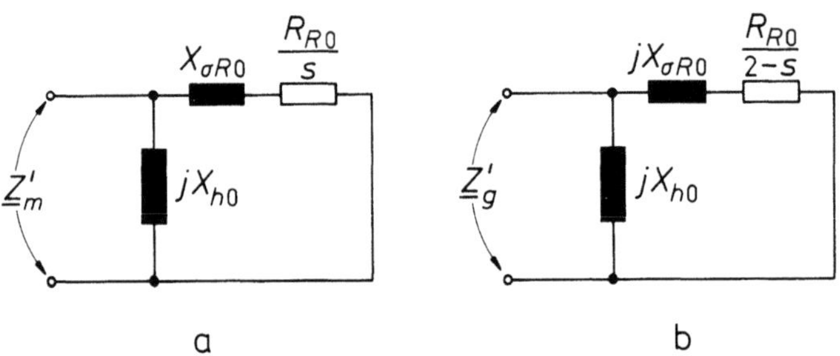

Abb. 98. Innere Mit- und Gegenimpedanz

Kreisfeld um denselben Winkel früher erreicht. Man kann daher schreiben (die Form ist schon mit Rücksicht auf die weitere Herleitung gewählt)

$$\underline{U}_{imB} = \underline{U}_{im}\frac{z_B\zeta_B}{z_A\zeta_A}\exp[-jp(\alpha_B - \alpha_A)] = \underline{U}_{im}\frac{\dot{S}_B^*}{\dot{S}_A^*} \tag{259}$$

und

$$\underline{U}_{igB} = \underline{U}_{ig}\frac{z_B\zeta_B}{z_A\zeta_A}\exp[jp(\alpha_B - \alpha_A)] = \underline{U}_{ig}\frac{\dot{S}_B}{\dot{S}_A}. \tag{260}$$

Die Gleichungen sehen dann aus wie folgt:

$$\underline{U}_{AA} = \underline{Z}_{\sigma A}\underline{I}_A + \dot{S}_A^*\dot{S}_A\underline{Z}'_m\underline{I}_A + \dot{S}_A\dot{S}_A^*\underline{Z}'_g\underline{I}_A, \tag{261}$$

$$\underline{U}_{BA} = \dot{S}_B^*\dot{S}_A\underline{Z}'_m\underline{I}_A + \dot{S}_B\dot{S}_A^*\underline{Z}'_g\underline{I}_A. \tag{262}$$

Es soll nun angenommen werden, daß der Strang A offen ist und der Strang B von einer Spannungsquelle gleicher Frequenz wie vorher der Strang A gespeist wird. Es genügt, nur die Indizes zu vertauschen, und es gilt

$$\underline{U}_{AB} = \dot{S}_A^*\dot{S}_B\underline{Z}'_m\underline{I}_B + \dot{S}_A\dot{S}_B^*\underline{Z}'_g\underline{I}_B, \tag{263}$$

$$\underline{U}_{BB} = \underline{Z}_{\sigma B}\underline{I}_B + \dot{S}_B^*\dot{S}_B\underline{Z}'_m\underline{I}_B + \dot{S}_B\dot{S}_B^*\underline{Z}'_g\underline{I}_B. \tag{264}$$

Sofern der Motor als lineares Gebilde betrachtet wird, darf man Ströme und Spannungen überlagern. Wenn beide Stränge gespeist werden, kann man schreiben

$$\underline{U}_A = \underline{U}_{AA} + \underline{U}_{AB} = \underline{Z}_{\sigma A}\underline{I}_A + (\dot{S}_A^*\dot{S}_A\underline{Z}'_m + \dot{S}_A\dot{S}_A^*\underline{Z}'_g)\underline{I}_A + (\dot{S}_A^*\dot{S}_B\underline{Z}'_m + \dot{S}_A\dot{S}_B^*\underline{Z}'_g)\underline{I}_B, \tag{265}$$

$$\underline{U}_B = \underline{U}_{BB} + \underline{U}_{BA} = \underline{Z}_{\sigma B}\underline{I}_B + (\dot{S}_B^*\dot{S}_A\underline{Z}'_m + \dot{S}_B\dot{S}_A^*\underline{Z}'_g)\underline{I}_A + (\dot{S}_B^*\dot{S}_B\underline{Z}'_m + \dot{S}_B\dot{S}_B^*\underline{Z}'_g)\underline{I}_B. \tag{266}$$

Die Gln. (265), (266) stellen das Gleichungssystem des Motors mit zwei ungleichen und beliebig räumlich versetzten Strängen dar. Die Einführung der komplexen Leiterzahlen $\dot{S}_A$, $\dot{S}_B$ ermöglicht, ein System in der Struktur der Gln. (265), (266) zu finden. Bei der Mitimpedanz $\underline{Z}'_m$ steht immer die komplex-konjugierte Leiterzahl des Stranges, in welchem die Spannung induziert wird, und die komplexe Leiterzahl des Stranges, dessen Strom diese Spannung unter Mitwirkung des Läufers verursacht. Bei der Gegenimpedanz ist es umgekehrt. Die komplexe Leiterzahl hat gleichen Index wie die Spannung und die konjugiert komplexe Leiterzahl gleichen Index wie Strom auf der rechten Seite. Es wäre ohne weiteres möglich, mehrere Stränge als Einphasenmotoren zu überlagern. Anhand der eben gefundenen einfachen Struktur der Gln. (265), (266) kann man jedoch die Gleichungen einer Maschine mit drei oder mehreren Strängen direkt aufschreiben. Im Abschnitt 4.2.4 wird auch weiter gezeigt, daß man auf dieselbe Weise auch Oberwellen in die Lösung einführen kann (siehe auch Abschnitt 3.8).

Wenn man, wie beim einsträngigen Motor, die Pendelmomente vernachlässigt (siehe Abschnitt 4.4), kann man auch bei der Berechnung des Drehmomentes einer unsymmetrischen Maschine vom Einphasenmotor ausgehen. Der Läufer reagiert nur auf die beiden rotierenden Kreisfelder unabhängig davon, ob sie von einem oder mehreren Strängen hervorgerufen werden, das heißt ob die zugehörige Drehfeldleistung von einem oder mehreren Strängen kommt. Wenn die beiden Stränge in Abb. 97 gespeist werden, gilt für den Strang A die Gl. (265), aus welcher ersichtlich ist, daß das mitlaufende Feld im Strang A die Spannung

$$U'_{imA} = \dot{S}^*_A \dot{S}_A \underline{Z}'_m \underline{I}_A + \dot{S}^*_A \dot{S}_B \underline{Z}'_m \underline{I}_B = \dot{S}^*_A \underline{Z}'_m (\dot{S}_A \underline{I}_A + \dot{S}_B \underline{I}_B) \tag{267}$$

und im Strang B die Spannung

$$\underline{U}'_{imB} = \dot{S}^*_B \underline{Z}'_m (\dot{S}_A \underline{I}_A + \dot{S}_B \underline{I}_B) \tag{268}$$

induziert. Dabei übernimmt dieses mitlaufende Kreisfeld die Drehfeldleistung

$$\begin{aligned} P_{Dm} &= P_{mA} + P_{mB} = \mathrm{Re}[\underline{U}'_{imA}\underline{I}^*_A] + \mathrm{Re}[\underline{U}'_{imB}\underline{I}^*_B] \\ &= \mathrm{Re}[\dot{S}^*_A \underline{Z}'_m (\dot{S}_A \underline{I}_A + \dot{S}_B \underline{I}_B)\underline{I}^*_A + \dot{S}^*_B \underline{Z}'_m (\dot{S}_A \underline{I}_A + \dot{S}_B \underline{I}_B)\underline{I}^*_B] \\ &= |(\dot{S}_A \underline{I}_A + \dot{S}_B \underline{I}_B)|^2 \,\mathrm{Re}[\underline{Z}'_m]. \end{aligned} \tag{269}$$

Für das gegenlaufende Kreisfeld gilt ganz analog

$$P_{Dg} = |(\dot{S}^*_A \underline{I}_A + \dot{S}^*_B \underline{I}_B)|^2 \,\mathrm{Re}[\underline{Z}'_g]. \tag{270}$$

Aus diesen Drehfeldleistungen ergeben sich das Mit- und Gegenmoment

$$M_m = \frac{P_{Dm}}{2\pi n_S}, \tag{271}$$

$$M_g = \frac{P_{Dg}}{2\pi n_S}. \tag{272}$$

Das resultierende mittlere Drehmoment ist dann

$$M = M_m - M_g = \frac{1}{2\pi n_S}(P_{Dm} - P_{Dg}). \tag{273}$$

Man kann sich davon überzeugen, daß Gln. (269) bis (272) den Gln. (99) und (100) entsprechen, wenn der Strom $\underline{I}_B = 0$ ist. Es ist beim Vergleich nur zu beachten, daß die Impedanzen in Gln. (99) und (100) für einen Ständer mit $m = 2$ Strängen und $z_A \xi_A$ effektiven Leitern pro Strang nach Gln. (382), (400) und (371) berechnet wurden.

Aus Gln. (269) und (270) ist auch ersichtlich, daß die Klammerausdrücke

$$\underline{I}_m = \dot{S}_A \underline{I}_A + \dot{S}_B \underline{I}_B, \tag{274}$$

$$\underline{I}_g = \dot{S}^*_A \underline{I}_A + \dot{S}^*_B \underline{I}_B \tag{275}$$

die resultierenden Kreisfelder (umlaufende Strombelagswellen) darstellen[1]. Wenn der Motor eine symmetrische Wicklung hat, gehen diese Ausdrücke, abgesehen von einer Konstanten, in die symmetrischen Komponenten des Zweiphasensystems über (siehe Abschnitt 8.1.6).

---

[1] In der Arbeit [17] wurden diese Ausdrücke, welche in der komplexen Ebene der Stromzeiger eigentlich die räumlichen Wellen des Strombelages darstellen, als „Stromwellen" bezeichnet.

3.8 T-Schaltung von Kondensatormotoren

3.8.1 Bedeutung und Betriebsverhalten

Wie schon im Abschnitt 3.3.3 (Abb. 49) gezeigt wurde, besteht die Bedeutung dieser Schaltung in der Möglichkeit, den Kondensatormotor kleiner Leistung umschaltbar für zwei Netzspannungen zu entwerfen, ohne daß Umschaltungen im Hilfsstrang notwendig sind (Abb. 99). Der Hauptstrang, der in Abb. 99a aus zwei parallelen Zweigen A, A' besteht, übernimmt bei der Reihenschaltung der Zweige (T-Schaltung in Abb. 99b) zusätzlich zu seiner normalen Funktion noch die Rolle eines Spartransformators für die Speisung des Hilfsstranges B, der mit dem zugehörigen Kondensator K für die niedrigere der beiden Netzspannungen ausgelegt ist und nicht umgeschaltet werden muß. Besonders einfach ist die Ausführung der T-Schaltung und die Analyse ihres Betriebsverhaltens, wenn das Verhältnis der geforderten Netzspannungen $1:2$ ist (z. B. 110/220 V), so daß beide Teile A, A' des Hauptstranges gleiche Windungszahlen besitzen und keine zusätzlichen Anzapfungen notwendig sind.

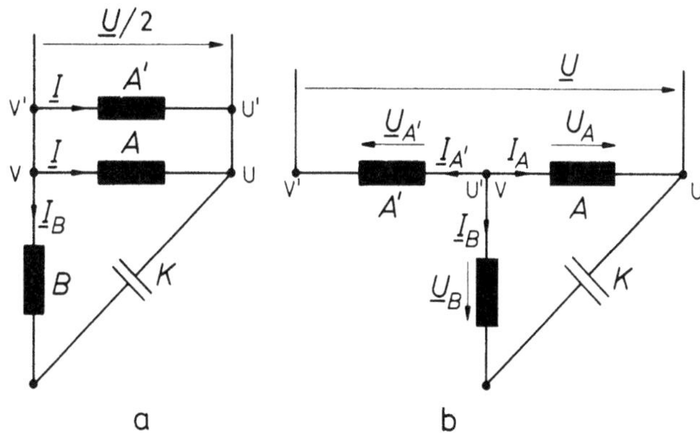

Abb. 99. Ströme und Spannungen in dem umschaltbaren Motor mit T-Schaltung

Die Wirkungsweise des Motors bei der niedrigeren Spannung (Abb. 99a) entspricht dem normalen, im Abschnitt 3.5 behandelten Einphasenmotor mit Hilfsstrang (Abb. 46a). Die T-Schaltung (Abb. 99b), in welche die Ständerwicklung bei Speisung vom Netz höherer Spannung umgewandelt wird, erfordert jedoch eine selbständige Behandlung, weil die beiden Wicklungsteile A, A' nicht mehr denselben Strom führen und als selbständige Stränge in das Gleichungssystem eingeführt werden müssen. Es ist zwar möglich, den T-geschalteten Motor als unvollständige Vierphasenschaltung mit symmetrischen Komponenten zu beschreiben; es ist jedoch wesentlich einfacher, die im Abschnitt 3.7 für unsymmetrische Ständerwicklungen entwickelte Lösungsmethode anzuwenden. Anhand der im Abschnitt 3.7 beschriebenen einfachen Struktur der Gln. (265) und (266) kann man für die Maschine mit drei beliebig verteilten Strängen A, A', B schreiben

$$\underline{U}_A = Z_{\sigma A}\underline{I}_A + (\dot{S}_A^*\dot{S}_A\underline{Z}'_m + \dot{S}_A\dot{S}_A^*\underline{Z}'_g)\underline{I}_A$$
$$+ (\dot{S}_A^*\dot{S}_{A'}\underline{Z}'_m + \dot{S}_A\dot{S}_{A'}^*\underline{Z}'_g)\underline{I}_{A'} + (\dot{S}_A^*\dot{S}_B\underline{Z}'_m + \dot{S}_A\dot{S}_B^*\underline{Z}'_g)\underline{I}_B, \qquad (276)$$

$$\underline{U}_{A'} = \underline{Z}_{\sigma A'}\underline{I}_{A'} + (\dot{S}_{A'}^{*}\dot{S}_{A}\underline{Z}'_{m} + \dot{S}_{A'}\dot{S}_{A}^{*}\underline{Z}'_{g})\underline{I}_{A}$$

$$+ (\dot{S}_{A'}^{*}\dot{S}_{A'}\underline{Z}'_{m} + \dot{S}_{A'}\dot{S}_{A'}^{*}\underline{Z}'_{g})\underline{I}_{A'} + (\dot{S}_{A'}^{*}\dot{S}_{B}\underline{Z}'_{m} + \dot{S}_{A'}\dot{S}_{B}^{*}\underline{Z}'_{g})\underline{I}_{B}, \qquad (277)$$

$$\underline{U}_{B} = \underline{Z}_{\sigma B}\underline{I}_{B} + (\dot{S}_{B}^{*}\dot{S}_{A}\underline{Z}'_{m} + \dot{S}_{B}\dot{S}_{A}^{*}\underline{Z}'_{g})\underline{I}_{A}$$

$$+ (\dot{S}_{B}^{*}\dot{S}_{A'}\underline{Z}'_{m} + \dot{S}_{B}\dot{S}_{A'}^{*}\underline{Z}'_{g})\underline{I}_{A'} + (\dot{S}_{B}^{*}\dot{S}_{B}\underline{Z}'_{m} + \dot{S}_{B}\dot{S}_{B}^{*}\underline{Z}'_{g})\underline{I}_{B}. \qquad (278)$$

Weil die beiden Teile des Hauptstranges A, A' gleich ausgeführt sind (siehe Abschnitt 3.8.2), gilt für ihren Widerstand und ihre Streuung

$$\underline{Z}_{\sigma} = \underline{Z}_{\sigma A} = R_{A} + jX_{\sigma A} = R_{A'} + jX_{\sigma A'} \qquad (279)$$

und für die komplexen effektiven Leiterzahlen

$$\dot{S}_{A} = -\dot{S}_{A'}, \qquad (280)$$

wobei man für den Teil A den reellen Wert

$$S_{A} = |\dot{S}_{A}| = \dot{S}_{A} = z_{A}\xi_{A} \qquad (281)$$

annehmen kann (Wahl des Koordinatensystems). Die Windungszahl z_{B} und der Wicklungsfaktor ξ_{B} des Hilfsstranges können dagegen ganz beliebig sein, und man kann das Übersetzungsverhältnis

$$\ddot{u} = \frac{z_{B}\xi_{B}}{z_{A}\xi_{A}} \qquad (282)$$

einführen. Es gilt dann für die komplexe effektive Leiterzahl des Hilfsstranges

$$\dot{S}_{B} = -j\ddot{u}\dot{S}_{A}. \qquad (283)$$

Weil nach Gln. (280) und (283) die effektiven komplexen Leiterzahlen $\dot{S}_{A'}$, $\dot{S}_{B}$ durch $\dot{S}_{A}$ ausgedrückt werden können, kann man beim Einsetzen in Gln. (276), (277) und (278) die auf den Wicklungsteil A bezogenen Impedanzen

$$\underline{Z}'_{mA} = \underline{Z}'_{m}S_{A}^{2} = \underline{Z}'_{m}(z_{A}\xi_{A})^{2}, \qquad (284)$$

$$\underline{Z}'_{gA} = \underline{Z}'_{g}S_{A}^{2} = \underline{Z}'_{g}(z_{A}\xi_{A})^{2} \qquad (285)$$

einführen, und man erhält nach einer Umformung

$$\underline{U}_{A} = \underline{Z}_{\sigma}\underline{I}_{A} + \underline{Z}'_{mA}(\underline{I}_{A} - \underline{I}_{A'} - j\ddot{u}\underline{I}_{B}) + \underline{Z}'_{gA}(\underline{I}_{A} - \underline{I}_{A'} + j\ddot{u}\underline{I}_{B}), \qquad (286)$$

$$\underline{U}_{A'} = \underline{Z}_{\sigma}\underline{I}_{A'} + \underline{Z}'_{mA}(-\underline{I}_{A} + \underline{I}_{A'} + j\ddot{u}\underline{I}_{B}) + \underline{Z}'_{gA}(-\underline{I}_{A} + \underline{I}_{A'} - j\ddot{u}\underline{I}_{B}), \qquad (287)$$

$$\underline{U}_{B} = \underline{U}_{A} - \underline{Z}_{H}\underline{I}_{B} = \underline{Z}_{\sigma B}\underline{I}_{B} + \underline{Z}'_{mA}(j\ddot{u}\underline{I}_{A} - j\ddot{u}\underline{I}_{A'} + \ddot{u}^{2}\underline{I}_{B})$$

$$+ \underline{Z}'_{gA}(-j\ddot{u}\underline{I}_{A} + j\ddot{u}\underline{I}_{A'} + \ddot{u}^{2}\underline{I}_{B}). \qquad (288)$$

Hier bieten sich umgerechnete Größen an: der auf den Strang A bezogene Strom des Hilfsstranges

$$\underline{I}'_{B} = \ddot{u}\underline{I}_{B}, \qquad (289)$$

die umgerechnete Streuimpedanz

$$\underline{Z}'_{\sigma B} = \underline{Z}_{\sigma B}/\ddot{u}^{2} \qquad (290)$$

und die umgerechnete Impedanz des Kondensators

$$\underline{Z}'_H = \underline{Z}_H/\ddot{u}^2. \tag{291}$$

Wenn man noch die Differenz der Ströme

$$\underline{I}_A - \underline{I}_{A'} = 2\underline{I} \tag{292}$$

zunächst rein formal einführt, ergibt sich die Netzspannung aus Gln. (286), (287) und (292) zu

$$\underline{U} = \underline{U}_A - \underline{U}_{A'} = 2\underline{Z}_\sigma\underline{I} + \underline{Z}'_{mA}(4\underline{I} - j2\underline{I}'_B) + \underline{Z}'_{gA}(4\underline{I} + j2\underline{I}'_B). \tag{293}$$

Aus denselben Gleichungen kann man auch die Summe der Spannungen

$$\underline{U}_A + \underline{U}_{A'} = \underline{Z}_\sigma(\underline{I}_A + \underline{I}_{A'}) \tag{294}$$

ausdrücken, und es gilt auch nach Abb. 99b

$$\underline{I}_A + \underline{I}_{A'} = -\underline{I}_B. \tag{295}$$

So erhält man in Verbindung mit Gl. (293) die Spannung

$$\underline{U}_A = \frac{U}{2} - Z_\sigma\frac{\underline{I}_B}{2} = \frac{U}{2} - Z_\sigma\frac{\underline{I}'_B}{2\ddot{u}}. \tag{296}$$

Diese Gleichung eingesetzt in Gl. (288) führt nach Division durch $\ddot{u}$ und Berücksichtigung von Gln. (289) bis (292) zu der Beziehung

$$\frac{U}{2\ddot{u}} = \left(\underline{Z}'_{\sigma B} + \frac{Z_\sigma}{2\ddot{u}^2} + \underline{Z}'_H\right)\underline{I}'_B + \underline{Z}'_{mA}(j2\underline{I} + \underline{I}'_B) + \underline{Z}'_{gA}(-j2\underline{I} + \underline{I}'_B). \tag{297}$$

Wenn die Gl. (293) durch 2 dividiert wird und man sie zusammen mit Gl. (297) betrachtet, sieht man, daß diese Gleichungen genau einem nach Abb. 100a geschalteten Motor entsprechen, der sich von dem in Abb. 99a nur dadurch unterscheidet, daß im Stromkreis des Hilfsstranges eine zusätzliche Impedanz $\underline{Z}_\sigma/2$ geschaltet ist, welche dem halben Wirkwiderstand und der halben Streureaktanz

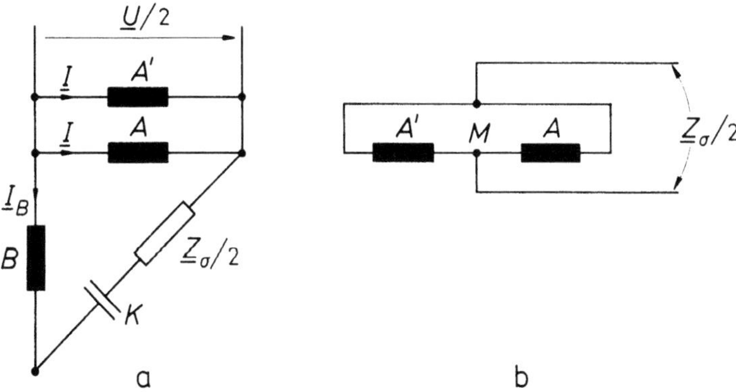

Abb. 100. Ersatzschaltungen für die T-Schaltung; a) zweisträngige Schaltung mit Zusatzimpedanz; b) Schaltbild für die Zusatzimpedanz $\underline{Z}_\sigma/2$

des Strangteiles A oder A' entspricht (Gl. (279)). Der Strom $\underline{I}$, der in Gl. (292) zunächst rein formal eingeführt wurde, hat nun die Bedeutung als Strom eines Wicklungsteiles A' oder A. Die zusätzliche Impedanz $\underline{Z}_\sigma/2$ stellt daher den Unterschied zwischen den beiden in Abb. 99a, b enthaltenen Schaltungen dar. Die Impedanz $\underline{Z}_\sigma/2$, welche einen wesentlichen reellen Teil besitzt, verkleinert den Strom des Hilfsstranges und stellt zusätzliche Verluste der T-Schaltung dar. Die Größe dieser Zusatzimpedanz ist von der Windungszahl des Hilfsstranges unabhängig, wogegen der Strom des Hilfsstranges bei größeren Windungszahlen dieses Stranges kleiner wird. Die Verschlechterung des Betriebsverhaltens bei der T-Schaltung ist daher umso kleiner, je größer die Windungszahl des Hilfsstranges und je kleiner der Strom $\underline{I}_B$ ist. Bei kleinen Werten $\ddot{u}$ können Schwierigkeiten entstehen, welche noch im Abschnitt 3.8.2 besprochen werden.

Anhand der eben hergeleiteten Gleichungen kann man noch ein anderes Ersatzschaltbild der T-Schaltung aufstellen. Aus Gln. (292) und (295) folgt unmittelbar

$$\underline{I}_A = \underline{I} - \underline{I}_B/2, \tag{298}$$

$$\underline{I}_{A'} = -\underline{I} - \underline{I}_B/2, \tag{299}$$

und man kann daher die Ströme des in T-Schaltung betriebenen Motors als Überlagerung von $\underline{I}$ und $\underline{I}_B/2$ betrachten (Abb. 101a, b). Dem magnetisch

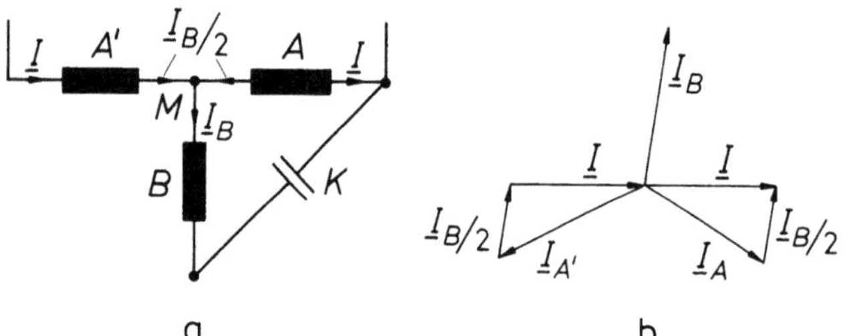

Abb. 101. Überlagerung der Ströme in dem Hauptstrang des T-geschalteten Motors

wirksamen Strom $\underline{I}$ des Hauptstranges wird die Hälfte des Hilfsstromes $\underline{I}_B$ in den Teilen A, A' so überlagert, daß dieser Strom in der Hauptwicklung kein zusätzliches Feld im Luftspalt erzeugt (Felder gegeneinander gerichtet). Die durch den Strom $\underline{I}_B$ in der Hauptwicklung hervorgerufenen Spannungen entsprechen daher nur Wirkwiderständen und Streureaktanzen. Die dabei wirksame Impedanz $\underline{Z}_\sigma/2$ kann man in Übereinstimmung mit Abb. 101a auch meßtechnisch feststellen, wie es in Abb. 100b angedeutet ist.

3.8.2 Aufteilung des Hauptstranges

In den bisherigen Betrachtungen wurde stillschweigend angenommen, daß der Imaginärteil der Impedanz $\underline{Z}_\sigma$ nach Gl. (279) der Streureaktanz $X_{\sigma A}$ eines der beiden Wicklungsteile A, A' entspricht und in dieser Streureaktanz $X_{\sigma A}$ keine magnetischen Kopplungen der beiden Wicklungsteile A, A' enthalten sind. In Wirklichkeit haben die Wicklungsteile mehr oder weniger gemeinsame Streuwege, so daß die *effektive* Streureaktanz einen Komplex von Selbst- und Gegeninduktivitäten der beiden Wicklungsteile A, A' ersetzt. Sie ist daher von der Phase der Ströme in beiden Teilen A, A' abhängig und ist verschieden für den Strom $\underline{I}$ und $\underline{I}_B/2$ in Abb. 101a. Die Zusatzimpedanz $\underline{Z}_\sigma$ in Abb. 100a, b ist daher nicht ganz identisch mit der gleich bezeichneten Impedanz in Gl. (293). Der Unterschied hängt von der Ausführung der beiden Teile A, A' des Hauptstranges ab. Wenn die beiden Teile A, A' räumlich gleich verteilt sind und in gleichen Nuten liegen, hat die Zusatzimpedanz $\underline{Z}_\sigma$ in Abb. 100 den gleichen Realteil, aber einen kleineren Imaginärteil als die gleich bezeichnete Impedanz in Gl. (293). Das hängt damit zusammen, daß die gegeneinander gerichteten Durchflutungen der beiden Wicklungen praktisch nur in den Nuten selbst gewisse Streufelder produzieren können, dagegen werden im Luftspalt und im Stirnraum ihre Wirkungen kompensiert. Die Streuung für den Strom $\underline{I}_B$ in der Hauptwicklung verschwindet sogar ganz, wenn man die beiden Teile A, A' gleichzeitig als zwei parallele Drähte wickelt. Das ist zweifellos die magnetisch beste Lösung überhaupt, sofern man nicht aus Isolationsgründen die Spannung $\underline{U}/2$ zwischen den parallelen Drähten fürchtet. Man kann beide Wicklungsteile A, A' auch getrennt wickeln und isoliert übereinander in gleichen Nuten unterbringen. Das erschwert jedoch die Fertigung. Am billigsten und einfachsten ist sicher die dritte Möglichkeit, einen normalen Hauptstrang zwischen den Polspulengruppen anzuzapfen, wie es in Abb. 102a, b für eine vierpolige Wicklung angedeutet ist. In Abb. 102a sind die Polspulengruppen so hintereinander geschaltet, daß die durch den Anzapfungspunkt M entstandenen Wicklungsteile A, A' von je zwei *nebeneinander* liegenden Spulengruppen gebildet werden, wogegen in Abb. 102b die Spulengruppen *abwechselnd* zu den beiden Teilen A, A' gehören. Für das durch den Strom $\underline{I}$ hervorgerufene Luftspaltfeld (Polarität in der oberen Zeile in Abb. 102) bedeutet es keinen Unterschied; man sieht jedoch, daß der Strom $\underline{I}_B/2$ auch ein Luftspaltfeld verursacht (Polarität in der unteren Zeile) und dieses Feld eine andere Polzahl ($2p_B$) als die vierpolige Arbeitsgrundwelle hat. In Abb. 102a ist $2p_B = 2$, und in Abb. 102b ist $2p_B = 8$, das heißt zweimal kleiner oder größer als die Polzahl der Arbeitsgrundwelle $2p = 4$. Die schädlichen Wirkungen dieser Zusatzfelder anderer Polzahl können qualitativ nicht allgemein bewertet werden, weil sie von der Größe des Stromes $\underline{I}_B$ im Hilfsstrang B entscheidend abhängen. Bei kleinen Kondensatormotoren mit einem einzigen Kondensator für Dauerbetrieb und Hochlauf, welche normalerweise ziemlich große Windungszahlen des Hilfs-

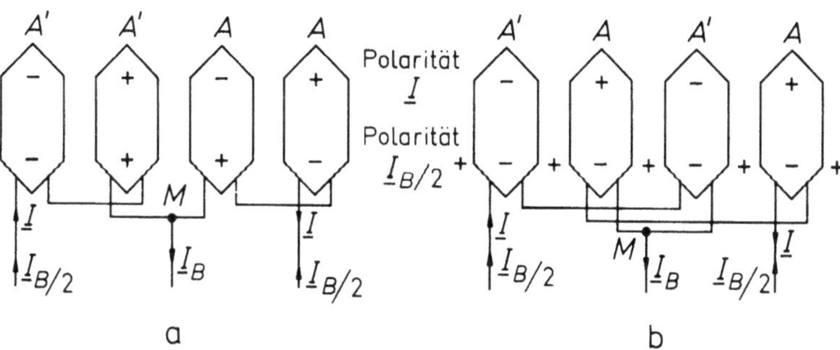

Abb. 102. Luftspaltfelder der in dem Hauptstrang überlagerten Ströme $\underline{I}$ und $\underline{I}_B$

stranges ($\ddot{u} > 1$) besitzen, können die Zusatzfelder nur gewisse Zusatzverluste im Läufer, aber keine ausgesprochene Störung bedeuten. Wenn jedoch der Motor mit kleiner Windungszahl des Hilfsstranges und großer Kapazität des Kondensators ausgeführt wird, können die Schwierigkeiten erheblich sein. Es handelt sich nicht nur um zusätzliche Verluste, welche der große Strom des Hilfsstranges in dem Hauptstrang und Läufer verursacht, sondern auch um Hochlauf- und Geräuschprobleme. Z. B. ist der nach Abb. 102b geschalteten vierpoligen Maschine infolge der T-Schaltung ein achtpoliger Einphasenmotor überlagert, der eine so große Einsattelung der Drehzahl-Drehmoment-Kennlinie bei halber Drehzahl verursachen kann, daß der Motor beim Hochlauf hängenbleibt. Mit Rücksicht auf dieses Zusatzmoment kann man eher die Schaltung in Abb. 102a empfehlen, wenn auch das überlagerte zweipolige Luftspaltfeld zwar keine Einsattelung, aber zusammen mit der Arbeitsgrundwelle eine Rüttelkraft produziert (siehe [1, 29]), weil sich die Ordnungszahlen der beiden Wellen um 1 unterscheiden. Die Schaltung in Abb. 102a, bei welcher beide Wicklungsteile A, A' in gleicher Weise aus positiven und negativen Polspulengruppen bestehen, kann man nicht auf zweipolige Motoren übertragen, weil dann nur *zwei* Polspulengruppen mit unterschiedlicher Polarität zur Verfügung stehen. Wenn man auch bei zweipoligen Motoren die Einsattelung der Drehzahl-Drehmoment-Kurve bei halber Drehzahl vermeiden will, muß man schon die Polspulengruppen selbst (welche normalerweise aus mehreren Spulen bestehen) aufteilen. Eine solche Lösung, welche in Abb. 103 dargestellt ist, bedeutet sicher einen höheren Fertigungsaufwand. Sie wirkt sich jedoch auch positiv auf die Geräuschbildung des Motors aus. Noch besser ist die am Anfang besprochene Ausführung mit parallel gewickelten Drähten. Das Problem der zusätzlichen asynchronen Momente bei der T-Schaltung wurde ausführlich in [17, 19] behandelt und wird auch im Abschnitt 4.2.4.4 erwähnt.

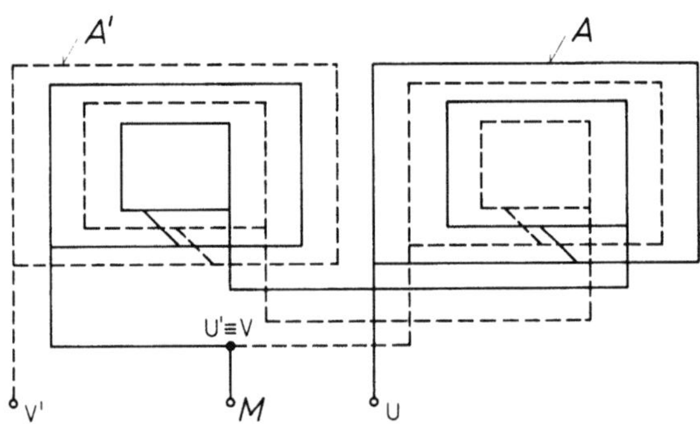

Abb. 103. Aufteilung der Polspulengruppen

Bei symmetrischer T-Schaltung ist das Reversieren besonders einfach, wie in Abb. 152c gezeigt wird.

Es wurde bisher angenommen, daß die beiden Netzspannungen, von welchen der Motor gespeist werden soll, im Verhältnis 1:2 stehen und daher die beiden Teile A, A' des Hauptstranges gleich sind. In der Praxis weicht das Spannungsverhältnis oft von 1:2 ab. Wenn die höhere Spannung kleiner als die doppelte kleinere

Netzspannung ist (z. B. $220\,\text{V} < 2 \times 120\,\text{V}$), ist an Teil A' eine Anzapfung erforderlich, welche nur bei der T-Schaltung zur Geltung kommt (Abb. 52c). Die unsymmetrische T-Schaltung (Abb. 52c) könnte man auch anhand der im Abschnitt 3.7 beschriebenen Lösungsmethode ohne Schwierigkeiten darstellen. Man kann jedoch auch ohne diese aufwendige Lösung die Wirkung der Unsymmetrie abschätzen. Die Verteilung des Stromes $\underline{I}_B$ in der Hauptwicklung wird sicher nicht ganz dem Zeigerdiagramm in Abb. 101b entsprechen, und man muß mit einem größeren Anteil des Stromes in dem kleineren Wicklungsteil A' rechnen. Dies muß sich nicht störend auswirken, sofern der Strom $\underline{I}_B$ und die Ungleichheit der Teile A, A' nicht zu groß sind.

Die T-Schaltung mit Anzapfungen kann auch für eine einzige Spannung verwendet werden, wenn man durch Umschaltungen der Ständerwicklung die Drehzahl in gewissen Grenzen ändern will und die Änderung des Kippmomentes in Kauf genommen werden kann (siehe Abschnitt 3.3.3.1, Abb. 51). Die durch die Anzapfungen abgetrennten Wicklungsteile sollten sich an allen Polspulengruppen des Stranges beteiligen (siehe Abschnitt 3.3.3.1 und 2.4.5).

3.9 Der Spaltpolmotor

3.9.1 Aufbau

Wenn man die Schaltungen von Einphasenasynchronmotoren mit Hilfsstrang nach ihrem Wirkungsgrad beurteilt, rangiert der Spaltpolmotor zweifellos an letzter Stelle. Seine große Bedeutung verdankt er nämlich seinem robusten Aufbau, kleiner Störanfälligkeit und geringen Herstellungskosten (Abb. 104 und 105). Er wird in großen Stückzahlen für Antriebe kleiner Leistung produziert. Es handelt sich grundsätzlich um einen Einphasen-Asynchronmotor, dessen Hauptstrang nur eine Nut je Pol ($N_p = 1$) hat und dessen Hilfsstrang einfach aus blanken kurzgeschlossenen Kupferringen K besteht. Man unterscheidet eine symmetrische

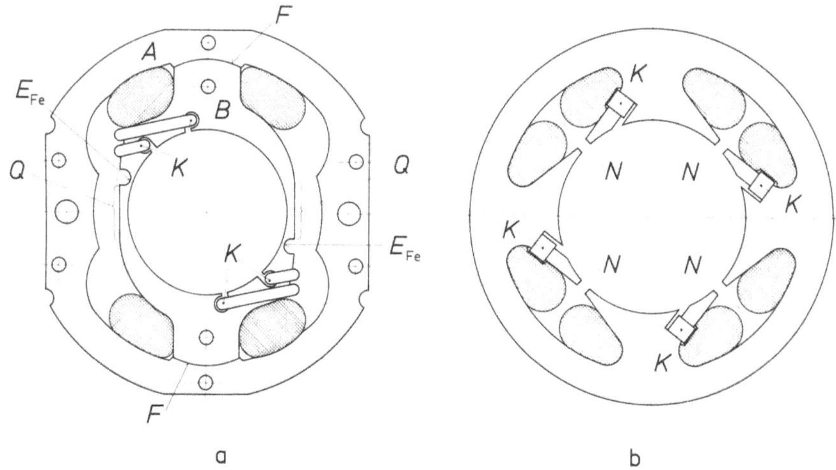

Abb. 104. Symmetrische Ausführungen des Ständers von Spaltpolmotoren

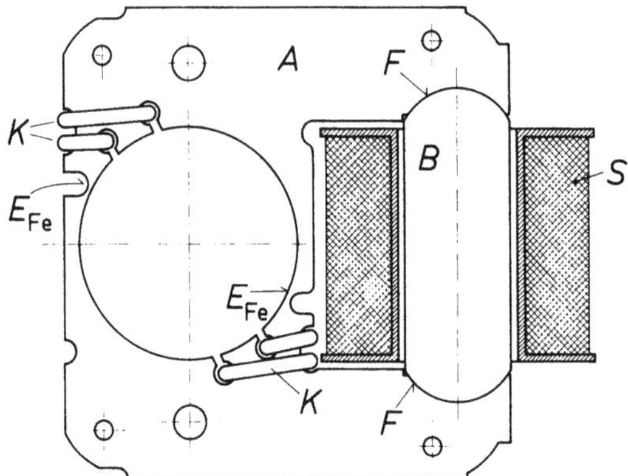

Abb. 105. Unsymmetrische Ausführung des Ständers von zweipoligen Spaltpolmotoren

(Abb. 104) und eine unsymmetrische Ausführung (Abb. 105). Die unsymmetrische Bauform, welche nur als zweipolige möglich ist, hat eine einzige Spule S (Abb. 105), welche durch einen Spulenkasten sehr zuverlässig gegen den magnetischen Kreis isoliert wird. Der magnetische Kreis muß aus zwei Teilen (A und B in Abb. 105 bestehen, damit die getrennt gefertigte Erregerspule S (Hauptstrang) nachträglich mit dem Jochteil B eingesetzt werden kann. Dadurch entstehen jedoch Stoßfugen F, welche den magnetischen Widerstand des magnetischen Kreises vergrößern und zu Schwankungen der Qualität in der Serienproduktion führen können. Trotzdem verwendet man den geteilten magnetischen Kreis oft auch bei der symmetrischen Ausführung (Abb. 104a), damit man die Spulen getrennt herstellen, isolieren und nachträglich mit dem Teil B des magnetischen Kreises einfach einsetzen kann. Bei dieser Konstruktion sind keine Nutöffnungen N (Abb. 104b) am Luftspalt möglich; man ersetzt sie durch Engstellen E_{Fe}, so daß der innere Teil B des magnetischen Kreises nicht weiter geteilt wird. Die symmetrische Ausführung des Spaltpolmotors ist zwar teurer, sie hat jedoch eine wesentlich kleinere magnetische Streuung der Ständerwicklung als die unsymmetrische Bauart. Bei den Ausführungen mit geteiltem magnetischen Kreis (Abb. 104a und 105) sind die Nuten zwar geschlossen, die Pole sind jedoch durch ausgeprägte Engstellen E_{Fe}, welche sich schon bei kleiner Erregung sättigen, voneinander magnetisch getrennt. In den so ausgeprägten Polen befinden sich kleine, offene Nuten (Spaltpolnuten) für die blanken Kurzschlußbügel K, welche die Rolle eines Hilfsstranges spielen. Jeder Pol

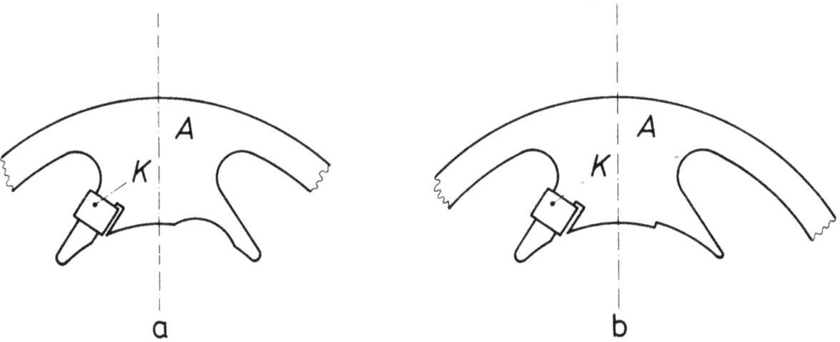

Abb. 106. Vergrößerter Luftspalt unter der Auflaufkante

trägt normalerweise eine oder zwei solche Spaltpolwindungen *K*, welche einen Teil
des Poles einschließen („abschirmen").

Der Läufer des Spaltpolmotors ist ein normaler Kurzschlußläufer mit Alumi-
niumkäfig. Der Widerstand des Käfigs muß klein sein, weil der Läufer eine große
gegenlaufende Komponente des Luftspaltfeldes und starke Oberwellen dämpfen
muß (siehe Abschnitt 4.2.4.5). Die Nutenzahl des Läufers ist meistens ungerade,
damit man die Abhängigkeit des Anzugsmomentes von der Läuferlage möglichst
einschränkt (siehe Abschnitt 4.3).

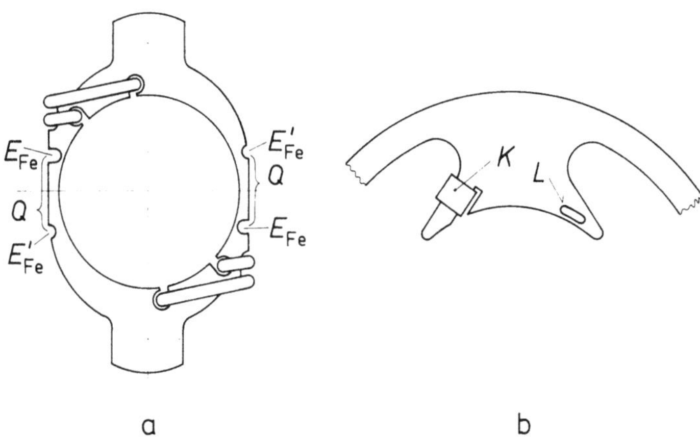

Abb. 107. Gesättigte Zonen *Q* oder eingestanzte Löcher *L* im Bereich der Auflaufkante

Der Luftspalt des Spaltmotors ist relativ groß ($\delta = 0{,}3$ bis $0{,}5$ mm) und wird oft
sogar abgestuft ausgeführt (Abb. 106), so daß der Luftspalt unter der Anlaufkante
des Poles doppelt so groß wie unter dem restlichen Teil des Poles sein kann. Durch
die Vergrößerung des Luftspaltes unter dem auflaufenden Teil des Poles entsteht
eine Kombination des Spaltpol- und des sogenannten Stufenpolmotors, wodurch
auch der Einfluß der 3. Oberwelle des Luftspaltfeldes eingeschränkt wird (siehe
Abschnitt 4.2.4.5). Eine ähnliche Wirkung wie der abgestufte Luftspalt haben auch
magnetisch gesättigte Zonen *Q* (Abb. 107a) im Bereich der Auflaufkante des Poles,
deren Fluß oft durch zusätzliche Rillen E'_{Fe} (Abb. 107a) oder ausgestanzte Löcher *L*
(Abb. 107b) vermindert wird. Die Optimierung dieser Eingriffe in den magnetischen Kreis erfolgt meistens anhand von zahlreichen Experimenten, welche bei
kleinen Leistungen (Abgabeleistung meistens kleiner als 100 W) ohne Schwierigkeiten möglich sind, da die Vorausberechnung vor allem eine qualitative Bedeutung
hat (siehe Abschnitt 4.2.4.5).

3.9.2 Wirkungsweise

Ebenso wie bei Kondensatormotoren ist es leider nicht möglich, die Wirkungsweise des Spaltpolmotors durch ein einfaches elektrisches Ersatzschaltbild darzustellen. Eine einfache Erklärung des Prinzips ist jedoch anhand eines *magnetischen* Schaltbildes möglich, wenn man die Wirkung der kurzgeschlossenen

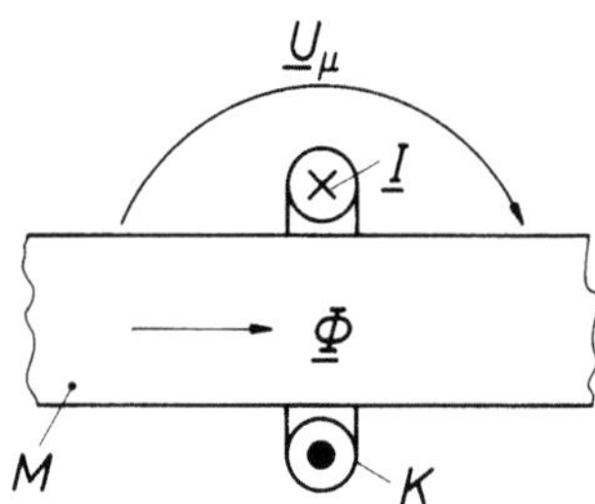

Abb. 108. Kurzgeschlossene Windung als komplexer magnetischer Widerstand

Wicklungen des Spaltpolmotors (Spaltpolwindungen, Läuferkäfig) in dem magnetischen Netzwerk betrachtet [21]. In Abb. 108 ist ein Teil eines magnetischen Kreises M mit kurzgeschlossener Windung K (Widerstand der Windung R) angedeutet. In dem magnetischen Kreis M fließt der Wechselfluß $\underline{\Phi}$ (Zeiger), der in der Kurzschlußwindung eine Spannung

$$\underline{U} = j\omega\underline{\Phi} \tag{300}$$

induziert und damit den Strom

$$\underline{I} = \underline{U}/R \tag{301}$$

hervorruft. Dieser Strom ist aber gleich der magnetischen Spannung $\underline{U}_\mu$, welche dem *äußeren* magnetischen Feld der dargestellten Anordnung in Abb. 108 entspricht. Es gilt

$$\underline{U}_\mu = \underline{I} = \underline{U}/R = j\omega\underline{\Phi}/R = \underline{Z}_\mu\underline{\Phi}, \tag{302}$$

und man sieht, daß die kurzgeschlossene Windung K mit dem elektrischen Widerstand R sich im magnetischen Bereich wie ein *imaginärer* magnetischer Widerstand (imaginäre Reluktanz = Analogie der Reaktanz im elektrischen Bereich)

$$\underline{Z}_\mu = j\omega/R \tag{303}$$

auswirkt. (Bei Berücksichtigung der Streureaktanz der Windung K in Abb. 108 enthielte die komplexe Reluktanz $\underline{Z}_\mu$ in Gl. (302) auch einen positiven reellen Anteil).

Die eben beschriebene Umwandlung von kurzgeschlossenen Wicklungen in komplexe magnetische Widerstände ermöglicht eine gut verständliche Erklärung der Wirkungsweise des Spaltpolmotors beim Anlauf. In Abb. 109a ist ein Pol des Spaltpolmotors mit abgestuftem Luftspalt dargestellt. Hat der Motor keinen Kurzschlußbügel K im Pol und ist der Luftspalt unter dem ganzen Pol konstant, so sind die Flüsse Φ_a, Φ_b, Φ_c der einzelnen Polabschnitte phasengleich, da sie durch eine gemeinsame Durchflutung Θ des Poles erregt werden. Dann wäre der Motor ein reiner Einphasenmotor mit verschwindendem Anzugsmoment, denn ein Drehmoment entsteht nur dann, wenn diese Flüsse phasenverschoben sind und wenigstens ein teilweise elliptisches Feld ergeben (siehe Abschnitt 1.3 und 8.1.5). Aus Abb. 109b ist ersichtlich, wie eine derartige Phasenverschiebung mit Hilfe der kurzgeschlossenen Windung K und des abgestuften Luftspaltes zustande kommt.

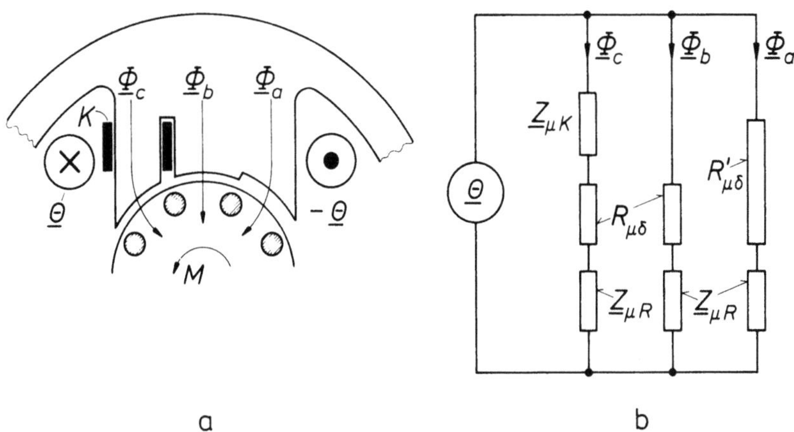

Abb. 109. Magnetisches Ersatzschaltbild des Spaltpolmotors mit Stufenpolen

Wenn man der Einfachheit halber annimmt, daß die drei Polteile a, b, c in Abb. 109a gleich breit sind, haben die drei Flüsse denselben komplexen Widerstand $\underline{Z}_{\mu R}$ der kurzgeschlossenen Läuferwicklung im Wege. Weil jedoch der Luftspalt unter dem Polteil a (Abb. 109a) größer als unter dem Teil b ist, wird der zugehörige *reelle* magnetische Widerstand $R'_{\mu\delta}$ größer als $R_{\mu\delta}$, der Fluß $\underline{\Phi}_a$ ist dann gegenüber der gemeinsamen Erregung $\underline{\Theta}$ weniger verspätet und eilt daher gegenüber dem Fluß $\underline{\Phi}_b$ des mittleren Polteiles vor (Abb. 109b). Zuletzt kommt der Fluß $\underline{\Phi}_c$, weil sich die kurzgeschlossene Windung K überwiegend als eine Vergrößerung des *imaginären* Teiles des komplexen magnetischen Widerstandes dieses Zweiges c auswirkt. Die zeitliche Folge der Flüsse $\underline{\Phi}_a \to \underline{\Phi}_b \to \underline{\Phi}_c$ ergibt eine Drehkomponente des Luftspaltfeldes, welche in der Richtung $a \to b \to c$ umläuft und in dieser Richtung auch das Drehmoment M (Abb. 109a) bewirkt.

Aus Abb. 109 ist ersichtlich, daß auch nur zwei der phasenverschobenen Wechselflüsse genügen, um ein gewisses elliptisches Drehfeld hervorzurufen. Die Flüsse $\underline{\Phi}_b$, $\underline{\Phi}_c$ entsprechen dem reinen Spaltpolmotor mit konstantem Luftspalt und die Flüsse $\underline{\Phi}_a$, $\underline{\Phi}_b$ dem sogenannten Stufenpolmotor, der ohne Hilfswicklung ein kleines Anzugsmoment entwickelt, welches von dem Polteil mit größerem Luftspalt zu dem mit kleinerem Luftspalt gerichtet ist [2, 4, 6].

Das eben besprochene magnetische Ersatzschaltbild des Spaltpolmotors ist sicher nur eine sehr vereinfachte Andeutung der Wirkungsweise. Doch ermöglicht es, eine Reihe von Zusammenhängen zu erklären, welche man sonst erfahrungsgemäß zur Kenntnis nimmt. Es gibt z. B. die Erfahrungen, daß die Luftspaltbreite, der Querschnitt der kurzgeschlossenen Windungen K am Ständer sowie der Läuferwiderstand ein bestimmtes, von anderen Parametern abhängendes Optimum besitzen. Diese Zusammenhänge ergeben sich direkt aus dem magnetischen Ersatzschaltbild in Abb. 109b. Die Kurzschlußwindungen K können eine größere Phasenverschiebung zwischen den Flüssen $\underline{\Phi}_b$, $\underline{\Phi}_c$ bewirken, wenn ihre komplexe Reluktanz $\underline{Z}_{\mu K}$ überwiegend imaginär und die Summe $(R_{\mu\delta} + \underline{Z}_{\mu R})$ eher reell ist. Das ist möglich, wenn die Kurzschlußwindungen im Vergleich mit ihrem ohmschen Widerstand nur eine kleine Streureaktanz besitzen und der Luftspalt nicht zu klein ist, weil sein magnetischer Widerstand $R_{\mu\delta}$ den entscheidenden Teil der Summe

$(R_{\mu\delta} + \underline{Z}_{\mu R})$ darstellt. Der Läufer R allein ist auch nur eine kurzgeschlossene Wicklung, welche sich im Schaltbild ebenso wie die Kurzschlußwindungen K als eine überwiegend imaginäre Reluktanz $\underline{Z}_{\mu R}$ auswirkt, so daß die Phasenverschiebung zwischen $\underline{\Phi}_b$, $\underline{\Phi}_c$ ganz wesentlich von der Luftspaltbreite (Reluktanz $R_{\mu\delta}$) abhängt. Der Luftspalt darf jedoch nicht zu groß sein, weil sonst die Flüsse zwar phasenverschoben, aber zu klein wären. Eine eindeutige Aussage gilt nur für die Streureaktanz der Kurzschlußwindungen K, welche möglichst klein gehalten werden muß, damit der ohmsche Widerstand überwiegt. Der ohmsche Widerstand darf wiederum nicht zu groß sein, weil dann die Ströme und der Einfluß der Kurzschlußwindungen zu klein wären. Es existiert daher ein optimaler Querschnitt der Kurzschlußwindungen, welche in halb offenen, nicht zu tiefen Nuten untergebracht werden sollen. Die Streureaktanz ist auch kleiner, wenn zwei dünnere Windungen anstatt eines einzigen dicken Ringes verwendet werden (Abb. 104a) und auf diese Weise der abgeschirmte Teil des Poles noch in zwei kleinere Teile gespalten wird. Aus dem magnetischen Schaltbild (Abb. 109b) geht auch hervor, daß die Läuferstreuung teilweise auch eine positive Wirkung hat, weil sie eine reelle Komponente der komplexen Reluktanz $\underline{Z}_{\mu R}$ darstellt. Man kann daher oft mit kleineren Läufernutenzahlen gute Ergebnisse erreichen.

Den dem Spaltpolmotor überlagerten Stufenpolmotor, der durch die phasenverschobenen Flüsse $\underline{\Phi}_a$, $\underline{\Phi}_b$ gegeben ist, kann man bei kleinen Motoren nur als einen weniger bedeutenden Partner des Spaltpolmotors betrachten, weil der Stufenpolmotor ohne Kurzschlußwindungen K nur kleine Anzugsmomente entwickelt. Die Vergrößerung des Luftspaltes im Bereich a (Abb. 109a), deren Optimum oft einer Verdoppelung entspricht, hat jedoch auch eine günstige Auswirkung auf die sonst stark ausgeprägte 3. Oberwelle des Luftspaltfeldes, welche eine Einsattelung der Drehzahl-Drehmoment-Kurve verursacht. Die Oberwellenprobleme werden im Abschnitt 4.2.4.5 erörtert[1].

Die Wirkungsweise wurde bisher anhand von Abb. 109 nur für den Anzugspunkt untersucht. Die Kurzschlußwindungen und der abgestufte Luftspalt wirken sich jedoch auch beim Lauf des Motors aus (siehe Abschnitt 4.2.4.5). Aus dem magnetischen Schaltbild in Abb. 109b ist ersichtlich, daß das Betriebsverhalten des Spaltpolmotors von dem Verhältnis der Widerstände zu den Reaktanzen stark abhängt. Mit wachsender Leistung nimmt dieses Verhältnis stark ab (Wachstumsgesetze), und die Eigenschaften der Spaltpolmotoren verschlechtern sich, wenn auch dabei der positive Einfluß des Stufenpols zunimmt. Deswegen ist der wirtschaftlich günstige Anwendungsbereich der Spaltpolmotoren auf kleine Leistungen (Abgabeleistung bis ca. 100 W) beschränkt. Der Wirkungsgrad dieser Motoren ist wegen der zahlreichen Verlustquellen (Kurzschlußwindungen, gegenlaufendes Feld, Oberwellen, großer Magnetisierungsstrom) klein und liegt zwischen 10 und 40% [47]. Wegen des großen Luftspaltes und großen Widerstandes der Ständerwicklung unterscheiden sich der Leerlaufstrom, Nennstrom und Anzugsstrom weniger als bei anderen Asynchronmotoren gleicher Baugröße

---

[1] Die Wirkung des abgestuften Poles wird in der Literatur oft mißverstanden, weil die dadurch bewirkte Phasenverschiebung der Flüsse $\underline{\Phi}_a$, $\underline{\Phi}_b$ (Abb. 109) nur unter der Mitwirkung des Läufers möglich ist, wogegen die Kurzschlußwindung K eine Phasenverschiebung auch ohne Läuferwicklung (z. B. Läufer ohne Käfig) verursacht.

und Polzahl, und auch die Aufnahmeleistung ändert sich wenig (Abb. 110). Bezogen auf ihre Leistung haben die Spaltpolmotoren verhältnismäßig große äußere Abmessungen. Für gleiche Abgabeleistung wird etwa doppelt so viel aktives Eisen wie bei Kondensatormotoren benötigt.

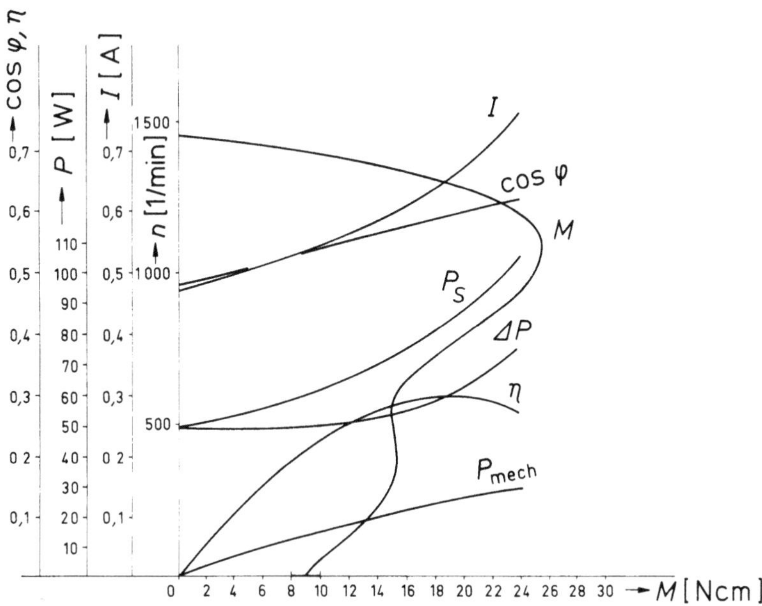

Abb. 110. Kennlinien eines vierpoligen Spaltpolmotors ($P_{mech} = 20$ W)

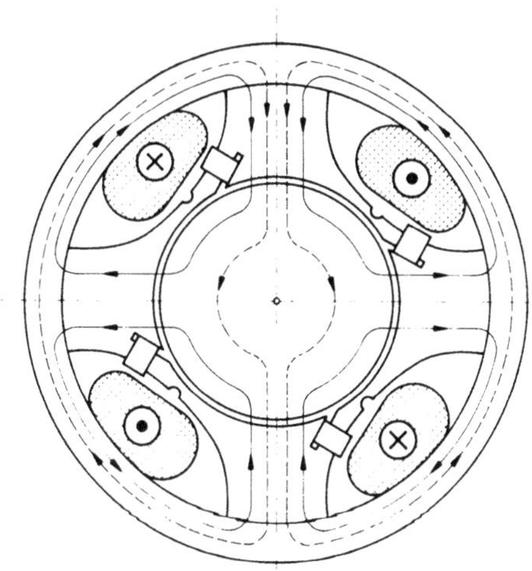

Abb. 111. Polumschaltbare Ausführung des Spaltpolmotors (nach [4])

Die Drehrichtung des Spaltpolmotors ist durch die Lage der Kurzschlußringe gegeben und kann nicht geändert werden. Man findet in der Literatur Spaltpolmotoren, deren Kurzschlußbügel durch Spulen ersetzt sind und daher abgeschaltet werden können. Damit geht jedoch die einfache Bauweise verloren, und so ist die Bedeutung dieser Motoren klein [6].

Die Möglichkeit der Polumschaltung wird bei der sogenannten Kreuzpolschaltung (Abb. 111) realisiert. Der Motor hat vier Pole, aber nur zwei Polspulen, deren magnetische Wirkungen, je nach der Schaltung der Spulen, entweder entgegengerichtet oder gleichgerichtet sein können. Wenn die Stromrichtung der in Abb. 111 angegebenen Richtung entspricht, arbeitet der Motor als ein vierpoliger Spaltpolmotor. Wenn man die Stromrichtung in einer der Spulen umkehrt, sind praktisch nur die gegeneinander liegenden Pole wirksam, und man erhält einen zweipoligen Motor, der jedoch wegen der schlechten elektromagnetischen Verhältnisse nicht die dem zweipoligen Feld entsprechende Drehzahl erreicht, sondern in der starken Einsattelung in der Drehzahl-Drehmoment-Kennlinie (3. Oberwelle) arbeitet (siehe [4]).

3.9.3 Stufenpol und gesättigte Zonen als Zusatzstränge

Im Abschnitt 3.9.1 wurde gezeigt, daß man das Betriebsverhalten des Spaltpolmotors durch eine gezielt ausgeführte Ungleichförmigkeit des Luftspaltes (Stufenpol in Abb. 106b) oder durch hoch gesättigte Zonen im Ständer (Abb. 107a) verbessern kann. In dieser Hinsicht unterscheidet sich der Spaltpolmotor erheblich von allen anderen Asynchronmotoren, bei welchen diese Einflüsse nur als unvermeidliche Störeffekte betrachtet und daher in der grundlegenden Theorie dieser Maschine nicht berücksichtigt werden. Die ungleichförmige Verteilung des magnetischen Widerstandes am Umfang des Ständers des Spaltpolmotors wurde bisher in der Form von räumlichen Wellen des magnetischen Luftspaltleitwertes in die Lösung eingeführt [41]. Trotz des komplizierten Gleichungssystems ist es nach dieser Methode schwierig, mit den Leitwertwellen die komplizierte Geometrie und den Sättigungszustand im Ständer zu erfassen. Das im Abschnitt 3.7 beschriebene Verfahren ermöglicht, das Gleichungssystem einer Asynchronmaschine mit mehreren, beliebig am Ständer verteilten Strängen ohne Schwierigkeiten aufzustellen. Weil der Spaltpolmotor schon wegen der Kurzschlußbügel als Motor mit unsymmetrischer Ständerwicklung betrachtet werden muß, hat die Frage, ob der Stufenpol und die gesättigten Ständerzonen durch zusätzliche Wicklungen ersetzt werden können, eine grundsätzliche Bedeutung.

In Abb. 112a ist ein als magnetisch supraleitend betrachteter Weg M des Wechselflusses $\underline{\Phi}$ durch einen Luftspalt δ unterbrochen, dessen magnetischer

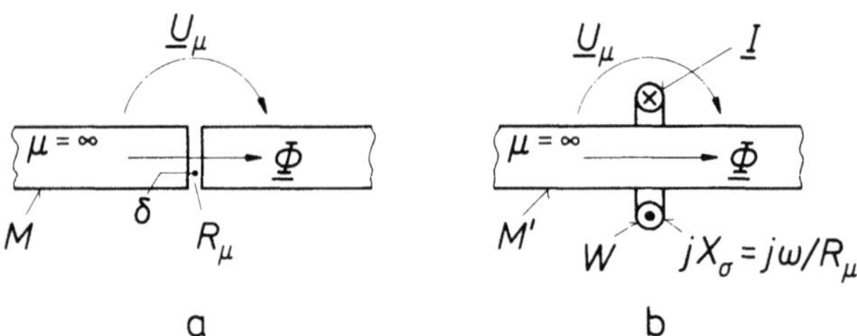

Abb. 112. Ersatz des magnetischen Widerstandes durch eine kurzgeschlossene Windung

Widerstand R_μ ist. In Abb. 112b ist ein Flußleiter M' mit gleichem Fluß $\underline{\Phi}$, jedoch ohne Luftspalt und mit einer Kurzschlußwindung W versehen, die keinen Wirkwiderstand, sondern eine Streureaktanz X_σ hat, welche nach der Gleichung

$$X_\sigma = \frac{\omega}{R_\mu} \tag{304}$$

dem magnetischen Widerstand R_μ in Abb. 112a zugeordnet ist. Für die magnetische Spannung $\underline{U}_\mu$ an der Stelle der Kurzschlußwindung gilt nach Abb. 112b

$$\underline{U}_\mu = \underline{I} = \frac{j\omega\underline{\Phi}}{jX_\sigma} = \frac{\omega\underline{\Phi}}{\omega/R_\mu} = R_\mu\underline{\Phi}, \tag{305}$$

das heißt dieselbe Abhängigkeit vom Fluß $\underline{\Phi}$ wie in Abb. 112a. Man kann daher den magnetischen (reellen) Widerstand, der einem magnetischen Fluß im Wege steht, durch eine widerstandslose Kurzschlußwindung ersetzen, deren Streureaktanz nach Gl. (304) dem magnetischen Widerstand zugeordnet ist [21].

Entsprechend der eben besprochenen Transformation der magnetischen Widerstände in kurzgeschlossene Windungen ohne ohmschen Widerstand kann man den Spaltpolmotor in eine Maschine mit konstantem Luftspalt und ohne Sättigungseinflüsse in den Polkanten nach Abb. 113 verwandeln. Die Erregerwicklung A und die Kurzschlußbügel B und C (Abb. 113a) stellen die wirklichen Wicklungen des

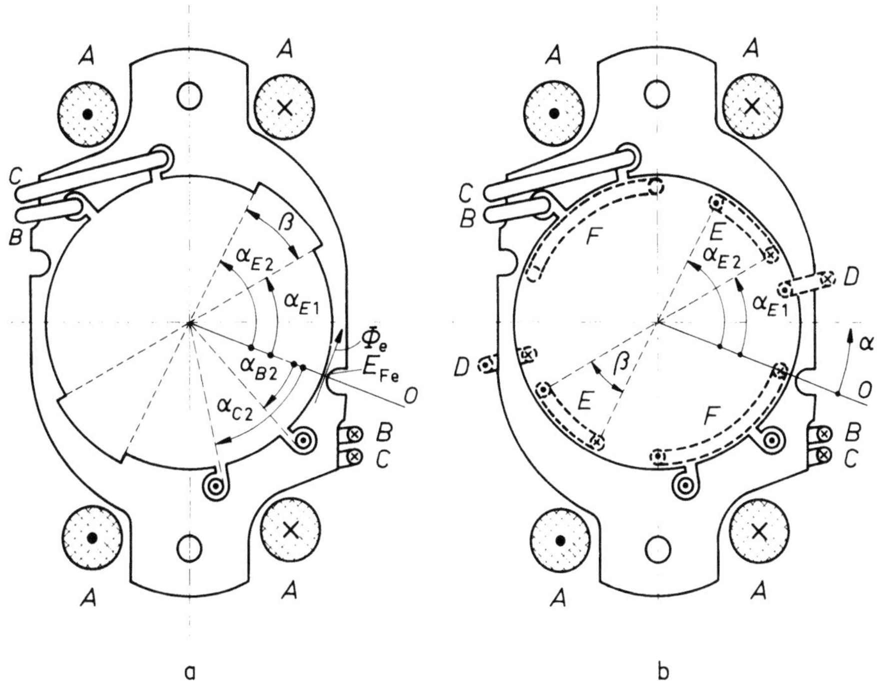

a   b

Abb. 113. Ersatz der magnetischen Widerstände im Luftspaltbereich durch zusätzliche kurzgeschlossene Windungen

Motors dar; die widerstandslosen Windungen D, E und F in Abb. 113b (gestrichelt gezeichnet) ersetzen die Sättigung der Auflaufkante (Windung D), den vergrößerten Luftspalt im Bereich des Winkels β (Windung E) und die Vergrößerung des magnetischen Widerstandes unter der durch Spaltpolnuten geschwächten Ablaufkante (Windung F). Die Streureaktanzen der Wicklungen E und F sind durch die geometrischen Abmessungen gegeben und daher konstant; die Streureaktanz der Wicklung D entspricht dem nichtlinearen Widerstand des Eisens und muß daher mit Hilfe der Magnetisierungskurve bestimmt und iterativ geändert werden.

3.9.4 Grundgleichungen

Nach Abschnitt 3.9.3 und Abb. 113 kann man die Ungleichförmigkeit des Luftspaltes und die gesättigten Zonen des Spaltpolmotors durch zusätzliche Wicklungen ersetzen. Damit vergrößert sich die Anzahl der am Ständer unsymmetrisch verteilten Stränge auf 6, so daß man bei der mathematischen Beschreibung mit einem Gleichungssystem mit 6 unbekannten Strömen rechnen muß. Man kann jedoch dieses Gleichungssystem nach Abschnitt 3.7 direkt aufstellen, und eine numerische Lösung des Gleichungssystems ist mit automatischen Rechenanlagen ohne Schwierigkeiten möglich.

Für eine Asynchronmaschine mit symmetrischem Läufer und 6 beliebig verteilten Ständersträngen gilt nach Abschnitt 3.7 folgendes Gleichungssystem (mit der sich hier direkt anbietenden Matrizenschreibweise soll der Leser nicht belastet werden):

$$\underline{U}_A = \underline{Z}_{AA}\underline{I}_A + \underline{Z}_{AB}\underline{I}_B + \underline{Z}_{AC}\underline{I}_C + \underline{Z}_{AD}\underline{I}_D + \underline{Z}_{AE}\underline{I}_E + \underline{Z}_{AF}\underline{I}_F,$$

$$\underline{U}_B = \underline{Z}_{BA}\underline{I}_A + \underline{Z}_{BB}\underline{I}_B + \underline{Z}_{BC}\underline{I}_C + \underline{Z}_{BD}\underline{I}_D + \underline{Z}_{BE}\underline{I}_E + \underline{Z}_{BF}\underline{I}_F,$$

$$\underline{U}_C = \underline{Z}_{CA}\underline{I}_A + \underline{Z}_{CB}\underline{I}_B + \underline{Z}_{CC}\underline{I}_C + \underline{Z}_{CD}\underline{I}_D + \underline{Z}_{CE}\underline{I}_E + \underline{Z}_{CF}\underline{I}_F,$$

$$\underline{U}_D = \underline{Z}_{DA}\underline{I}_A + \underline{Z}_{DB}\underline{I}_B + \underline{Z}_{DC}\underline{I}_C + \underline{Z}_{DD}\underline{I}_D + \underline{Z}_{DE}\underline{I}_E + \underline{Z}_{DF}\underline{I}_F,$$

$$\underline{U}_E = \underline{Z}_{EA}\underline{I}_A + \underline{Z}_{EB}\underline{I}_B + \underline{Z}_{EC}\underline{I}_C + \underline{Z}_{ED}\underline{I}_D + \underline{Z}_{EE}\underline{I}_E + \underline{Z}_{EF}\underline{I}_F,$$

$$\underline{U}_F = \underline{Z}_{FA}\underline{I}_A + \underline{Z}_{FB}\underline{I}_B + \underline{Z}_{FC}\underline{I}_C + \underline{Z}_{FD}\underline{I}_D + \underline{Z}_{FE}\underline{I}_E + \underline{Z}_{FF}\underline{I}_F. \tag{306}$$

Die einzelnen Impedanzen des Gleichungssystems (306) haben gleiche Struktur, so daß es genügt, ihre Berechnung nur an Beispielen zu demonstrieren (siehe Abschnitt 3.7). Es gilt für die Impedanzen mit zwei gleichen Indizes wie z. B.

$$\underline{Z}_{AA} = \underline{Z}_{\sigma AA} + \dot{S}_A^* \dot{S}_A \underline{Z}_m' + \dot{S}_A \dot{S}_A^* \underline{Z}_g', \tag{307}$$

wobei

$$\underline{Z}_{\sigma AA} = R_A + jX_{\sigma A} \tag{308}$$

aus dem Strangwiderstand R_A und der Streureaktanz dieses Stranges besteht. Die Größe $\dot{S}_A$ ist die komplexe effektive Leiterzahl des Stranges, und die Impedanzen $\underline{Z}_m'$, $\underline{Z}_g'$ entsprechen den Schaltbildern in Abb. 98. Für die Impedanzen mit ungleichen Indizes gilt ganz analog

$$\underline{Z}_{AB} = \underline{Z}_{\sigma AB} + \dot{S}_A^* \dot{S}_B \underline{Z}_m' + \dot{S}_A \dot{S}_B^* \underline{Z}_g', \tag{309}$$

wobei nur die Komponente

$$\underline{Z}_{\sigma AB} = jX_{\sigma AB} \tag{310}$$

eine nähere Erklärung benötigt, weil man solche Impedanzen in dem Gleichungssystem (265), (266) nicht findet.

Während die Komponenten $\dot{S}_A^* \dot{S}_A \underline{Z}_m'$, $\dot{S}_A \dot{S}_B^* \underline{Z}_g'$ die magnetische Kopplung der Stränge A und B durch das vom Läufer gedämpfte mit- und gegenlaufende Luftspaltfeld darstellen, entspricht die Reaktanz $X_{\sigma AB}$ der Gegeninduktivität auf Streuwegen. Das Vorhandensein dieser Gegeninduktivitäten zwischen den Strängen A, B, C, D ist direkt aus Abb. 113a in der Form des Flusses Φ_e in der Engstelle E_{Fe} ersichtlich.

Wenn man den Nullstrahl O der Polarkoordinaten in die Engstelle E_{Fe} legt (Abb. 113), gilt für die effektive komplexe Leiterzahl des Hauptstranges A (siehe Abschnitt 3.7 und 8.1.3)

$$\dot{S}_A = |\dot{S}_A| = S_A = z_A, \tag{311}$$

wobei z_A die reelle Leiterzahl des Stranges A ist. Da alle $2p$ Pole des Spaltpolmotors mit gleichen Kurzschlußwindungen ausgestattet sind, gilt für die effektiven, komplexen Leiterzahlen dieser Stränge (siehe 8.1.3)

$$\dot{S} = 2p[\exp(jp\alpha_1) - \exp(jp\alpha_2)]$$
$$= 2p[\cos p\alpha_1 - \cos p\alpha_2 + j(\sin p\alpha_1 - \sin p\alpha_2)], \tag{312}$$

wobei der Raumwinkel α_1 die Lage des Leiters mit positiver und α_2 mit negativer Stromrichtung angibt. Wegen der Einheitlichkeit der Auffassung empfiehlt sich, diejenigen Leiter der kurzgeschlossenen Windungen als positiv zu nehmen, welche sich im Wickelraum des Hauptstranges A (Windungen B, C, D) oder über der Engstelle E_{Fe} (Windung F) befinden. Es gilt dann für diese Stränge $\alpha_1 = 0$.

Aus der Lösung des Gleichungssystems (306) ergeben sich die Wicklungsströme und die Stromgrößen (siehe Gln. (274), (275))

$$\underline{I}_m = \dot{S}_A \underline{I}_A + \dot{S}_B \underline{I}_B + \dot{S}_C \underline{I}_C + \dot{S}_D \underline{I}_D + \dot{S}_E \underline{I}_E + \dot{S}_F \underline{I}_F, \tag{313}$$

$$\underline{I}_g = \dot{S}_A^* \underline{I}_A + \dot{S}_B^* \underline{I}_B + \dot{S}_C^* \underline{I}_C + \dot{S}_D^* \underline{I}_D + \dot{S}_E^* \underline{I}_E + \dot{S}_F^* \underline{I}_F, \tag{314}$$

aus welchen das Drehmoment berechnet wird. Es gilt

$$M = \frac{p}{2\pi f}(|\underline{I}_m|^2 \operatorname{Re}[\underline{Z}_m'] - |\underline{I}_g|^2 \operatorname{Re}[\underline{Z}_g']). \tag{315}$$

Die Gln. (306) bis (315) beschreiben die inneren Zusammenhänge im Spaltpolmotor anhand der bloßen Arbeitsgrundwelle. Im Abschnitt 4.2.4.5 wird gezeigt, daß in die eben beschriebene Berechnung ohne Steigerung der Kompliziertheit auch die Oberwellen des Luftspaltfeldes einbezogen werden können, welche beim Spaltpolmotor eine größere Rolle als bei anderen Einphasen-Asynchronmotoren spielen. Deswegen wird an dieser Stelle auf eine Untersuchung des Betriebsverhaltens verzichtet und auf die Überlegungen im Abschnitt 4.2.4.5 hingewiesen.

4 Abweichungen von der Grundwellentheorie

Im Abschnitt 3.1 wurden die vereinfachenden Annahmen erläutert, welche für die in weiteren Kapiteln enthaltene grundlegende Theorie der einzelnen Schaltungen notwendig waren, damit man möglichst überschaubare Ergebnisse erhält. Es wurde auch darauf hingewiesen, daß diese Vereinfachungen nicht harmlos sind und unter Umständen zu beträchtlichen Unterschieden zwischen Rechnung und Messung führen können. In diesem Kapitel sollen nun gewisse von den bisher vernachlässigten Einflüssen behandelt und teilweise in die Berechnung eingeführt werden. Es handelt sich hier vor allem um den Unterschied zwischen dem angenommenen sinusförmigen und dem wirklichen Verlauf der elektromagnetischen Größen im Luftspalt der Maschine. Weil der räumliche Verlauf des Luftspaltfeldes kompliziert ist, zerlegt man ihn in eine Reihe von Sinuskurven, von welchen die Welle der Ordnung $v' = p$ (siehe Abschnitt 1.3 und 8.1), die bisher allein berücksichtigt wurde, als Arbeitsgrundwelle und die Wellen der Ordnung $v' > p$ als Oberwellen bezeichnet werden. Die Wellen der Ordnung $v' < p$ (Subharmonische) kommen bei Einphasenmotoren nur ganz selten vor (Bruchlochwicklungen, T-Schaltung), wie es im Abschnitt 3.8.2 kurz erwähnt wurde.

4.1 Oberwellen der Wicklungsverteilung

Beim Entwurf der Wicklung eines Asynchronmotors ist man bestrebt, die Verteilung der Leiter so zu gestalten, daß die Arbeitsgrundwelle der Ordnung $v' = p$ möglichst stark erregt wird (großer Wicklungsfaktor), wogegen die räumlichen Wellen anderer Ordnung (normalerweise nur ungerade $v = v'/p > 1$) kleine Wicklungsfaktoren haben sollen (siehe [2]). Dieses Ziel kann man jedoch nur teilweise erreichen, weil die Verteilung der in Nuten eingebetteten Leiter keine stetige Funktion der Polkoordinate darstellt. Auch wenn man sinusförmig abgestufte Wicklungen (Abb. 31) verwendet, kann man zwar die Wellen niedriger Ordnung ($v' = 3p, 5p, 7p$) unterdrücken; die sogenannten Nutharmonischen der Ordnung $v' = N_S \pm p$, welche immer denselben Wicklungsfaktor wie die Arbeitsgrundwelle besitzen (siehe Abschnitt 8.1.4), können jedoch überhaupt nicht beeinflußt werden. Ähnlich wie der Ständer produziert auch der Läufer Oberwellen im Luftspalt. Weil das leitende Material des Käfigs in Nuten konzentriert ist, wirkt der Läufer auf die Arbeitsgrundwelle des Ständers ($v' = p$) nicht nur mit einer Welle gleicher Ordnung, sondern auch mit anderen Wellen zurück.

Die Oberwellen der Wicklungsverteilung haben folgende unerwünschte Wirkungen:

$$\text{Einflüsse der Oberwellen} \begin{cases} \text{asynchrone Zusatzmomente;} \\ \text{synchrone Zusatzmomente;} \\ \text{Zusatzverluste;} \\ \text{Geräusche.} \end{cases}$$

4.2 Asynchrone Zusatzmomente der Ständeroberwellen

4.2.1 Physikalischer Hintergrund

Der Einfachheit halber wurde das Drehmoment der bisher behandelten Asynchronmotoren nur für die Arbeitsgrundwelle berechnet. In Wirklichkeit induzieren auch Oberwellen des Ständerfeldes Ströme im Käfigläufer, und es entstehen Momente, welche sich ähnlich wie das Drehmoment der Arbeitsgrundwelle verhalten und eigentlich zusätzliche Asynchronmotoren mit größerer Polzahl darstellen, welche dem Grundwellenmotor überlagert sind. Sie heißen „asynchrone" Oberwellenmomente und bewirken immer eine Verformung der Drehmoment-Kennlinie (Abb. 76, 119 und 120), weil sie entsprechend ihrer Ordnungszahl $v' > p$ langsamer als die Grundwelle im Raum umlaufen. Für ihre Drehfrequenz kann man als Verallgemeinerung der Gl. (61) schreiben

$$n_{Sv} = \pm \frac{f}{v'} = \pm \frac{f}{vp} = \pm \frac{n_S}{v}, \tag{316}$$

wobei das Pluszeichen für mitlaufende und das Minuszeichen für gegenlaufende Wellen gilt. Als Verallgemeinerung der Gl. (62) kann man die Drehfrequenz des Läufers

$$n = (1 - s_v)n_{Sv} \tag{317}$$

durch den Schlupf der Oberwellen

$$s_v = (n_{Sv} - n)/n_{Sv} = 1 - n/n_{Sv} \tag{318}$$

ausdrücken. Abgesehen vom Stillstand des Läufers hat der Schlupf s_v für jede Welle einen anderen Wert. Für praktische Rechnungen ist es zweckmäßig, den Schlupf der Oberwellen durch den Schlupf s der mitlaufenden Arbeitsgrundwelle auszudrücken und nach Gl. (316) zu schreiben

$$s_v = 1 - n/n_{Sv} = 1 \mp vn/n_S = 1 \mp v(1 - s), \tag{319}$$

wobei das Minuszeichen den mitlaufenden und das Pluszeichen den gegenlaufenden Wellen zugeordnet ist.

4.2.2 Erweitertes Ersatzschaltbild des einsträngigen Einphasenmotors

Wenn man bedenkt, daß beim einsträngigen Einphasenmotor (Abschnitt 3.4) alle Wellen des Ständerstrombelags demselben Strom I_A der Ständerwicklung proportional sind, kann man das in Abb. 63 nur für die Arbeitsgrundwelle aufgestellte Ersatzschaltbild um die Wirkungen der Oberwellen erweitern (Abb. 114)[1]. Es handelt sich um mehrere in Reihe geschalteten Einphasenmotoren

---

[1] In Abb. 114 sind die gesamten Konstanten für die Strangzahl $m = 1$ berechnet (z. B. X_{hv} nach Gl. (382)).

mit gemeinsamem Ständerwiderstand R_A und der Streureaktanz $X_{\sigma A}$. Für jede Ordnung v (numerische Indizes) erscheinen in Abb. 114 je zwei parallele Kombinationen für die mit- und gegenlaufende Welle.

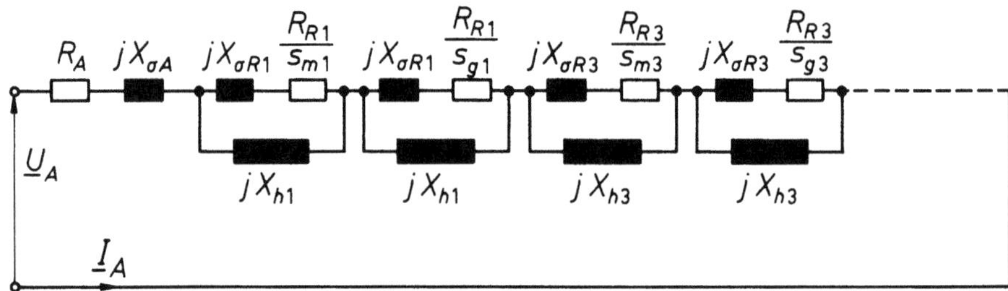

Abb. 114. Ersatzschaltbild eines einsträngigen Asynchronmotors mit Oberwellen

In Abb. 115 ist der Übergang von dem komplizierten Schaltbild (Abb. 114) zu dem einfachen (Abb. 63) angedeutet. Wenn man die Rückwirkung des Läufers auf die Oberwellen des Ständerfeldes vernachlässigt, bleiben immer noch die Hauptreaktanzen X_{hv} übrig (Abb. 115), welche man bei der Berechnung der Maschinenkonstanten als „Oberwellenstreuung" des Ständers in die Streureaktanz $X_{\sigma A}$ einbeziehen muß. Dementsprechend ist die Zusammensetzung und Berechnung dieser sonst gleich bezeichneten Streureaktanz $X_{\sigma A}$ von der Art des Schaltbildes abhängig (siehe Abschnitt 6.1.9.2).

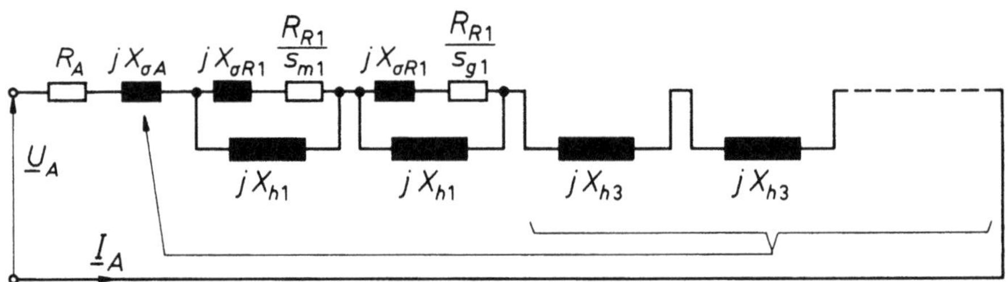

Abb. 115. Hauptreaktanzen der Oberwellen als Oberwellenstreuung in dem vereinfachten Ersatzschaltbild des einsträngigen Motors

Bei der Anwendung des vereinfachten Schaltbildes in Abb. 63 vernachlässigt man die Verluste, welche im Läufer durch Oberwellenströme verursacht werden und in Abb. 114 als Verluste in Widerständen R_{Rv} ($v > 1$) auftreten. Sie stellen den entscheidenden Anteil der sogenannten „Zusatzverluste", das heißt der Verluste, welche man durch die vereinfachte Berechnung nicht erfaßt, dar. Die Oberwellenströme im Läufer werden durch Nutöffnungen des Ständers und Läufers noch wesentlich verstärkt (siehe Abschnitt 4.6).

Die praktische Bedeutung der Oberwellen hängt ganz wesentlich von ihrer Ordnung und Ausführung der Wicklung ab. Von den Wellen niedriger Ordnung sind besonders bei verhältnismäßig einfach verteilten Wicklungen die 3., 5. und 7.

Oberwelle wichtig; am wichtigsten sind jedoch die sogenannten Nutharmonischen der Ordnung

$$v = N_S/p \pm 1, \qquad (320)$$

welche man durch die Wicklungsverteilung nicht unterdrücken kann und welche durch die Nutöffnungen des Ständers und Läufers erheblich verstärkt werden (siehe Abschnitt 4.6 und 8.1.4). Die Schrägung der Läufernuten um etwa eine Ständernutteilung, mit welcher man die Wirkungen der Nutharmonischen einschränkt, ist jedoch bei gegossenen Käfigwicklungen nur teilweise wirksam, weil die Oberwellenströme sich über das Eisen schließen (siehe Abschnitt 4.7).

4.2.3 Asynchrone Momente von unsymmetrischen Asynchronmotoren

Die Ständerwicklungen von Einphasenasynchronmotoren bestehen meistens aus mehreren ungleich verteilten Strängen (Abb. 97 und 116). Man kann diese Motoren mit der Methode der symmetrischen Komponenten behandeln, sofern wenigstens die Winkelsymmetrie der Wicklung erhalten bleibt und die Berechnung sich nur auf die Arbeitsgrundwelle stützt (Kap. 3). Die Anwendung der symmetrischen Komponenten bei Berücksichtigung von Oberwellen ist zwar theoretisch möglich, aber sehr unpraktisch, weil man für jede Einzelwelle die ungleichen Stränge umrechnen muß und daher andere Komponenten erhält. Im Abschnitt 3.7 wurde eine Verallgemeinerung der Methode der symmetrischen Komponenten gezeigt, welche eine beliebige Unsymmetrie der Wicklung ohne Umrechnung der Stränge zuläßt. Es soll nun gezeigt werden, daß man in dieses Verfahren die Oberwellen direkt, ohne neue Herleitung, einbeziehen kann.

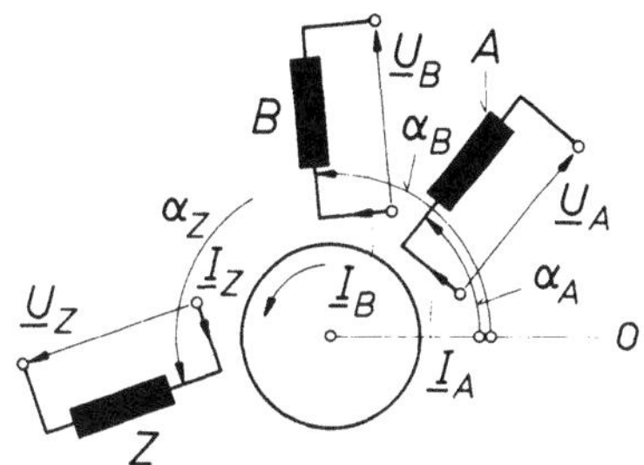

Abb. 116. Schematische Darstellung des Motors mit unsymmetrischer Ständerwicklung

Das im Abschnitt 3.7 hergeleitete Verfahren beruht auf der Überlagerung von Einphasenmotoren, welche die einzelnen Stränge mit dem Läufer bilden. Wie aus Gln. (265), (266) der Maschine mit zwei Strängen ersichtlich ist, setzt man die Klemmenspannung eines jeden Stranges aus dem Spannungsabfall am Wirkwiderstand und der Streureaktanz dieses Ständerstranges und den Spannungen, welche die einzelnen Komponenten des Luftspaltfeldes induzieren, zusammen. Es handelt sich um das mitlaufende und das gegenlaufende Feld des betrachteten Stranges selbst und analoge Felder der anderen Stränge. Weil man bei der Herleitung nur die Arbeitsgrundwelle berücksichtigt, sind die in Gln. (265), (266) beteiligten Raumwellen nur von der Ordnung $v = 1$. Diese Einschränkung ist jedoch gar nicht notwendig, und man kann ebenso Einphasenmotoren mit Oberwellen (Abb. 114) überlagern. Dazu kann man das Schema des Einphasenmotors in der Form in Abb. 117 darstellen, wo die Spannungen $\underline{U}_{mv}$, $\underline{U}_{gv}$ durch einzelne mit- und gegenlaufende Felder unterschiedlicher Ordnung v induziert werden. Die Impedanzen $\underline{Z}'_{mv}$, $\underline{Z}'_{gv}$, welche den Schaltbildern in Abb. 118 entsprechen, sind auf einen einzigen Ständerleiter bezogen, so daß sich die Impedanzen $X_{\sigma Rv}$, R_{Rv}, X_{hv} in Abb. 118 und 114 auf unterschiedliche Leiterzahlen beziehen und nicht identisch sind. Es ist jedoch wegen der wachsenden Anzahl der Indizes nicht zweckmäßig, diesen Konstanten den Index 0 anzuschließen, wie es in Abb. 98 der Fall war.

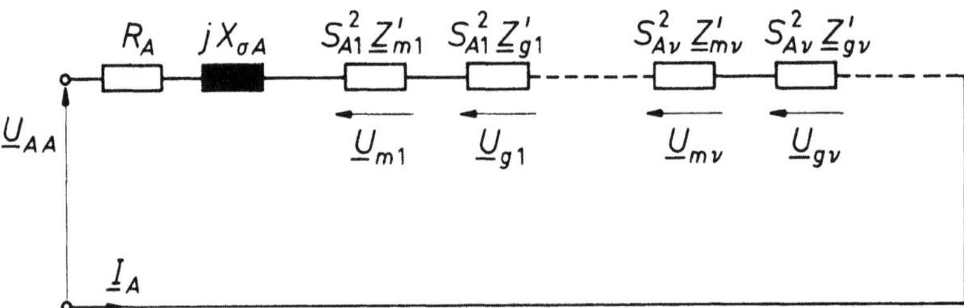

Abb. 117. Einführung der auf einen Ständerleiter bezogenen inneren Impedanzen $\underline{Z}'_{mv}$, $\underline{Z}'_{gv}$

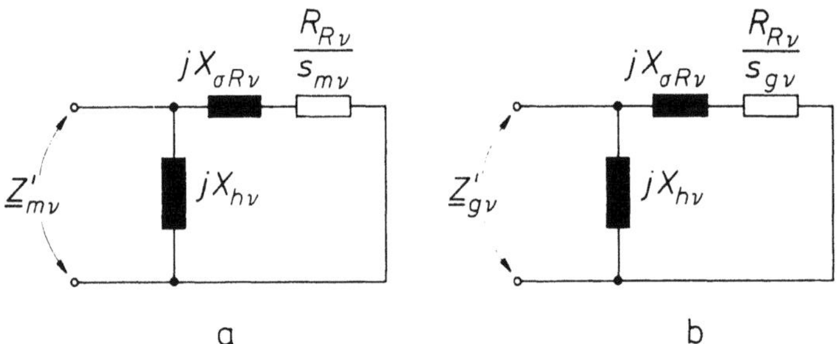

Abb. 118. Schaltbilder für die inneren Impedanzen $\underline{Z}'_{mv}$, $\underline{Z}'_{gv}$

Als eine Erweiterung der Gl. (261) gilt für das Schaltbild in Abb. 117

$$\underline{U}_{AA} = \underline{Z}_{AA}\underline{I}_A, \tag{321}$$

wobei

$$\underline{Z}_{AA} = \underline{Z}_{\sigma A} + \sum_v \dot{S}^*_{Av}\dot{S}_{Av}\underline{Z}'_{mv} + \sum_v \dot{S}_{Av}\dot{S}^*_{Av}\underline{Z}'_{gv} \tag{322}$$

ist. Der Unterschied besteht nur in der größeren Anzahl von Spannungskomponenten der Luftspalteinzelwellen; die Struktur bleibt unverändert. Für die Spannungen der anderen, offenen Stränge B, C kann man analog zu Gl. (262) schreiben

$$\underline{U}_{BA} = \underline{Z}_{BA}\underline{I}_A, \tag{323}$$

wobei

$$\underline{Z}_{BA} = jX_{\sigma BA} + \sum_v \dot{S}^*_{Bv}\dot{S}_{Av}\underline{Z}_{mv} + \sum_v \dot{S}_{Bv}\dot{S}^*_{Av}\underline{Z}'_{gv} \tag{324}$$

ist, so daß man auch nur über eine Erweiterung der Gl. (262) sprechen kann. Die Reaktanz $X_{\sigma BA}$, welche in Gl. (262) nicht vorkam, stellt die magnetische Kopplung der Streuflüsse der beteiligten Stränge außerhalb des Luftspaltes dar und konnte auch schon in Gl. (262) eingeführt werden. Sie ist praktisch vor allem bei Spaltpolmotoren wichtig (siehe Abschnitt 4.2.4.5).

Wenn man nun die „Einphasenmotoren" (Abb. 117) der einzelnen Stränge überlagert, das heißt wenn man die von allen Strömen in einzelnen Strängen induzierten Spannungen summiert, erhält man das Gleichungssystem

$$
\begin{aligned}
\underline{U}_A &= \underline{Z}_{AA}\underline{I}_A + \underline{Z}_{AB}\underline{I}_B + \cdots + \underline{Z}_{AZ}\underline{I}_Z, \\
\underline{U}_B &= \underline{Z}_{BA}\underline{I}_A + \cdots \qquad\qquad + \underline{Z}_{BZ}\underline{I}_Z, \\
&\vdots \\
\underline{U}_Z &= \underline{Z}_{ZA}\underline{I}_A + \cdots \qquad\qquad + \underline{Z}_{ZZ}\underline{I}_Z.
\end{aligned}
\tag{325}
$$

Weil die Struktur der im System (325) enthaltenen Gleichungen einheitlich ist, kann man die Formeln für die beteiligten Impedanzen analog zu Gln. (322), (324) durch bloße Variation der Indizes sofort aufschreiben. Für die effektiven komplexen Leiterzahlen gilt nach Abschnitt 8.1.3

$$
\dot{S}_v = \sum_{v\text{-Leiter des Stranges}} \pm \exp(jvp\alpha_v).
\tag{326}
$$

Das Gleichungssystem (325) stellt zusammen mit Gl. (326) und Abb. 117 eine allgemeine Grundlage für die Berechnung von Asynchronmotoren mit unsymmetrischer Ständerwicklung dar. In Abschnitt 3.9.3 und 4.7.4 wird gezeigt, wie man in dieses Gleichungssystem auch die Ungleichförmigkeit des Luftspaltes und die Querströme im nicht isolierten Käfigläufer einführen kann. Der Vorteil der beschriebenen Lösung ist die Tatsache, daß man bei großer Strangzahl am Ständer das Gleichungssystem (325) mit Unterprogrammen lösen kann, welche heutzutage schon in jedem programmierbaren Tischrechner eingebaut sind.

Als Verallgemeinerung der Gln. (273) oder (315) für das Drehmoment des Motors kann man schreiben

$$
M = M_m - M_g = \frac{p}{2\pi f}\sum_v v\{|\underline{I}_{mv}|^2\,\mathrm{Re}[\underline{Z}'_{mv}] - |\underline{I}_{gv}|^2\,\mathrm{Re}[\underline{Z}'_{gv}]\},
\tag{327}
$$

wobei

$$
\underline{I}_{mv} = \dot{S}_{Av}\underline{I}_A + \dot{S}_{Bv}\underline{I}_B + \cdots + \dot{S}_{Zv}\underline{I}_Z,
\tag{328}
$$

$$
\underline{I}_{gv} = \dot{S}^*_{Av}\underline{I}_A + \dot{S}^*_{Bv}\underline{I}_B + \cdots + \dot{S}^*_{Zv}\underline{I}_Z
\tag{329}
$$

nur eine Erweiterung der Gln. (274), (275) oder (313), (314) ist [17, 7, 38].

Das beschriebene Gleichungssystem ist für alle Schaltungen von Einphasenmotoren geeignet und bildet die Grundlage von modernen Rechenprogrammen. Die umfangreichste Anwendung finden diese Gleichungen beim Spaltpolmotor (siehe Abschnitt 4.2.4.5).

4.2.4 Asynchrone Zusatzmomente der wichtigsten Ständerschaltungen

Aus Abb. 114 ist ersichtlich, wovon die Größe eines asynchronen Zusatzmomentes abhängt: Größe der Wicklungsströme, Verteilung der Ständerwicklung (Reaktanz X_{hv}) und die Nutschrägung (Reaktanz $X_{\sigma Rv}$). Es gilt daher ganz allgemein, daß die zweipoligen Motoren wegen der größeren Wicklungsströme beim Anzug und Hochlauf mehr als die mehrpoligen gefährdet sind und die übliche Schrägung der Läufernuten sich auf Wellen der höheren Ordnung, das heißt vor allem auf die Nutharmonischen der Ordnung nach Gl. (320), auswirkt. Ansonsten hängt das Auftreten der asynchronen Zusatzmomente von der Ständerschaltung ab.

Die Berechnung des Betriebsverhaltens unter Berücksichtigung der Oberwellen der Wicklungsverteilung ist anhand der im Abschnitt 4.2.3 angegebenen Methode bei allen Schaltungen der Ständerwicklung ohne Schwierigkeiten möglich.

4.2.4.1 Zweisträngiger Kondensatormotor (Abb. 46)

Weil man mit Hilfe des Kondensators eine große Phasenverschiebung der Ströme in beiden Strängen erreicht, sind die Schaltungen mit Kondensator gegen asynchrone Zusatzmomente weniger empfindlich als andere Ständerschaltungen. Es ist daher normalerweise möglich, den Hilfsstrang nur in wenigen Nuten (z. B. $\frac{1}{3}$ der Nutenzahl) ohne Abstufung der Leiterzahlen (Abb. 30) zu verteilen, wobei vor allem die dritte Oberwelle und die Nutharmonischen ein Zusatzmoment produzieren. Abgestufte Wicklungsverteilungen können jedoch die Hochlaufbedingungen noch verbessern und Zusatzverluste beim Dauerbetrieb ein wenig senken. Dabei sollte jedoch nicht vergessen werden, daß größere Ständernutenzahlen günstiger als kleinere sind, aber auch die Frage der Fertigungskosten hier eine wesentliche Rolle spielt.

4.2.4.2 Die Steinmetzschaltung

Die Steinmetzschaltung hat grundsätzlich ähnliche Oberwellenverhältnisse wie die zweisträngige Schaltung. Dies folgt unmittelbar aus der Möglichkeit, diese Schaltung rein rechnerisch (sogar oberwellentreu!) in eine zweisträngige umzuwandeln (siehe Abschnitt 3.6). Die Tatsache, daß bei der symmetrischen Steinmetzschaltung jedoch kein Zusatzmoment der 3. Oberwelle zur Wirkung kommt, folgt unmittelbar daraus, daß dem Sternpunkt kein Strom zugeführt wird (siehe [2, 1, 17]). Zu demselben Ergebnis kommt man anhand des transformierten Schaltbildes (Abb. 96b), in welchem weder der Haupt- noch der Hilfsstrang die dritte Oberwelle erregt. Das verschwindende Zusatzmoment der 3. Oberwelle ist sicher ein Vorteil der Steinmetzschaltung, welcher besonders bei vielpoligen Motoren mit kleiner Nutenzahl pro Pol zur Geltung kommt.

4.2.4.3 Einphasenmotor mit Widerstandshilfsstrang (Abb. 83a)

Wegen der kleinen Phasenverschiebung der Strangströme beim Hochlauf muß man die Leiterzahl des Hilfsstranges klein wählen und einen verhältnismäßig großen Strom im Hilfsstrang zulassen. Dabei dient der Hilfsstrang nur dem Hochlauf und darf nicht zu viel Nutenraum einnehmen. Wenn der Hilfsstrang nur in einem Drittel der Ständernuten verteilt ist, entsteht ein ausgeprägtes asynchrones Zusatzmoment der 3. Oberwelle bei $\frac{1}{3}$ der synchronen Drehzahl (gleiche Eigenschaften hat auch die Schaltung in Abb. 57b). Deswegen verwendet man bei Motoren mit Widerstandshilfsstrang abgestufte Wicklungen mit Überlappung der

Stränge in den Nuten (Abb. 31), so daß beide Stränge in mehreren Nuten verteilt sind. Diese Maßnahme ist besonders bei zweipoligen Motoren zu empfehlen, deren Anzugsströme groß sind.

4.2.4.4 Die T-Schaltung (Abb. 49a und 99b)

Die asynchronen Zusatzmomente der T-Schaltung wurden schon in Abschnitt 3.8.2 als überlagerte Motoren mit anderer Polzahl erklärt und die Wirkungen der Aufteilung des Hauptstranges ausreichend erörtert. Aus Abb. 102b ist ersichtlich, daß in dem T-geschalteten Motor auch Harmonische höherer Ordnung als die Arbeitsgrundwelle vorkommen können. Dann besteht die Gefahr einer Einsattelung der Drehzahl-Drehmoment-Kennlinie, wenn die Kapazität für den Hochlauf sehr groß gewählt wird (siehe Abb. 119 und [17]).

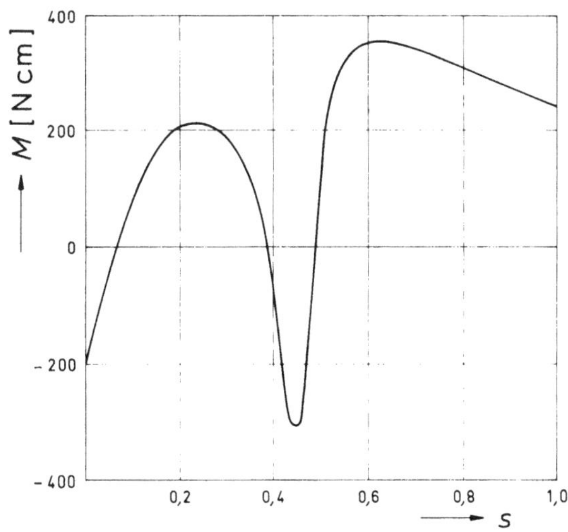

Abb. 119. Einsattelung der Drehmoment-Kennlinie bei der T-Schaltung

Die Berechnung des Betriebsverhaltens unter Berücksichtigung der Wellen anderer Ordnung als p (Subharmonische, wenn $v < 1$, oder Oberwellen, wenn $v > 1$) kann nach der im Abschnitt 4.2.3 beschriebenen Methode ohne Änderungen erfolgen [17].

4.2.4.5 Der Spaltpolmotor

Die im Abschnitt 4.2.3 angegebenen Gln. (325) bis (329) mit einbezogenen Oberwelleneinflüssen kann man als Verallgemeinerung der Gln. (306) bis (315) betrachten, so daß sich eine neue Herleitung für den Spaltpolmotor erübrigt. Weil man nach Abschnitt 3.9.3 auch den Stufenpol, die Pollücken und die magnetischen Spannungen im Eisen durch zusätzliche Windungen ersetzen kann, ist die Anzahl der mathematisch eingeführten Stränge von dem gewählten Modell des Motors abhängig und kann wesentlich größer als die Anzahl der wirklichen Wicklungsteile sein.

Wegen der komplizierten inneren Zusammenhänge kann man den Einfluß der zahlreichen Parameter nur an durchgerechneten Beispielen demonstrieren, wie sie in Abb. 120 bis 122 dargestellt sind. Es handelt sich um Drehzahl-Drehmoment-Kennlinien eines Spaltpolmotors in der symmetrischen Ausführung nach Abb. 104a mit folgenden Daten: Bohrungsdurchmesser $d = 31,3$ mm, Paketlänge $l = 30$ mm, Luftspaltbreite $\delta = 0,3$ mm, Lage der Kurzschlußbügel $\alpha_{B2} = -24°$, $\alpha_{C2} = -59°$ (siehe Abb. 113a). Für die Untersuchung der Parametereinflüsse wurde ein Modell mit 6 Ständersträngen (Abb. 113b) gewählt, von welchen der Strang E die Pollücken ($\alpha_{E1} = 4°$, $\alpha_{E2} = -4°$) und der Strang D eine Vergrößerung des Luftspaltes unter der Auflaufkante ($\Delta\delta_D = 0,3$ mm zwischen $\alpha = 0$ und $\alpha = \alpha_{D2} = 60°$) darstellen. Als Strang D wurde daher für die Analyse der Parametereinflüsse anstatt der Sättigungszone Q (Abb. 107a) ein geometrisch besser definierbarer Stufenpol eingeführt. Der sechste Strang F wurde nach Abb. 113b für die Berücksichtigung der Vergrößerung des effektiven Luftspaltes im Bereich der Spaltpolnuten unter der Ablaufkante der Pole ausgenutzt ($\Delta\delta_F = 0,15$ mm, $\alpha_{F1} = 0$, $\alpha_{F2} = -60°$). Für diesen Motor wurden alle notwendigen Impedanzen des Gleichungssystems (325) berechnet und anhand von Messungen korrigiert. Die erhaltene Drehzahl-Drehmoment-Kennlinie, in allen Abb. 120 bis 122 mit dicker Linie gezeichnet, dient als Bezugskurve für alle dargestellten Untersuchungen der Parametereinflüsse[1].

Abb. 120a zeigt den Einfluß der Änderung von Hauptreaktanzen X_{hv} (Abb. 118), welche von der Luftspaltbreite und der Sättigung des magnetischen Kreises abhängen. Die vorher berechneten Hauptreaktanzen der berücksichtigten Raum-

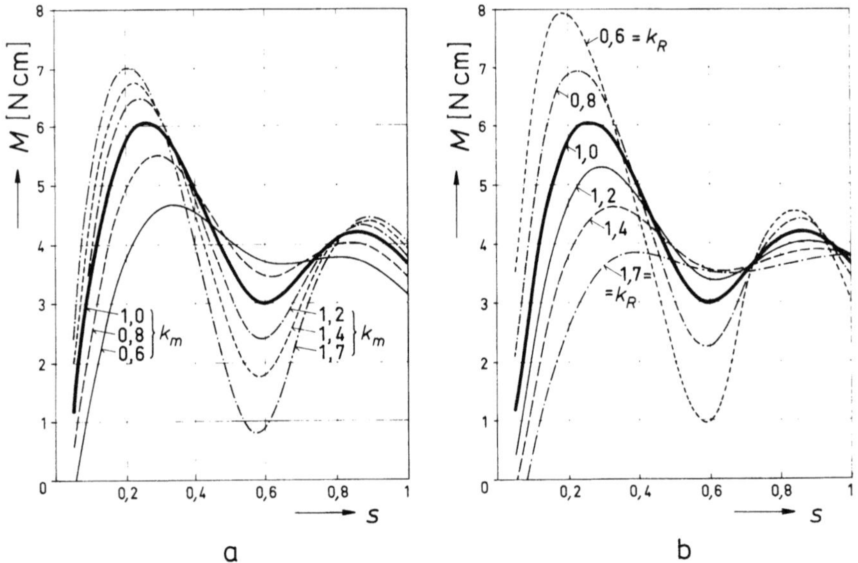

Abb. 120. Einfluß der Luftspaltgröße (a) und des Läuferwiderstandes (b)

---

[1] Mit Genehmigung des Verlages Hemisphere Publishing Corporation sind Abb. 113, 120, 121, 122 aus Arbeit [23] übernommen worden.

wellen ($v = 1$ bis 7) wurden schrittweise mit dem Faktor k_m multipliziert und die Kennlinien in Abb. 120a berechnet. Man sieht, daß eine Verkleinerung des Luftspaltes zwar eine Vergrößerung des Kippmomentes, aber auch des Sattelmomentes der dritten Oberwelle zur Folge hat.

Besonders wichtig ist die in Abb. 120b dargestellte Abhängigkeit des Drehmomentes vom Läuferwiderstand. Die für alle berücksichtigten Wellen des Luftspaltfeldes berechneten Läuferwiderstände R_{R_v} (Abb. 118) wurden mit dem Faktor k_R multipliziert. Man sieht in Abb. 120b, daß der Läuferwiderstand das Kipp- und Sattelmoment wesentlich mehr als das Anzugsmoment beeinflußt und es nicht möglich ist, das Anzugsmoment durch Anhebung des Läuferwiderstandes zu vergrößern. Damit hängt auch ein großer Einfluß der Läufertemperatur auf das Kippmoment zusammen.

Das Anzugsmoment hängt ganz wesentlich von dem Querschnitt der Kurzschlußbügel ab. Für die Berechnung der Kennlinien in Abb. 121a wurden die Widerstände der beiden Kurzschlußbügel mit dem Faktor k_S multipliziert. Für den vorliegenden Motor scheinen die kleinsten Widerstände am besten zu sein; es gilt jedoch nicht allgemein. In manchen Fällen ergeben dünne Kurzschlußbügel bessere Ergebnisse, und es gibt immer ein Optimum, welches von anderen Parametern abhängt. Man darf auch nicht vergessen, daß der Querschnitt der Kurzschlußbügel einen großen Einfluß auf die Gesamtverluste hat.

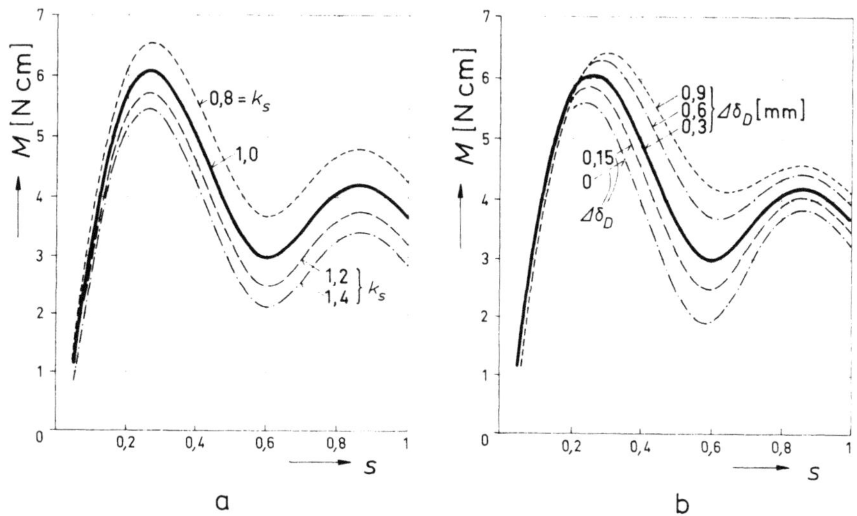

Abb. 121. Einfluß der Widerstände von Kurzschlußbügeln (a) und der Größe des Luftspaltes unter der Auflaufkante (b)

Abb. 121b zeigt den positiven Einfluß der Stufenpole. $\Delta\delta_D$ bedeutet die Vergrößerung des Luftspaltes unter der Auflaufkante. Man sieht, daß die Stufenpole im ganzen Hochlaufbereich die Drehzahl-Drehmoment-Kennlinie verbessern. Dies gilt allgemein für das Anzugsmoment und das Sattelmoment der 3. Oberwelle. Das Kippmoment muß jedoch nicht immer durch Stufenpole vergrößert werden; es hängt von anderen Parametern ab.

Ebenso wie die Vergrößerung des Luftspaltes unter der Auflaufkante (Stufenpol) günstig ist, ist eine ähnliche Vergrößerung $\Delta\delta_F$ des Luftspaltes unter der Ablaufkante schädlich (Abb. 122a). Man kann jedoch diesen negativen Einfluß nie völlig ausschließen (Spaltpolnuten, Sättigung). Dieser Einfluß hängt direkt mit der ungünstigen Wirkung der Pollücken zusammen (Abb. 122b).

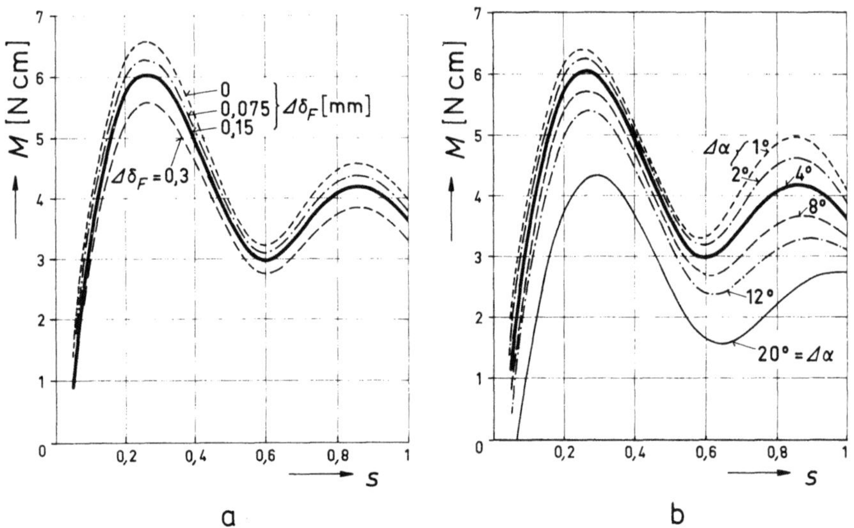

Abb. 122. Schädliche Beeinflussungen der Drehmomentkurve; a) Luftspaltvergrößerung unter der Ablaufkante; b) Lücken zwischen den Polen ($\Delta\alpha$ ist der räumliche Winkel des Polbogens mit vergrößertem Luftspalt 2,6 mm)

Bei rechnerischen Untersuchungen von Spaltpolmotoren vergißt man meistens den großen Einfluß der Pollücken auf das Verhalten des Motors. Die Sättigung der Polkanten verstärkt diesen Einfluß erheblich. Die Kurven in Abb. 122b demonstrieren die Wirkung der Vergrößerung des Luftspaltes in der Querachse um $\Delta\delta = 2{,}6$ mm. Es ändert sich der Raumwinkel $\Delta\alpha$ der Zone mit größerem Luftspalt. Mit der Breite der Pollücken wachsen auch wesentlich die Verluste des Motors [23]. Es ist daher überhaupt nicht möglich, die Untersuchung des Motors im Leerlauf ohne Berücksichtigung der Pollücken auszuwerten und aus dieser Messung irgendwelche Schlüsse bezüglich der Eisenverluste zu ziehen [50].

4.3 Synchrone Oberwellenmomente

Ebenso wie man sich die asynchronen Zusatzmomente als die dem Grundwellenmotor überlagerten Asynchronmaschinen höherer Polzahl vorstellt, kann man auch die Entstehung von synchronen Oberwellenmomenten durch die der Grundwellenmaschine überlagerten Synchronmaschinen veranschaulichen, deren Läuferstromsysteme nicht wie bei der Asynchronmaschine von den Ständerstrombelagswellen gleicher Ordnung abhängen [1]. Obwohl es nicht möglich ist, die synchronen Zusatzmomente wegen der Querströme in gegossenen Läuferwicklungen (siehe Abschnitt 4.7) verläßlich zu berechnen, darf der physikalische

Hintergrund der synchronen Momente nicht außer acht gelassen werden. Dazu ist jedoch die übliche, auf der Fourier-Analyse aufgebaute Betrachtungsweise wenig anschaulich, und man muß die Wirkungen der einzelnen Nuten verfolgen.

In Abb. 123 sind zwei Läuferlagen angedeutet, bei welchen entweder ein Läuferzahn (Abb. 123a) oder eine Läufernut der dargestellten Ständernut a gegenüber steht. Wenn in der Ständernut a Strom fließt, sind die anliegenden Ständerzähne z_1, z_2 wie Pole eines Elektromagnets erregt und bestrebt, den am nächsten liegenden Läuferzahn in die Lage nach Abb. 123a zu bringen, damit sich der Fluß Φ_a möglichst stark entwickeln kann. In Abb. 123b könnte sich dieser Fluß nur unter der Nut a' durch den Läufer schließen, aber der Wechselstrom des in dieser Nut liegenden Stabes würde diesen Fluß unterdrücken, weil die Läuferwicklung kurz geschlossen ist und ihr Wirkwiderstand bei Überlegungen über synchrone Momente gleich Null gesetzt werden darf [1]. Es ist daher ersichtlich, daß die stromdurchflossene Ständernut a bestrebt ist, den dargestellten Läuferzahn in der

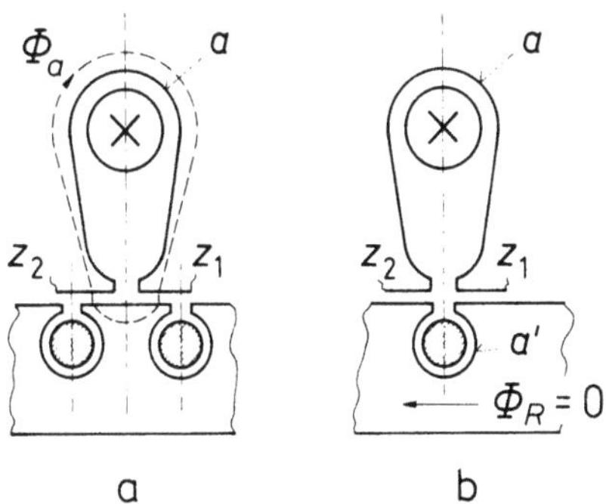

Abb. 123. Abhängigkeit der magnetischen Flußverkettung einer Ständernut von der Läuferlage

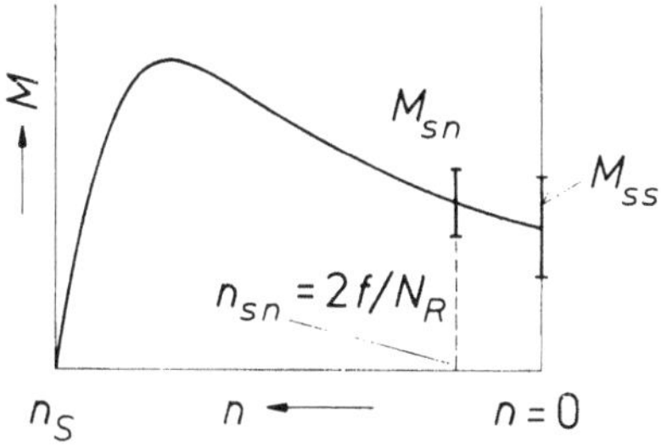

Abb. 124. Synchrone Zusatzmomente der Oberwellen

Lage in Abb. 123a zu halten, wenn er beim Anzug des Motors in Bewegung gesetzt werden soll. Es entsteht ein synchrones Zusatzmoment M_{ss} bei Stillstand (Abb. 124). Dieses „Kleben" des Läufers ist besonders stark, wenn die in Abb. 123a dargestellte Situation gleichzeitig an mehreren Stellen des Umfanges entsteht, und am stärksten bei Gleichheit der Nutenzahlen des Ständers und Läufers. Es gilt daher für die Wahl der Nutenzahlen ganz allgemein die wichtigste Bedingung

$$N_S \neq N_R, \tag{330}$$

weil bei gleichen Nutenzahlen das Zusatzmoment M_{ss} größer als das Anzugsmoment der Grundwelle ist und so der Hochlauf des Motors ganz verhindert wird.

Wesentlich weniger gefährlich als die Gleichheit der Nutenzahlen ist die Teilbarkeit der Läufernutenzahl durch die Polzahl. Sie bedeutet, daß unter $2p$-Polen die gegenseitige Lage der Ständer und Läufernuten gleich ist und mögliche Klebeerscheinungen unter einem Pol auf das $2p$-fache vergrößert werden. Weil die Ständernutenzahl praktisch immer durch die Polzahl teilbar ist, entsteht die gefährlichste Situation dieser Art, wenn die Differenz der Nutenzahlen der Polzahl gleicht. Es sollte daher neben der Gl. (330) auch die Bedingung

$$|N_R - N_S| \neq 2p \tag{331}$$

erfüllt sein, wenn auch im anderen Fall nicht unbedingt ein gefährliches Zusatzmoment entstehen muß. Das synchrone Zusatzmoment bei Stillstand wird nämlich ganz wesentlich durch die Nutschrägung unterdrückt. Deswegen sollte man diese Gefahren nicht überschätzen und eine gewisse gemeinsame Teilbarkeit der Nutenzahlen am Ständer und Läufer nicht unbedingt ausschließen. Es kommen zwar tatsächlich Primzahlen als Läufernutenzahlen in den Fällen vor, wenn der Unterdrückung der synchronen Zusatzmomente der absolute Vorrang eingeräumt wird (z. B. bei zweipoligen Spaltpolmotoren). Die ungeraden Nutenzahlen des Läufers sind jedoch ungünstig bezüglich der Rüttelkräfte und Geräusche, wie es näher im Abschnitt 4.5 erklärt wird, und von diesem Standpunkt gesehen erscheint die gemeinsame Teilbarkeit der Nutenzahlen als günstig. Eine folgerichtige Bekämpfung der synchronen Momente bei Stillstand ist außerdem unmöglich, weil die für einen symmetrischen Läufer hergeleiteten Bedingungen ihre Gültigkeit weitgehend verlieren, wenn es sich um gegossene Käfige mit unsymmetrisch verteilten Querströmen handelt (siehe Abschnitt 4.7). Das gilt vor allem für frisch hergestellte Läufer; die Alterung hat normalerweise eine Abnahme der Zusatzmomente bei Stillstand zur Folge. Beim Entwurf eines neuen Motors sollte bedacht werden, daß größere Nutenzahlen des Ständers und Läufers bezüglich der synchronen Momente günstig sind. Mit wachsender Ständernutenzahl sinken die Nutdurchflutungen, von welchen die Momente quadratisch abhängen. Größeren Läufernutenzahlen entsprechen kleinere Zahnbreiten, welche für die Größe des Flusses Φ_a in Abb. 123a maßgebend sind.

Eine wesentlich kleinere Bedeutung als die synchronen Zusatzmomente bei Stillstand haben die synchronen Zusatzmomente M_{sn} bei Lauf (Abb. 124). Diese Momente sind am stärksten, wenn die Ordnungszahl einer der Nutharmonischen des Ständers mit der Ordnungszahl einer der Nutharmonischen des Läufers übereinstimmt (siehe Abschnitt 8.1.4 und [1])[1]. Dieser Fall tritt nicht ein, wenn man bereits die erwähnte Bedingung (331) einhält. Der physikalische Hintergrund, aus welchem sich auch die Drehzahl

---

[1] Eine ausführlichere, unter Berücksichtigung der Nutöffnungen durchgeführte Analyse zeigt jedoch, daß den entscheidenden Anteil der synchronen Momente nicht die Nutharmonischen selbst sondern die sogenannten Differenzfelder verursachen, welche in diesem Fall die gleiche Ordnung wie die Arbeitsgrundwelle haben ([27], [49]).

$$n_{sn} = \pm\, 2f/N_R \tag{332}$$

ergibt, bei welcher das Zusatzmoment auftritt, ist aus Abb. 125 ersichtlich. In dem dargestellten Fall ist die Bedingung (331) nicht erfüllt, das heißt die Differenz der Nutenzahlen ist gleich der Polzahl ($2p = 4$), so daß die Nutenzahl je Polteilung am Läufer

$$\frac{N_R}{2p} = \frac{N_S + 2p}{2p} = \frac{N_S}{2p} + 1$$

um 1 größer als am Ständer ist. Weil die Ständernutenzahl durch die Polzahl teilbar ist, gilt es auch für den Läufer, und man sieht, daß die den einzelnen Polen entsprechenden Nutengruppen am Ständer und Läufer gleiche gegenseitige Lage gleichzeitig besitzen. Die Zusatzmomente, welche die einzelnen Nuten einer dieser Polgruppen nach Abb. 123 erzeugen, ergeben ein resultierendes Drehmoment der Gruppe, welches auch gleichzeitig von anderen Polgruppen hervorgerufen wird. Diese Momente ziehen den Läufer in eine bestimmte Lage gegenüber den stromführenden Ständernuten (z. B. Abb. 125).

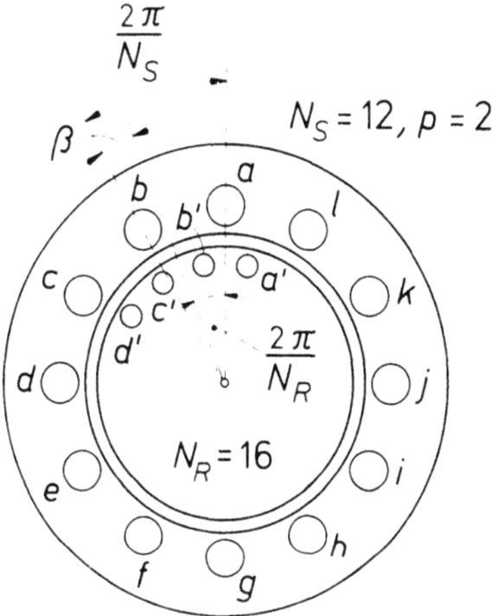

Abb. 125. Entstehung der synchronen Momente bei Lauf

Das Maximum der Nutdurchflutung verschiebt sich jedoch entsprechend der umlaufenden Arbeitsgrundwelle am Umfang, so daß nach einem Sechstel der Stromperiode nicht mehr die Ständernut a (Abb. 125), sondern die Nut b die größte Durchflutung erhalten soll und der Läufer bestrebt sein wird, gegenüber der Nut b dieselbe Lage wie vorher gegenüber der Nut a einzunehmen. Weil alle Läuferstäbe gleichwertig sind, muß sich der Läufer nicht um die ganze Ständernutteilung, sondern nur um die *Differenz* der Nutteilungen drehen, damit die Läufernuten c', b' symmetrisch zu der Achse der Ständernut b stehen. Daraus ergibt sich das Verhältnis der Sattel-Drehfrequenz des Läufers n_{sn} und der Drehfrequenz des Kreisfeldes n_S zu (siehe Abb. 125)

$$\frac{n_{sn}}{n_S} = \frac{2\pi/N_S - 2\pi/N_R}{2\pi/N_S} = \frac{N_R - N_S}{N_R}.$$

Weil dabei $N_R - N_S = 2p$ angenommen wurde und für die Drehfrequenz des Ständerkreisfeldes $n_S = f/p$ gilt, kann man die Drehfrequenz, bei welcher das synchrone Moment auftritt, schreiben

$$n_{sn} = n_S(N_R - N_S)/N_R = 2f/N_R,$$

das heißt Gl. (332).

Es sollte erwähnt werden, daß das beschriebene Prinzip der Entstehung eines synchronen Drehmomentes auch in sehr kleinen, langsam laufenden Synchronmotoren ausgenutzt wird.

Wie schon erwähnt, sind die synchronen Zusatzmomente bei Lauf wesentlich weniger gefährlich als die synchronen Momente bei Stillstand. Wenn man die Bedingung (331) einhält und der Läufer geschrägte Nuten hat, wird man bei der Drehzahl nach Gl. (332) kaum ein Zusatzmoment finden.

4.4 Pendelmomente

Als Pendelmoment bezeichnet man ein Drehmoment, welches periodisch in der positiven und negativen Drehrichtung wirkt und dessen Mittelwert verschwindet. Bei symmetrisch gespeisten Asynchronmaschinen können die Pendelmomente nur durch Wirkungen von Oberwellen entstehen; bei Einphasenasynchronmotoren auch von der Grundwelle.

4.4.1 Pendelmomente der Arbeitsgrundwelle

Die bisherige Theorie ging von symmetrischen Maschinen aus, deren Arbeitsgrundwelle ohne Änderung der Amplitude umläuft und daher auf den Läufer ein konstantes Drehmoment ausübt. Mit der Methode der symmetrischen Komponenten, welche auf der Überlagerung von symmetrisch gespeisten Maschinen beruht, kann man daher auch nur zeitlich konstante, mittlere Drehmomente

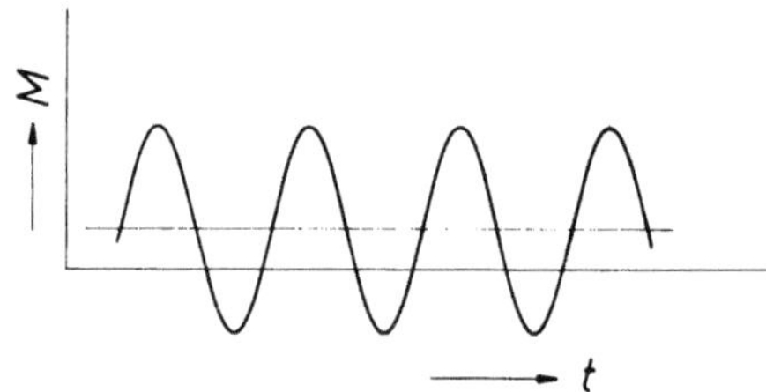

Abb. 126. Pendelmomente der Arbeitsgrundwelle im einsträngigen Einphasenmotor

ermitteln. In Einphasenmotoren mit elliptischem Drehfeld ändert sich die Größe, Umlaufgeschwindigkeit und daher auch das Drehmoment der Arbeitsgrundwelle, welches mit der doppelten Netzfrequenz schwankt. Das Pendelmoment ist am stärksten in einsträngigen Einphasenmotoren (Abb. 126), und zwar größer als das mittlere Moment, so daß das resultierende Moment in gewissen Zeitpunkten gleich Null oder negativ ist (siehe Abschnitt 8.3).

4.4.2 Pendelmomente der Oberwellen

Die Pendelmomente der Oberwellen treten immer auf, wenn der Motor bei einer Drehfrequenz synchrone Zusatzmomente aufweist und der Läufer sich mit einer anderen Geschwindigkeit dreht. Es ist z. B. gleich aus den Überlegungen über das „Kleben" des Läufers (Abschnitt 4.3) ersichtlich, daß das Drehmoment beim Anlauf schwanken muß, wenn das Anzugsmoment von der augenblicklichen Läuferlage abhängt. Die Pendelmomente gehören zu den Krafterscheinungen, welche mechanische Schwingungen anregen können. Lästige Geräusche entstehen jedoch normalerweise erst dann, wenn eine der Eigenfrequenzen der Konstruktion in der Nähe der Erregerfrequenz liegt.

4.5 Radiale Zugkräfte

Das radiale magnetische Feld im Luftspalt hat auch einen magnetischen Zug zur Folge, welcher bestrebt ist, den Luftspalt zu verkleinern und die Oberfläche der Bohrung und des Läufers aneinander zu ziehen. Entsprechend der Feldverteilung im Luftspalt sind diese Kräfte nicht gleichförmig am Umfang verteilt und verursachen kleine periodische Verformungen der Konstruktion und Körperschall. Die Analyse dieser elektromechanischen Vorgänge gehört zu dem Gebiet der Oberwellentheorie; man kann jedoch die für die Kleinmotoren wichtigsten Zusammenhänge einfacher verständlich machen [1, 29].

Schon aus Abb. 123 muß klar gewesen sein, daß der Fluß Φ_a neben der Drehmomentbildung auch eine radiale Zugkraft hervorruft. In Abb. 127 sind nun drei Situationen angedeutet, aus welchen die Entstehung des einseitigen Zuges zwischen Ständer und Läufer ersichtlich ist. Die Nutenzahl des Ständers ist immer gerade, und so sieht man in Abb. 127a, daß beim zentrisch gelagerten Läufer mit gerader Nutenzahl kein resultierender einseitiger Zug zwischen dem Ständer und Läufer entstehen kann, weil die Kräfte F_{S1} und F_{S2}, welche auf den Ständer wirken, gleich groß sind. Bei ungerader Läufernutenzahl (Abb. 127b) steht jedoch auf der einen Seite ein Läuferzahn und auf der anderen Seite eine Läufernut den Ständernuten gegenüber, so daß die nicht kompensierte Kraft F_{S1} bestrebt ist, die Welle durchzubiegen und den Läufer einseitig an die Bohrungsoberfläche anzuziehen. Diese Kraft ändert sich periodisch nicht nur mit dem Ständerstrom,

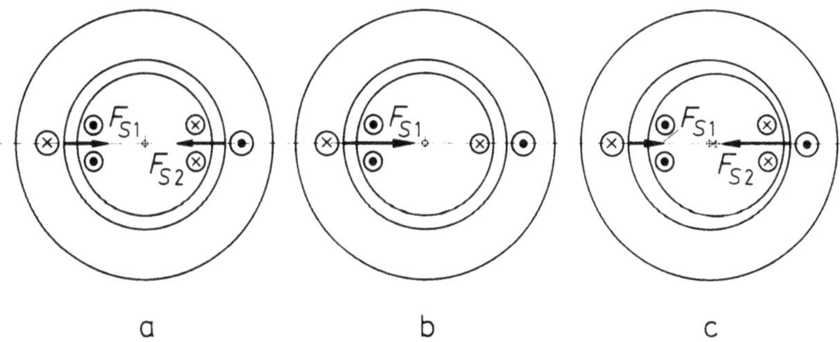

Abb. 127. Radiale Zugkräfte im Luftspalt; a) gerade Läufernutenzahl; b) ungerade Läufernutenzahl; c) exzentrische Lagerung des Läufers

sondern auch mit der Frequenz der an der Ständernut vorbeilaufenden Zähne und Nuten, so daß das aus Ständer und Läufer bestehende elastische Zweimassensystem in Schwingungen gebracht werden kann, insbesondere wenn diese in der Nähe seiner Eigenfrequenz liegt (normalerweise 500 bis 1000 Hz). Die Neigung zu Geräuschen ist daher bei ungeraden Nutenzahlen größer. Man darf jedoch diesen Zusammenhang nicht überschätzen, weil vor allem die Resonanzen für die resultierende Auswirkung der Kräfte maßgebend sind und bei exzentrischer Lagerung des Läufers (Abb. 127c), welche nie völlig ausgeschlossen werden kann, auch bei gerader Nutenzahl ein gewisser einseitiger Zug entsteht.

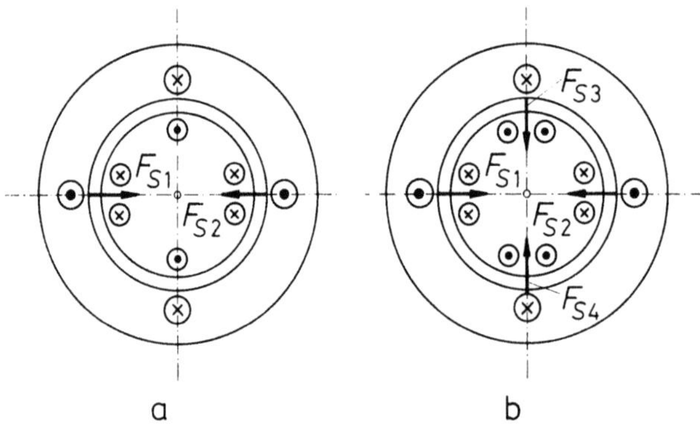

Abb. 128. Radiale Zugkräfte als Ursache der Verformung des Ständerblechpakets; a) elliptische Verformung ($r = 2$); b) Ordnung $r = 4$

Die einseitigen magnetischen Züge sind jedoch nicht die einzigen möglichen Wirkungen der Radialkräfte, welche von der Läufernutenzahl abhängen. In Abb. 128a ist eine vierpolige Anordnung angedeutet, deren Radialkräfte bestrebt sind, den Ständer elliptisch zu verformen. Wenn jedoch die Läufernutenzahl durch vier (Polzahl) teilbar ist (Abb. 128b), sind die Kräfte unter allen Polen gleich, und die in Frage kommende Verformung des Ständers ist nur von einer höheren Ordnung, für welche auch die Eigenfrequenz des Ständerpakets höher liegt. Deswegen empfiehlt man in gewissen Literaturquellen die Läufernutenzahlen, welche durch die Polzahl teilbar sind. Aus dem Vergleich mit Abschnitt 4.3 ist jedoch ersichtlich, daß diese Empfehlung genau den Bedingungen für Unterdrückung der synchronen Momente widerspricht und daß man die Läufernutenzahl nicht gleichzeitig nach synchronen Zusatzmomenten und radialen Zugkräften optimal entwerfen kann. Es wäre sicher möglich, verschiedene Maßnahmen für die Unterdrückung der beschriebenen parasitären Erscheinungen noch gründlicher zu erörtern; man muß jedoch bedenken, daß die durch Querströme verursachten Läuferunsymmetrien die Bedeutung der theoretischen Ergebnisse noch ganz wesentlich vermindern (siehe Abschnitt 4.7). Bei der elliptischen Verformung liegen die Eigenfrequenzen des Ständerpakets meistens zwischen 1000 Hz und 3000 Hz; bei Verformungen höherer Ordnung noch höher.

4.6 Einfluß der Nutöffnungen

Die einfachste Berücksichtigung der Nutöffnungen in der Berechnung der elektrischen Maschinen stellt der Cartersche Faktor dar (siehe [10] und Abschnitt 6.1.8.1), um welchen die geometrische Luftspaltbreite vor der Einführung in die Formeln vergrößert wird. Diese Annahme eines zwar vergrößerten, aber sonst gleichförmigen Luftspaltes ist bei einfachen, auf der Arbeitsgrundwelle aufgebauten Berechnungen zulässig; bei Berücksichtigung von Oberwellen ist sie jedoch grundsätzlich falsch und macht die auf diese Weise aufgebauten Berechnungen der Oberwellenmomente wertlos. Der Grund besteht nämlich darin, daß die Wirkungen der Nutharmonischen der Ordnung

$$v'_{nS} = pv_{nS} = N_S \pm p \tag{333}$$

durch die Nutöffnungen um ein Vielfaches verstärkt werden können. Es wurde zwar in [27] gezeigt, daß sich an dieser Wirkung sowohl die Nutöffnungen des Ständers als auch die des Läufers beteiligen und besonders die Wirkung der größeren Nutöffnungen am Ständer wichtig ist; es ist jedoch wesentlich einfacher, diesen Einfluß anhand der einseitigen Läufernutung zu erklären [24].

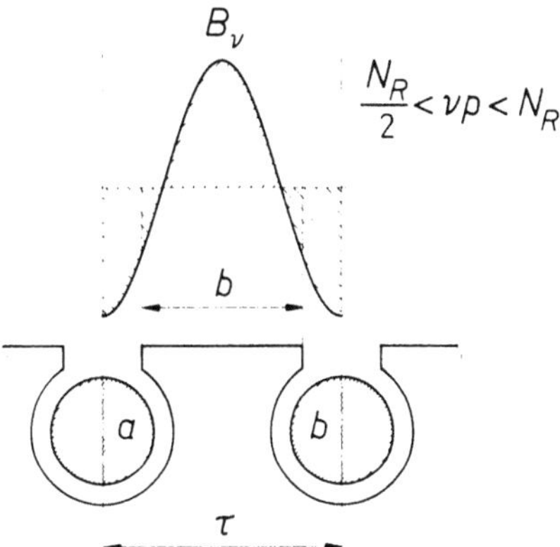

Abb. 129. Einfluß der Nutöffnungen des Läufers auf die asynchronen Oberwellenmomente

In Abb. 129 sind drei Läuferzähne und eine vom Ständer erregte Induktionswelle B_ν dargestellt, welche in der angedeuteten Lage die größte Verkettung mit der aus den Stäben a und b bestehenden Läufermasche hat. Wenn man die Nutöffnungen vernachlässigt, ist diese Verkettung gleich der Differenz der schraffierten Flächen über und unter der Nullinie, und man kann für den Fluß des mittleren Zahnes schreiben

$$\Phi \sim \int_{-\pi/N_R}^{\pi \cdot N_R} \cos(\nu p \alpha)\, d\alpha = \frac{2}{\nu p} \sin(\nu p \pi / N_R). \tag{334}$$

Wenn man jedoch die Nutöffnungen berücksichtigt und der Einfachheit halber annimmt, daß die magnetische Flußdichte über der Nutöffnung ganz verschwindet, verkleinert sich die negative, unter der Nullinie liegende schraffierte Fläche, und man kann für den Zahnfluß schreiben

$$\Phi' \sim \int\limits_{-(b/\tau)(\pi/N_R)}^{(b/\tau)(\pi/N_R)} \cos(vp\alpha)\,d\alpha = \frac{2}{vp}\sin\left(\frac{b}{\tau}\,\frac{vp\pi}{N_R}\right). \tag{335}$$

Aus dieser Beziehung sowie aus Abb. 129 ist ersichtlich, daß die Nutöffnungen die Verkettung der dargestellten Welle mit dem Läuferkäfig um den Faktor

$$\frac{\Phi'}{\Phi} = \frac{\sin[v\pi bp/(\tau N_R)]}{\sin(v\pi p/N_R)} \tag{336}$$

vergrößern.

Das Verhältnis τ/b kann annähernd durch den Carterschen, für den Läufer berechneten Faktor ersetzt werden (siehe Abschnitt 6.1.8.1 und [26, 38]), der auch die bisher vernachlässigten Randflüsse an den Zahnkanten berücksichtigt. Man verwendet jedoch normalerweise den *resultierenden* Carterschen Faktor k_C, um auf diese Weise annähernd auch den Einfluß der Ständernuten mitzuberücksichtigen [28, 38].

Die eben erhaltene Vergrößerung der Flußverkettung entspricht einer Vergrößerung der Gegeninduktivität zwischen Ständer und Läufer für die betrachtete Welle und daher auch einer Vergrößerung der zugehörigen Hauptreaktanz im Ersatzschaltbild. Die Vergrößerung des Zahnflusses nach Gl. (336) geht von dem geometrischen Luftspalt aus (Abb. 129), wogegen die Hauptreaktanzen der Einzelwellen nach Gl. (382) aus dem mit dem Carterschen Faktor korrigierten Luftspalt berechnet werden. Es gilt daher für die Vergrößerung der Hauptreaktanzen im Ersatzschaltbild der Faktor

$$k_{nv} \approx k_C \frac{\Phi'}{\Phi} = \frac{k_C \sin[v\pi p/(k_C N_R)]}{\sin(v\pi p/N_R)}. \tag{337}$$

In Abb. 130 ist die Einführung der korrigierten Hauptreaktanz in das Ersatzschaltbild der v-ten Oberwelle dargestellt. Weil der Übergang von der nicht

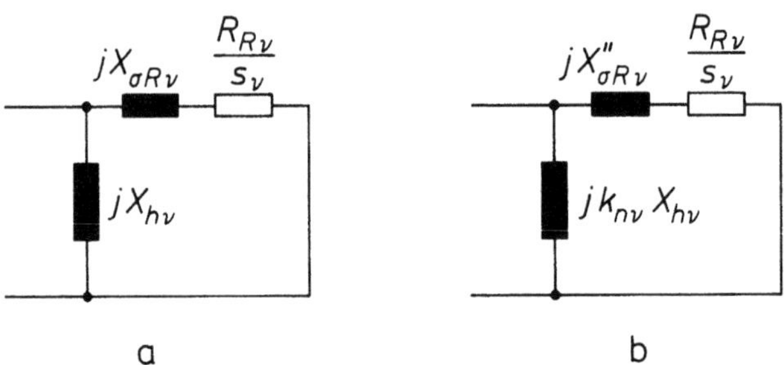

Abb. 130. Berücksichtigung der Nutöffnungen im Ersatzschaltbild

korrigierten Hauptreaktanz (Abb. 130a) zu der korrigierten (Abb. 130b) keine Änderung der Gesamtreaktanz des Läuferkreises zur Folge haben darf, muß gelten

$$X_{\sigma Rv} + X_{hv} = X''_{\sigma Rv} + k_{nv}X_{hv} \qquad (338)$$

und daher auch

$$X''_{\sigma Rv} = X_{\sigma Rv} + X_{hv}(1 - k_{nv}). \qquad (339)$$

Das letzte Glied in Gl. (339) stellt eine Änderung der Streureaktanz dar, welche man bei der Berechnung direkt in die Oberwellenstreuung einbeziehen kann (siehe Abschnitt 6.2, Gl. (428)).

Aus Gln. (337) ist ersichtlich, daß sich der Wert des Faktors k_{nv} in großen Grenzen ändert. Bei

$$vp = v' = k_C N_R \qquad (340)$$

ist er gleich Null, bei

$$vp = v' = N_R \qquad (341)$$

ist er unendlich groß. Weil die Ordnungszahlen der ersten Nutharmonischen der Ordnung nach Gl. (333) den beiden Singularitäten nach Gln. (340) und (341) sehr nahe liegen, ist die Auswirkung der Nutöffnungen bei diesen Wellen besonders groß. Aus Gln. (333) und (340) folgt die Bedingung für die Unterdrückung der Wirkungen der Ständernutharmonischen auf den Läufer (k_C liegt bei kleinen Motoren normalerweise zwischen 1,15 und 1,25)

$$v' = N_S \pm p = k_C N_R \qquad (342)$$

und die dadurch bestätigte Tatsache, daß bei kleineren Nutenzahlen am Läufer ($N_S > N_R$) auch kleinere Zusatzverluste im Läufer und kleinere asynchrone Zusatzmomente der Nutharmonischen zu erwarten sind. Auf der anderen Seite ergeben Gln. (333) und (341) die Bedingung

$$vp = v' = N_S \pm p = N_R \qquad (343)$$

für einen besonders verstärkten Einfluß der Ständernutharmonischen bei kleinen Unterschieden der Nutenzahlen am Ständer und Läufer. Durch dieses Ergebnis wird zwar die in der Literatur weit verbreitete Empfehlung, kleine Nutenzahlunterschiede zu wählen, geschwächt, aber nicht für ungültig erklärt, weil bei kleinen Nutenzahldifferenzen die Oberwellenstreuung des Läufers für die Nutharmonischen des Ständers sehr groß ist. Bei $v' = N_R$ allein (Gl. (343)) können sich die Läuferströme wegen der fehlenden Verbindung der Kurzschlußringe nicht entwickeln. Die Gl. (343) besagt jedoch, daß die Vernachlässigung der Nutöffnungen bei kleinen Nutenzahldifferenzen die Rechenergebnisse in besonders großem Umfang verfälscht [26, 27, 28].

Die Notwendigkeit, die Nutöffnungen in der Berechnung der Oberwelleneinflüsse zu berücksichtigen, bleibt unvermindert auch bei geschrägten Nuten, weil die Querströme (siehe Abschnitt 4.7) die Wirksamkeit der Nutschrägung verringern.

4.7 Querströme in Käfigläufern

In der Theorie und Berechnung von Käfigläufermotoren wird meistens angenommen, daß die Läuferströme nur in dem Käfig selbst fließen. Diese Annahme wäre richtig, wenn der Läuferkäfig gegen das Läufereisen wirksam isoliert wäre, was wegen zu hoher Kosten in der Serienproduktion praktisch nicht gegeben ist. Die Läuferbleche werden zwar normalerweise nach dem Stanzen geglüht und dabei mit einer dünnen Eisenoxydschicht versehen (siehe Abschnitt 2.1); diese Maßnahme reicht jedoch bei weitem nicht aus, und man muß mit Querströmen rechnen.

4.7.1 Querströme der Arbeitsgrundwelle

Bedeutende Querströme der Arbeitsgrundwelle kommen unabhängig von der Nutschrägung und ausschließlich in Läufern mit sehr dünnen Kurzschlußringen vor [31, 38]. Es handelt sich meistens um polumschaltbare Waschmaschinenmotoren, deren Läuferwiderstand bei der größeren Polzahl wegen der notwendigen Steilheit der Drehzahl-Drehmoment-Kennlinie möglichst klein, aber bei der kleineren Polzahl (vor allem $p = 1$) wegen des geforderten Anzugsmomentes groß sein muß (siehe Abschnitt 6.1.4). Der große Widerstand der Kurzschlußringe führt bei kleinen Polzahlen dazu, daß die Läuferströme nicht nur in den dünnen Kurzschlußringen, sondern auch in den zu diesen parallel verlaufenden Randblechen des Läuferpakets (Abb. 131a) fließen. Dadurch wird der effektive Läuferwiderstand für die Arbeitsgrundwelle verkleinert und die Streureaktanz des Läufers wegen der großen Permeabilität der Bleche vergrößert. Den Einfluß auf die Drehzahl-Drehmoment-Kennlinie sieht man in Abb. 131b.

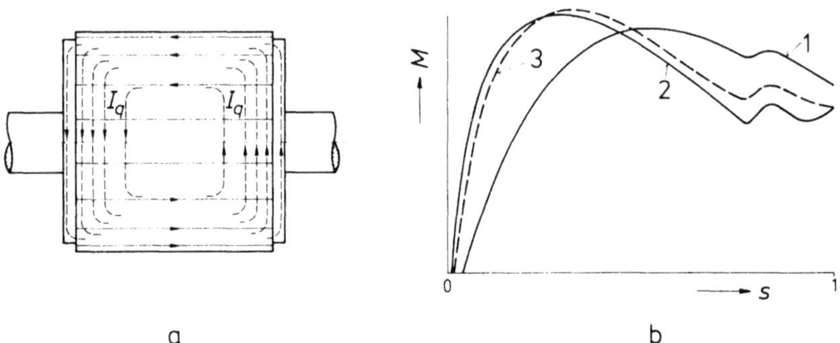

Abb. 131. Querströme der zweipoligen Arbeitsgrundwelle bei dünnen Kurzschlußringen am Läufer; a) Verteilung; b) Einfluß auf die Drehzahl-Drehmoment-Kennlinie (*1* berechnet ohne Querströme; *2* berechnet mit Querströmen; *3* gemessen (nach [38]))

4.7.2 Querströme der Nutharmonischen

Von den Querströmen der Ständeroberwellen sind am wichtigsten die Querströme der Nutharmonischen der Ordnung nach Gl. (333), welche denselben Wicklungsfaktor wie die Arbeitsgrundwelle besitzen, so daß ihre Auswirkungen nur durch Schrägung der Läufernuten eingeschränkt werden können. Die Läufernuten

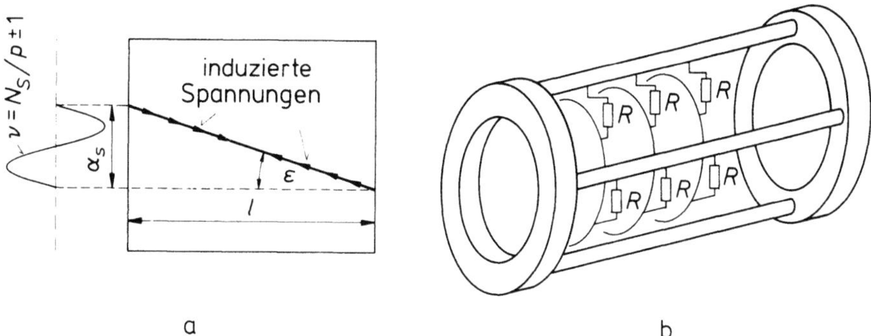

Abb. 132. Einfluß der Nutschrägung beim nicht isolierten Läuferkäfig; a) Spannungen im Läuferstab; b) Läuferbleche als zusätzliche Kurzschlußringe (nach [31])

werden normalerweise um eine Ständernutteilung, das heißt annähernd um die Wellenlänge der Nutharmonischen, geschrägt, damit die in den Läuferstäben induzierten Spannungen verschwinden. Das gilt jedoch nur für den ganzen Stab, in dessen beiden Hälften entgegengesetzte Spannungen induziert werden (Abb. 132a). Weil die Läuferstäbe gegen das Läufereisen nicht ausreichend isoliert sind, wirken die einzelnen Läuferbleche wie zusätzliche, über die ganze Läuferlänge verteilte Kurzschlußringe (Abb. 132b), welche die Entstehung von Strömen ermöglichen, die sich teilweise über die Stäbe und teilweise über das Eisen schließen. Dabei stehen jedoch den Strömen zusätzlich der Übergangswiderstand zwischen Stab und Eisen und die Impedanz des Eisens im Wege, und die effektive Impedanz des Läufers weist einen wesentlich größeren ohmschen Anteil als bei geraden Nuten auf. Die Schrägung der Nuten bei gegossenen Käfigläufern ist daher nur teilweise wirksam und führt dazu, daß die tiefen spitzen Momentensattel der Motoren mit ungeschrägten Nuten nicht beseitigt, sondern nur in weniger tiefe, aber dagegen sehr lang gestreckte Verformungen der Drehzahl-Drehmoment-Kurve verwandelt werden, welche noch bei der Nenndrehzahl eine wesentliche Abnahme des Drehmomentes bedeuten [32, 34]. Die Verbesserung des Hochlaufs bezahlt man mit größeren Verlusten beim Lauf des Motors. Weil man diese Vergrößerung der Verluste durch einfache Motorberechnungen nicht erfassen kann, bezeichnet man sie als Zusatzverluste. Ihr Ursprung blieb jahrzehntelang unklar, weil man nur bei gleichzeitiger Berücksichtigung der Nutöffnungen des Ständers und Läufers (siehe Abschnitt 4.6) die Querströme und ihre Verluste ausreichend genau bestimmen kann [28, 27].

4.7.3 Übergangswiderstand zwischen Käfig und Eisen

Wenn man den Käfigläufer mit Querströmen in das Gleichungssystem des Motors einführen will, braucht man eine Größe, welche die komplizierten Verhältnisse der Querstromentstehung quantitativ erfaßt und die Qualität des Läufers angibt. Dazu verwendet man den mittleren Übergangswiderstand zwischen Käfig und Läufereisen, den man auch als Querwiderstand bezeichnet. Dieser Widerstand ρ_q wird meistens auf 1 cm^2 der Wandfläche der Läufernuten bezogen und in $m\Omega cm^2$ angegeben. Bei kleinen gegossenen, ungeglühten Käfigläufern findet man $\rho_q = 0,3$ bis $2\ m\Omega cm^2$, wobei die niedrigeren Werte für Silumin- und die höheren für Aluminiumläufer genommen werden können. Durch das nachträgliche Glühen der Läufer kann der Querwiderstand auf ein Vielfaches dieses Betrages gebracht werden. Es gibt verschiedene Methoden der Messung des Querwiderstandes [31, 33]. Wenn man den zu prüfenden Läufer nicht beschädigen will, kann man die Kurzschlußringe an mehreren Stellen mit einer und die Welle mit der anderen Klemme einer Gleichstromquelle verbinden und mit zwei an ein Millivoltmeter geschalteten Spitzen den Spannungsabfall zwischen Stab und Eisen an vielen Stellen der Läuferoberfläche messen (offene Nuten) [31]. Der Mittelwert des Spannungsabfalls dividiert durch den Gesamtstrom und multipliziert mit der Gesamtoberfläche aller Läuferstäbe ergibt den gesuchten mittleren Querwiderstand ρ_q. Diese Messung wird erheblich erschwert durch unterschiedliche Übergangswiderstände zwischen den einzelnen Läuferblechen und der Welle.

Die Einführung des auf diese Weise definierten Querwiderstandes ρ_q darf jedoch nicht zu der Annahme führen, daß der Übergang der Ströme vom Käfig ins Eisen gleichmäßig über die Nutwände verteilt ist. In Wirklichkeit handelt es sich um mehrere, ganz ausgeprägte, kleine Kontaktstellen, wo das Käfigmaterial zwischen die Eisenkristalle der Läuferbleche eingedrungen ist und wie verschweißt mit dem Eisen erscheint. Wegen der ganz ungleichmäßigen Verteilung dieser leitenden Stellen entsteht auch eine erhebliche Unsymmetrie der elektromagnetischen Rückwirkungen der gegossenen Läufer, welche eine verläßliche Berechnung der synchronen Zusatzmomente bei Stillstand (siehe Abschnitt 4.3) unmöglich macht und bei Geräuscherscheinungen eine wesentliche Rolle spielen kann.

Für die Praxis ist besonders die Frage wichtig, wie sich die Fertigungstechnik auf die Läuferqualität auswirkt. Dabei muß man getrennt die Qualität der ungeglühten und geglühten Läufer überlegen. Die Qualität der ungeglühten Läufer hängt vor allem von der Qualität der Eisenoxydschicht der Bleche („Blaufilm") und der Bearbeitung der Oberfläche ab (Abschnitt 2.1). Die Tatsache, daß man nachweislich einen guten Läufer durch nachträgliche Behandlung seiner Oberfläche mit Schmirgelpapier in einen schlechten verwandeln kann, sollte nicht so verstanden werden, daß die Verschmierung der Läuferoberfläche bei Bearbeitung mit stumpfen Werkzeugen den entscheidenden Einfluß auf die Läuferqualität hat. Durch zahlreiche Versuche, bei welchen die Läufer schrittweise abgedreht oder geätzt wurden, konnte festgestellt werden, daß der Stromübergang zwischen Käfig und Eisen zu ca. zwei Dritteln tiefer in der Nut liegt und den bereits erwähnten verschweißten Stellen entspricht [31]. Es hat sich dabei auch herausgestellt, daß der Druck des flüssigen Metalls beim Spritzgießen keinen und die Richtung des Grats an den Läuferblechen nur einen mäßigen Einfluß auf die Läuferqualität hat. Eine andere Frage ist jedoch die Wirksamkeit der Glühbehandlung, welche den Querwiderstand vergrößert.

Sofern die Läufer ohne Welle gegossen werden, kann man sie nach der Bearbeitung der Oberfläche im Ofen glühen und durch die Erwärmung, welche unter der Schmelztemperatur des Käfigmaterials liegen muß, eine gewisse Trennung des Käfigs vom Eisen und die damit zusammenhängende Vergrößerung des mittleren Querwiderstandes erreichen. Wenn die Läufer direkt auf der Läuferwelle paketiert werden, verwendet man bei großen Stückzahlen das Induktionsglühen im magnetischen Feld mittlerer oder hoher Frequenz (bis 1 MHz). Dabei wird der Läufer bei langsamer Drehbewegung durch eine aus einer bis drei Windungen bestehende, wassergekühlte Spule des Glühgerätes geschoben, wobei seine Oberflächenschicht in mehreren Sekunden bis auf die Grenze des Auslaufens des Käfigmaterials erwärmt wird, ohne daß dabei die Welle gefährdet wird. Die dritte Möglichkeit der Glühbehandlung des Läufers, welche bei kleinen Stückzahlen von größeren Läufern in Frage kommt, ist das „Abbrennen" des Läufers mit Schweißbrennern. Die besprochenen drei Methoden der thermischen Läuferbehandlung führen zwar nicht immer zu ganz gleichen Ergebnissen; wesentlich größere Erfolgsschwankungen hängen jedoch mit der sehr unterschiedlichen Widerstandsfähigkeit der Läufer gegen die nachträgliche Glühbehandlung zusammen. Auch wenn die meisten Läufer eines bestimmten, serienmäßig produzierten Motors nach einem Glühvorgang ausreichend gute Eigenschaften erreichen, findet man (oft gruppenweise) doch einige darunter, welche erst nach drei Behandlungen verwendet werden können. Die Ursachen der unterschiedlichen Widerstandsfähigkeit der Läufer gegen thermische Nachbehandlung konnten bisher nicht eindeutig geklärt werden. In Abb. 133 sieht man, wie sich die Qualität des Läufers eines einsträngigen Einphasenmotors bei mehrfacher Behandlung schrittweise verbessert.

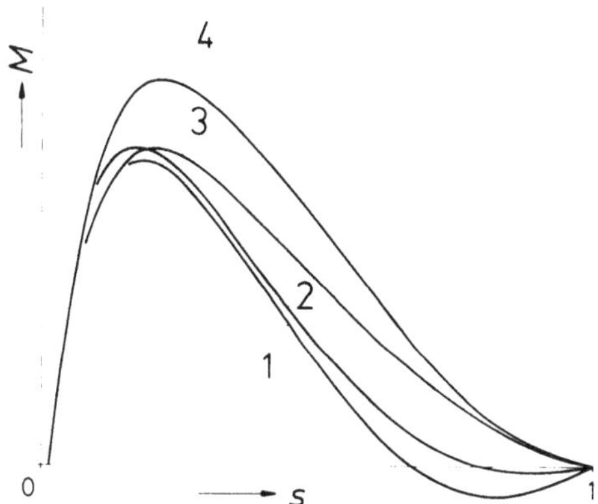

Abb. 133. Verbesserung eines Käfigläufers durch mehrfaches Glühen; *1* ungeglüht; *2* einmal geglüht; *3* zweimal geglüht; *4* dreimal geglüht

Die Möglichkeit, den Läufer durch das Isolieren des Käfigs gegen die Nutwände zu verbessern, haben sich bisher immer als zu teuer erwiesen. Dabei konnte man sich je nachdem, ob man die Querströme der Arbeitsgrundwelle oder der Nutharmonischen unterdrücken will, nur auf Teile der Läuferlänge beschränken. Gegen die Querströme der Arbeitsgrundwelle muß man vor allem die Enden des Läuferpaketes besser isolieren, wobei gegen die Unterdrückung der Oberwellenquerströme vor allem die Isolierung des mittleren Läuferteiles entscheidend ist [51].

4.7.4 Rechnerische Erfassung von Querstromerscheinungen

Für die rechnerische Ermittlung der Querstromerscheinungen hat Rossmeier [33] die Anwendung der Gleichungen einer homogenen Leitung empfohlen. Aufbauend darauf haben sich Schuiski [34] und Weppler [32] bemüht, diese Idee in der praktischen Berechnung von Asynchronmaschinen auszunutzen. Der von Weppler eingeführte, komplexe Schrägungsfaktor stellt eine einfache und elegante Möglichkeit dar, die Querströme in die Gleichungen des Motors einzuführen, ohne daß diese Gleichungen selbst geändert werden müßten. Er ersetzt den bisherigen reellen Schrägungsfaktor (siehe 4.7.4.1) in allen Formeln und macht es möglich, sowohl die Querströme der Arbeitsgrundwelle als auch die der Oberwellen zu berücksichtigen. Der Läufer selbst ist durch den als gleichmäßig verteilt angenommenen, im Abschnitt 4.7.3 besprochenen Querwiderstand ρ_q charakterisiert. Mit Hilfe des komplexen Schrägungsfaktors wurden die Drehzahl-Drehmoment-Kennlinien in Abb. 131b und 134a berechnet. Der Vergleich der berechneten Kennlinien (Abb. 134a) mit den gemessenen (Abb. 134b) bestätigt die Methode ausreichend.

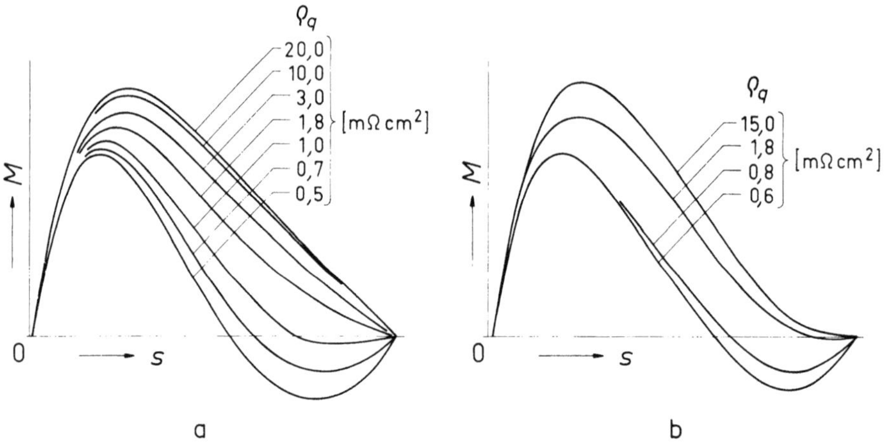

Abb. 134. Einfluß der Größe des Querwiderstandes auf die Drehmomentkurve; a) berechnet; b) gemessen (nach [38])

4.7.4.1 Der reelle und komplexe Schrägungsfaktor

Aus Abb. 132a geht hervor, daß die Nutschrägung die Verkettung der Läuferstäbe mit den Flußwellen des Ständers vermindert. Bei isoliertem Käfig kann man diesen Effekt durch den sogenannten Schrägungsfaktor

$$\chi_v = \frac{\sin(v p \alpha_s/2)}{v p \alpha_s/2} \tag{344}$$

erfassen, wobei α_s den räumlichen Schrägungswinkel (Abb. 132a) darstellt [1]. Unter den im Abschnitt 8.2.1 besprochenen Bedingungen übernimmt dieser Faktor die Rolle des Wicklungsfaktors des Käfigläufers, so daß entsprechend der Umrechnung der Läuferimpedanzen auf den Ständer (Abschnitt 1.6 und 6.2.1) für den Läuferwiderstand der v-ten Welle gilt

$$R_{Rv} \sim 1/\chi_v^2 \tag{345}$$

und als eine Annäherung auch für die Streureaktanz des Läufers geschrieben werden kann

$$X_{\sigma Rv} \sim 1/\chi_v^2. \tag{346}$$

Wenn man nun bei nicht isoliertem Käfig den Schrägungsfaktor $\dot\chi_v$ als eine komplexe Größe in die Berechnung einführt (Abschnitt 8.2.2, und [32]), entsteht aus der Läuferreaktanz teilweise ein Wirkwiderstand und umgekehrt. Der komplexe Schrägungsfaktor hängt nicht nur von der Schrägung α_s und dem Querwiderstand ρ_q, sondern auch von dem Schlupf und geometrischen Abmessungen des

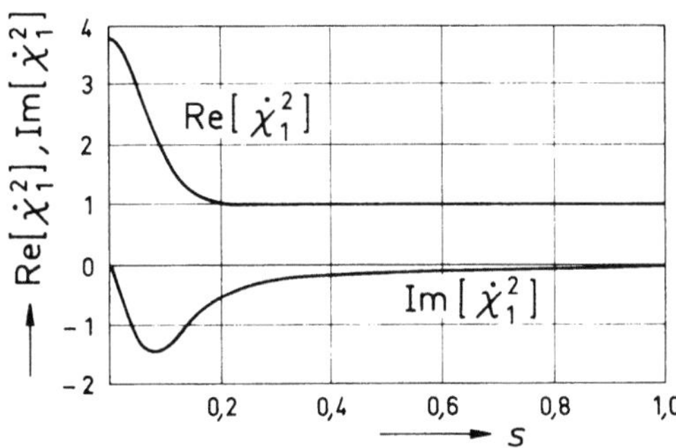

Abb. 135. Abhängigkeit des komplexen Schrägungsfaktors der zweipoligen Arbeitsgrundwelle vom Schlupf bei dünnen Kurzschlußringen am Läufer

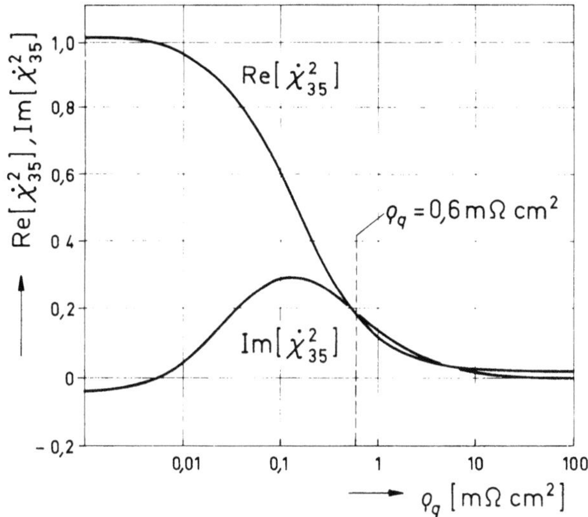

Abb. 136. Abhängigkeit des komplexen Schrägungsfaktors für die Harmonische der Ordnung $v = 35$ vom Querwiderstand ($N_S = 36$, $N_R = 44$)

Läufers ab. In Abb. 135 ist die Abhängigkeit des quadratischen komplexen Schrägungsfaktors χ_1^2 vom Schlupf für die zweipolige Grundwelle eines Waschmaschinenmotors mit dünnen Kurzschlußringen dargestellt. Die Werte größer als 1, welche bei dem reellen Schrägungsfaktor nach Gl. (344) nicht möglich sind, stellen eine Senkung der Läuferimpedanz infolge der zu den dünnen Kurzschlußringen parallel geschalteten Randbleche dar (siehe Abb. 131a). Der negative Imaginärteil bedeutet, daß der große Läuferwiderstand teilweise in eine Zunahme der Läuferreaktanz umgewandelt wird (siehe auch die Kennlinien in Abb. 131b).

Ganz anders wirken sich die Querströme der Oberwellen aus (Abschnitt 4.7.2). In Abb. 136 ist die Abhängigkeit des quadratischen komplexen Schrägungsfaktors χ_{35}^2 für die Nutharmonische der Ordnung $v = 35$ (Motor gleich wie in Abb. 135) von dem Querwiderstand dargestellt. Der Imaginärteil $\mathrm{Im}[\chi_{35}^2]$ ist stets positiv, so daß nach Gl. (346) die (normalerweise große) Streureaktanz des Läufers für die Ständernutharmonischen zum Teil in einen ohmschen Widerstand umgewandelt wird. Man sieht auch, daß der bei dem ungeglühten Läufer dieses Motors festgestellte Querwiderstand $\rho_q = 0,6$ mΩcm^2 schon zu dem fallenden Teil der Kurven in Abb. 136 gehört, so daß eine Vergrößerung des Querwiderstandes eindeutig eine Verbesserung der Läufereigenschaften bedeutet.

4.7.4.2 Einfluß der Baugröße und Läuferlänge

Die in Abb. 136 dargestellte Abhängigkeit des komplexen Schrägungsfaktors vom Querwiderstand weist drei charakteristische Bereiche auf. Bei sehr kleinem Querwiderstand verhält sich der Läufer wie ungeschrägt, bei großem Querwiderstand entspricht der komplexe Schrägfaktor dem reellen, und dazwischen liegt ein durch größere Werte des Imaginärteiles gekennzeichneter Bereich, in welchem die größten Zusatzverluste zu erwarten sind. Der in Abb. 136 dargestellte Verlauf ist charakteristisch für alle Motoren; es ändert sich jedoch die Lage des mittleren Bereiches ganz wesentlich mit der Baugröße und vor allem mit der Läuferlänge (siehe Abb. 137). Mit den zunehmenden linearen Abmessungen des Läufers vergrößert sich nämlich nicht nur die in den einzelnen Stäben induzierte Spannung, sondern auch die Anzahl der leitenden Kontaktstellen zwischen Käfig und Eisen. Der kritische Bereich mit den größten Zusatzverlusten entspricht daher bei größeren Motoren auch größeren Werten des mittleren Querwiderstandes ρ_q. Andererseits, bei sehr kleinen Motoren, deren Bohrungsdurchmesser und Paket-

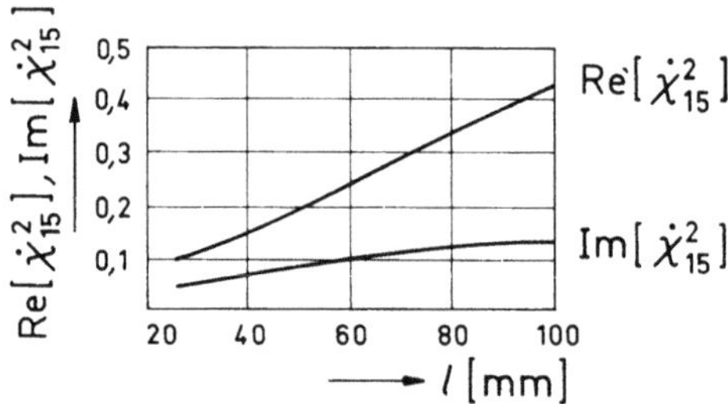

Abb. 137. Einfluß der Läuferlänge auf die Querströme der Ständernutharmonischen ($N_S = 16$, $N_R = 28$)

länge kleiner als ca. 30 mm sind, haben die Querströme bei der üblichen Fertigungstechnik (siehe Abschnitt 4.7.3) einen verhältnismäßig kleinen Einfluß, und man kann mit ungeglühten Läufern auskommen. Bei den Überlegungen über den Einfluß der Querströme darf man jedoch nicht vergessen, daß die Querströme ganz erheblich von der Größe der Nutdurchflutungen am Ständer abhängen und daher vor allem bei kleinen Ständernutenzahlen von zweipoligen Motoren eine große Rolle spielen. Durch Läufernutenzahlen, welche kleiner als die des Ständers sind, kann man den Einfluß der Querströme einschränken, sofern die kleinen Läufernutenzahlen nicht aus anderen Gründen (Schwankung des Anzugsmomentes, Läuferstreuung) ausgeschlossen sind (siehe Abschnitt 4.3). Der Einfluß der Querströme ist sehr groß, wenn die Läufernutenzahl wesentlich größer als die des Ständers ist.

5 Vorläufiger Entwurf des Motors

5.1 Entwurf des magnetischen Kreises

Von den Abmessungen des Motors sind für seine Leistung vor allem der Bohrungsdurchmesser d und die axiale Paketlänge l maßgebend. Bei Drehstrommotoren beschreibt man die gegenseitige Abhängigkeit der Hauptabmessungen d, l, der Drehzahl n und der Leistung P_{imech} mit der Gleichung

$$P_{imech}/n = Cd^2 l, \tag{347}$$

und man kann auch eine ähnliche Abhängigkeit bei Einphasenasynchronmotoren erwarten. Die Ausnutzungsziffer C in Gl. (347) hängt jedoch bei unsymmetrisch ausgeführten Motoren nicht nur von der Materialbeanspruchung, Motorgröße, Schutzart usw., sondern auch von der verwendeten Schaltung der Ständerwicklung, das heißt von der Ausnutzung des Hilfsstranges beim Dauerbetrieb, ab. Man kann daher Gl. (347) für den Entwurf eines neuen Motors vor allem dann verwenden, wenn man schon gewisse Angaben über durchgeführte Motoren ähnlicher Bauart hat. Die meisten, in großen Stückzahlen produzierten Motoren sind nämlich Einbaumotoren, welche den spezifischen, oft sehr unterschiedlichen Forderungen des jeweiligen Antriebes entsprechen müssen; manche von ihnen sind polumschaltbar. Dann hängt die Ausnutzungsziffer C auch von der Aufteilung des Nutenraumes für die beiden Wicklungen ab. Wenn es sich um keine polumschaltbaren Motoren handelt, kann man eine grobe Schätzung der Hauptabmessungen anhand eines Vergleichs mit Drehstrommotoren erhalten. Bezogen auf die Leistung von gleich großen Drehstrommotoren gleicher Drehzahl beträgt die Leistung von Einphasenasynchronmotoren: ca. 50% bei Einphasenmotoren ohne Hilfsstrang; ca. 70 bis 85% bei Kondensatormotoren mit Betriebskondensator. Dabei geht das Anzugsmoment von Kondensatormotoren auf 30 bis 50% des Anzugsmomentes beim symmetrischen Betrieb zurück, wenn man ohne zusätzlichen abschaltbaren Anlaßkondensator auskommen will.

Der Entwurf eines neuen Motors wird wesentlich durch die automatischen Rechner erleichtert, welche eine schnelle Nachrechnung von mehreren Varianten ermöglichen. Man muß sich jedoch damit abfinden, daß die Berechnung von Kleinmotoren zwar komplizierter, aber weniger genau als die Berechnung von großen Maschinen ist. Dieser Nachteil wird andererseits durch die Tatsache ausgeglichen, daß die Herstellung von Mustermotoren verhältnismäßig billig ist und ganz selbstverständlich zu der üblichen Entwicklung eines neuen Motors gehört.

Unabhängig davon, wie man von dem vorläufigen Entwurf zu der befriedigenden Ausführung des Motors gelangen will, muß der Ingenieur im Berechnungsbüro unbedingt den Einfluß der einzelnen Parameter kennen, damit er schon beim ersten Entwurf keine grundsätzlichen Fehler begeht und mit gezielten Änderungen einer verbesserten Lösung näher kommt:

a) Bei der Dimensionierung des magnetischen Kreises bestimmt man auch das Verhältnis von Eisen und Kupfer, welches bei Motoren gleicher Leistung unterschiedlich sein kann. Die Motoren mit mehr Eisen haben kleinere Streureaktanzen und ohmsche Widerstände und daher auch einen größeren Anzugsstrom.

b) Die Nutenzahlen des Ständers und Läufers dürfen nicht gleich sein. Sie sollen auch Ungl. (331) erfüllen und dabei nicht zu unterschiedlich sein, wobei bei kleineren Nutenzahlen am Läufer zwar kleinere asynchrone Zusatzmomente und Zusatzverluste, aber auch größere Schwankungen des Anzugsmomentes zu erwarten sind (siehe Abschnitt 4.3). Bei Einphasenasynchronmotoren zieht man meistens eine größere Nutenzahl am Läufer vor. Große Nutenzahlen an Ständer und Läufer sind günstig, aber teuer; aus fertigungstechnischen Gründen dürfen die Zähne auch nicht zu schmal sein. Bei ungeraden Läufernutenzahlen (am besten Primzahlen) sind die Schwankungen der Anzugsmomente klein, aber die Neigung zur Geräuschbildung ist größer (siehe Abschnitt 4.5). Die Nutenzahl des Ständers muß durch die Polzahl teilbar sein, damit man keine Bruchlochwicklungen verwenden muß. Abgesehen vom Spaltpolmotor haben die Einphasenmotoren mindestens drei Nuten je Pol am Ständer. Jedoch wird diese Lochzahl normalerweise nur bei vielpoligen Motoren in Steinmetzschaltung (Abb. 44) verwendet, weil sonst größere Nutenzahlen pro Pol günstiger sind.

c) Mit wachsender axialer Länge des Motors verkleinert sich zwar der relative Einfluß der Wickelköpfe (Streuung, Wirkwiderstand); es vergrößert sich jedoch erheblich der Einfluß der Querströme (siehe Abschnitt 4.7). Die Leistung des Motors wächst daher nicht streng proportional mit der axialen Länge des Eisenpaketes.

d) Bei Gestaltung des magnetischen Kreises (Schnitt der Bleche) wird zwar noch nicht die Höhe der magnetischen Beanspruchungen der Zähne und Joche, doch aber ihr Verhältnis entschieden. Wenn man die Entlastungen auf den Luftwegen (Abschnitt 6.1.11) außer acht läßt, gilt für das Verhältnis β der scheinbaren Flußdichten

$$\beta = \frac{B'_j}{B'_z} = \frac{b_z N_S}{2\pi p h_j}. \tag{348}$$

Bei Motoren für eine einzige Drehzahl sind die Flußdichten in den Ständerzähnen und im Ständerjoch oft praktisch gleich ($\beta \approx 1$), oder man wählt die Sättigung im Joch wegen der größeren Länge und der zusätzlichen Belastung durch Streufelder etwas kleiner als in den Zähnen ($\beta \approx 0,95$). Im Läufer findet man sehr unterschiedliche Werte von β, weil die magnetische Beanspruchung des Läuferjoches oft durch den Wellendurchmesser gegeben und relativ klein ist. Der Gesamtquerschnitt der Zähne am Läufer kann um ca. 5% kleiner als am Ständer sein, weil sich die Streufelder unterschiedlich auf die magnetische Belastung des Ständers und Läufers auswirken (Abschnitt 6.1.11).

Aus Gl. (348) ist ersichtlich, daß die Jochhöhe h_j bei gleichem Verhältnis der Flußdichten β umgekehrt proportional der Polpaarzahl p sein muß. Man kann daher bei polumschaltbaren Motoren keine ausgeglichenen Sättigungsverhältnisse für zwei oder mehrere Polzahlen einhalten, und die Größe β kann daher sehr unterschiedlich sein. Bei Betrieb mit kleiner Polzahl ist dann normalerweise das Ständerjoch bis an die zulässige Grenze gesättigt (scheinbare Flußdichte bis 2,3 T!), dagegen sind bei größerer Polzahl die Zähne mehr als das Joch beansprucht. Man kann jedoch nur mit wesentlich kleineren scheinbaren Flußdichten rechnen ($B'_z \approx 1,9$ T), weil die Zähne wesentlich weniger auf Luftwegen entlastet werden als das Ständerjoch. Das Joch des Läufers wird dagegen durch die magnetisch leitende Welle entlastet.

e) Beim Entwurf des Schnittes eines einsträngigen oder zweisträngigen Einphasenmotors sollte nicht unbeachtet bleiben, daß das Drehfeld elliptisch ist und der magnetische Kreis unsymmetrisch gestaltet werden kann (siehe Abschnitt 1.3). Aus Abb. 5 geht hervor, daß für die in einem Strang induzierte Spannung der magnetische Fluß maßgebend ist, der im Joch unter den durch diesen Strang belegten Nuten fließt, aber die Zähne in der elektrischen Querachse, das heißt um 90° elektrisch am Umfang versetzt, am stärksten beansprucht. Das bedeutet, daß der Fluß des Hauptstranges das Joch unter den durch den Hauptstrang belegten Nuten und die Zähne zwischen den Nuten des Hilfsstranges sättigt. Das Joch im Bereich des Hilfsstranges und die Zähne zwischen den Nuten des Hauptstranges werden andererseits durch den Fluß des Hilfsstranges belastet. Das Verhältnis dieser zwei elektrisch senkrecht aufeinander stehenden Flußkomponenten hängt von der Schaltung der Ständerwicklung und dem Schlupf ab. Wegen der großen Spannungsabfälle in den ohmschen Widerständen der Ständerwicklung ist die Sättigung beim Anzug des Motors im allgemeinen klein, so daß man die Abmessungen des magnetischen Kreises nach dem Nennbetrieb oder Leerlauf bestimmt. Bei Motoren, die nur einsträngig laufen (z. B. Motoren mit Widerstandsanlauf), bleibt der Fluß in der Querachse immer kleiner als in der Achse des Hauptstranges, wie es aus Abb. 63 ersichtlich ist. Die Amplitude des magnetischen Flusses in der Längsachse entspricht annähernd der Summe der durch die beiden Kreisfelder induzierten Spannungskomponenten U_{im}, U_{ig}, wogegen der Fluß der Querachse praktisch durch die Differenz dieser Spannungen gegeben ist (siehe Gln. (88) und (89)). Die dabei entscheidende Spannung des gegenlaufenden Feldes U_{ig}, welche vor allem von dem ohmschen Widerstand des Läufers und dem Strom des Hauptstranges abhängt, ist am kleinsten bei Leerlauf, wobei auch die Querachse am meisten gesättigt wird. Weil das gegenlaufende Feld nicht völlig durch den Läufer unterdrückt wird ($U_{ig} > 0$), können die magnetischen Wege der Querachse je nach der Spannung U_{ig} schwächer sein. Man darf jedoch nicht zu weit gehen, weil sonst die magnetisch zu schwache Querzone das Anwachsen der Verluste und des Stromes zur Folge hat (siehe Abschnitt 4.2.4.5, Abb. 122b und [23, 50]).

Eine ganz andere Bedeutung hat die Dimensionierung der magnetischen Querzone bei Betriebskondensatormotoren, bei denen der Strom des Hilfsstranges mit sinkendem Schlupf wächst (siehe Abb. 76 und 77) und beim Leerlauf die Wicklung gefährden kann. Weil die Sättigung des magnetischen Kreises in der Achse des Hilfsstranges das Anwachsen der Spannung an diesem Wicklungsteil einschränkt, kann man auch durch die Dimensionierung der magnetischen Querachse den Anstieg des Stromes im Hilfsstrang beeinflussen (Abb. 78).

f) Die Breite der Nutschlitze am Ständer liegt im Durchschnitt bei 2 mm und hängt stark von der verwendeten Wickeltechnik ab. Die Nutschlitze am Läufer sind höchstens 1 mm breit, und man verwendet sogar auch ganz geschlossene Nuten (Abb. 138c), welche zwar die Oberwellenverhältnisse und die Querströme positiv beeinflussen, aber gleichzeitig einen Verlust des nützlichen Flusses bedeuten. Deswegen sollen die Stege über den Nuten nicht höher als 0,3 mm sein. Die Einhaltung gleicher Steghöhe über dem ganzen Umfang kann fertigungstechnische Schwierigkeiten bringen, ist aber notwendig, weil sonst eine Läuferunsymmetrie entsteht, welche zu Pendelmomenten mit doppelter Schlupffrequenz führt. Die Vor- und Nachteile der offenen oder geschlossenen Nuten gleichen einander oft aus.

g) Für den Entwurf des magnetischen Kreises von Spaltpolmotoren kann man wegen der großen Vielfältigkeit der Ausführungen keine eindeutigen Empfehlungen machen. Man geht von bekannten Formen aus, und der Einfluß der möglichen Änderungen, die oft auch fertigungstechnisch bedingt sind, ergibt sich aus der Analyse der Parametereinflüsse in Abschnitt 4.2.4.5.

5.2 Entwurf der Wicklungen

Wenn die Form und die Abmessungen des magnetischen Kreises bekannt sind, muß man auch die Ständer und Läuferwicklung vorläufig entwerfen.

5.2.1 Die Läuferwicklung

Der Entwurf der Läuferwicklung hängt eng mit der Wahl der Nutgröße zusammen, welche den Querschnitt der Läuferstäbe bestimmt. Von den üblichen Nutformen in Abb. 138 ist die kreisförmige Nut a vor allem für Kupferstäbe gut geeignet. Sonst verwendet man meistens die anderen Formen in Abb. 138, welche mehr Material aufnehmen. Bei gegebener Nutenzahl hängt der resultierende Läuferwiderstand von dem gewählten Käfigmaterial (siehe Tab. 2, S. 20), der Nutfläche und dem Querschnitt der Kurzschlußringe ab (siehe Gl. (371)). Die Anwurfmotoren und Spaltpolmotoren, welche beim Dauerbetrieb ohne Kondensator arbeiten, müssen mit einem niederohmigen Läufer versehen werden, weil er ein starkes gegenlaufendes Feld dämpfen muß. Der Käfig in nicht zu tiefen Nuten (Verdrängung der Ströme des Gegensystems!) ist dann aus Aluminium und hat Kurzschlußringe mit großem Querschnitt, welche in dem Gesamtläuferwiderstand weniger als die Hälfte ausmachen (bei $p = 1$). Bei Betriebskondensatormotoren kann man dagegen einen wesentlich größeren Läuferwiderstand zulassen und auf diese Weise das Anzugsmoment erhöhen. Die Tatsache, daß der Widerstand der Kurzschlußringe in dem Gesamtwiderstand des Läufers bei niederpoligen Motoren

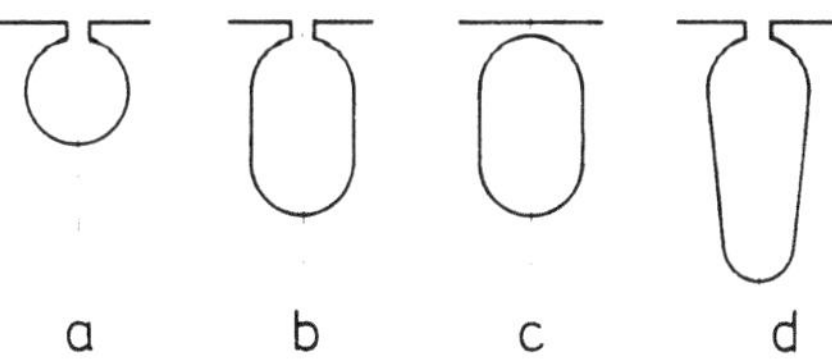

Abb. 138. Verschiedene Formen der Läufernuten

eine wesentlich größere Rolle spielt als bei hochpoligen, wird besonders bei polumschaltbaren Waschmaschinenmotoren ausgenutzt. Wegen der geforderten Steilheit der Drehmoment-Drehzahl-Kennlinie bei großer Polzahl darf der Wirkwiderstand des Läufers nicht zu groß sein, wogegen man bei zweipoligem Betrieb einen großen Widerstand wegen des Anzugsmomentes braucht. Diese zwei Bedingungen erfüllt ein Käfigläufer mit relativ dicken Stäben, aber sehr dünnen Kurzschlußringen, welche beim zweipoligen Betrieb oft 90% des gesamten Läuferwiderstandes darstellen. Aus fertigungstechnischen Gründen (Abspringen der Ringe) dürfen die Kurzschlußringe nicht zu dünn sein, daher wählt man meistens Silumin als Käfigmaterial.

5.2.2 Die Ständerwicklung

5.2.2.1 Schaltung und Verteilung der Stränge

Von den im Abschnitt 3.3.3 beschriebenen Schaltungen von Einphasenasynchronmotoren hat der zweisträngige Kondensatormotor die größte Verbreitung gefunden (Abschnitt 3.3.3.1 und 3.5.4). Die Verteilung der Stränge in Nuten ist oft unsymmetrisch (Abb. 30), wobei der Hauptstrang einen größeren Anteil des Nutenraumes einnimmt. Nur in solchen Fällen, in denen der Motor sehr einfach nach Abb. 152a reversiert werden soll, wählt man eine symmetrische Zweiphasenwicklung (Abb. 29). Die Motoren mit Betriebskondensator sind geräuschärmer als die einsträngigen, und man kann die Laufruhe noch dadurch vergrößern, daß man parallele Zweige mit Ausgleichsverbindungen verwendet (Abb. 34). Die Schaltungen mit abschaltbarem Anlaßkondensator wählt man bei Antrieben, welche ein großes Anzugsmoment erfordern (Abschnitt 3.5.5 und Abb. 80).

Der einsträngige Motor mit Widerstandshilfsstrang (Abschnitt 3.5.6 und Abb. 83) kommt wegen des relativ großen Anzugsstroms nur bei kleineren Leistungen in Frage, wenn man keinen außerhalb des Motors montierten Kondensator haben will und sich mit einem größeren Materialaufwand für den Motor selbst und der notwendigen Abschalteinrichtung für den Hilfsstrang abfindet (Abschnitt 3.5.7). Die Verteilung der Ständerwicklung ist meistens mehr oder weniger abgestuft (Abb. 31 und 32) mit einer Überlappung der Stränge in gewissen Nuten. Die Spulen des Hilfsstranges enthalten meistens auch entgegengesetzt gewickelte Windungen, damit der erforderliche Widerstand des Hilfsstranges erreicht wird und nur ein Teil der Windungszahl magnetisch wirksam ist (siehe Abschnitt 3.5.6 und 5.2.2.2).

Die Steinmetzschaltung (Abb. 44), welche eine relativ große Kapazität erfordert (Abschnitt 3.6), verwendet man praktisch nur für den vielpoligen Teil von polumschaltbaren Waschmaschinenmotoren.

Die anderen in Abschnitt 3.3.3 beschriebenen Schaltungen, welche meistens nur Varianten der eben erwähnten darstellen, kommen nur unter ganz bestimmten Bedingungen in Frage. Zu ihnen gehört auch der Spaltpolmotor, dessen niedrige Fertigungskosten entscheidend ins Gewicht fallen.

5.2.2.2 Bestimmung der Leiterzahl

Es gilt ganz allgemein für zweisträngige Einphasenasynchronmotoren, daß die Leiterzahl des Hauptstranges von den Abmessungen des magnetischen Kreises und der Netzspannung abhängt, wogegen die Leiterzahl des Hilfsstranges nur durch die Art der verwendeten Hilfsimpedanz bzw. durch die Größe des geforderten Anzugsmomentes gegeben ist. Der erste Schritt bei der vorläufigen Bestimmung der Leiterzahlen (Leiter = halbe Windung) gilt daher dem Hauptstrang.

Die effektive Leiterzahl des *Hauptstranges* (Abschnitt 3.5) berechnet man annähernd nach der Beziehung

$$S_A = \frac{U_{iA}}{4{,}44 f \Phi}, \tag{349}$$

wobei

$$U_{iA} = U(1 - \varepsilon) \tag{350}$$

die durch den Hauptfluß Φ in dem Strang A induzierte Spannung ist. Den relativen Spannungsabfall ε muß man zunächst nach vorhandenen Motoren abschätzen. Weil in diesem Spannungsabfall bei kleinen Motoren vor allem der ohmsche Widerstand des betrachteten Hauptstranges die entscheidende Rolle spielt, kann man den vorläufig gewählten Wert von ε nach Gl. (401) wenigstens teilweise überprüfen, wenn der Wirkwiderstand des Stranges nach dem ersten Entwurf schon berechnet worden ist. Die Werte von ε sind kleiner (5 bis $10^o{}_o$) bei größeren zweipoligen Motoren und größer bei kleinen Motoren mit größerer Polzahl (bis $30^o{}_o$).

Den Hauptfluß Φ, der in Gl. (349) dem Jochfluß, das heißt dem halben Luftspaltfluß (Abb. 5), entspricht, kann man entweder aus der scheinbaren Sättigung (ohne Berücksichtigung der Entlastung auf Luftwegen) und den Abmessungen des Joches unter den durch den Hauptstrang belegten Nuten oder der Zähne zwischen den Nuten des Hilfsstranges berechnen. Aus der Flußdichte B'_z in den Zähnen erhält man

$$\Phi = \frac{k_{Fe} l N_S b_{zB} B'_z}{2 \pi p} \tag{351}$$

und aus der Induktion B'_j im Joch

$$\Phi = (h_A + r_z/2) l k_{Fe} B'_j. \tag{352}$$

Die Bedeutung der beteiligten geometrischen Abmessungen ist aus Abb. 146 ersichtlich, und l ist die axiale Paketlänge. Der Eisenfüllfaktor k_{Fe} ist bei glatten, kaltgewalzten Blechen, welche nur durch eine dünne Oxydschicht isoliert sind (siehe Abschnitt 2.1), ungefähr gleich 0,97. Bei Motoren für eine einzige Drehzahl liegen die scheinbaren Sättigungen B'_z, B'_j meistens zwischen 1,4 und 1,9 T. Man erhält aus Gln. (351), (352) annähernd gleiche Werte von Φ. Bei polumschaltbaren Motoren ergeben sich aus Gln. (351), (352) sehr unterschiedliche Werte, weil entweder die Zähne (große Polzahl) oder das Joch (kleine Polzahl) wesentlich mehr als der andere Teil magnetisch beansprucht werden. In solchen Fällen wählt man die scheinbaren Flußdichten B'_z, B'_j möglichst hoch (B'_z bis 1,9 T und B'_j bis 2,3 T) und nimmt den kleineren der nach (351), (352) berechneten Werte von Φ für die Berechnung der effektiven Leiterzahl nach Gl. (349). Für die Leiterzahl des Hauptstranges gilt dann

$$z_A = S_A/\xi_A, $$

wo ξ_A der nach Gl. (377) berechnete Wicklungsfaktor des Hauptstranges für die Arbeitsgrundwelle der Ordnung $v' = p$ ist. Aus Gl. (377) ist ersichtlich, daß man diesen Faktor ohne Kenntnis der Leiterzahlen in den Nuten berechnen kann. Es genügt dafür nur die Anzahl der mit dem Hauptstrang belegten Nuten bzw. die relative Abstufung der Leiterzahlen bei abgestuften Wicklungen. Die Wicklungsfaktoren für Wicklungen mit gleich belegten Nuten sind in der Tabelle 5 angegeben, wo N_p die Nutenzahl je Pol und N_{pA} die Anzahl der durch den Strang gleich belegten Nuten je Pol angeben. (Die Tabelle 5 kann auch für den Hilfsstrang verwendet werden, wenn die Leiterzahlen in den Nuten nicht abgestuft sind).

Tabelle 5. *Wicklungsfaktoren*

N_{pA}	N_p							
	3	4	6	8	9	12	16	18
2	0,866	0,923	0,965					
3		0,804	0,910	0,949	0,959	0,977	0,987	0,989
4			0,836	0,909	0,925	0,957	0,976	0,981
5				0,852	0,882	0,932	0,961	0,969
6					0,831	0,902	0,944	0,956
7					0,773	0,868	0,924	0,940
8						0,829	0,901	0,921
9						0,786	0,876	0,901
10						0,790	0,848	0,879

Der Querschnitt des Drahtes hängt von dem für den Hauptstrang reservierten Raum in den Nuten ab. Wenn die Leiterzahlen in den Nuten gleich sind, müssen in jeder Nut des Hauptstranges

$$z_{An} = z_A/(2pN_{pA}) \tag{353}$$

Leiter untergebracht werden. Die Angabe der Ausnutzung der Nutfläche (Querschnitt) für die Wicklung kann unterschiedlich sein. Wenn man die Summe der Querschnitte der isolierten runden Drähte auf die Gesamtfläche A_n der nicht isolierten Nut bezieht, kann man schreiben

$$z_{An}\frac{\pi d_d'^2}{4} = k_n A_n, \tag{354}$$

und es gilt daher für den Durchmesser des isolierten Drahtes

$$d_d' = \sqrt{\frac{4k_n A_n}{\pi z_{An}}}. \tag{355}$$

Bei Träufelwicklungen (Handarbeit) von 2- bis 6-poligen Wicklungen und Nutisolation aus Preßspan kann man den Nutfüllfaktor $k_n = 0,37$ bis $0,41$ annehmen, wobei größere Werte für kleinere Polzahlen gelten. Bei der modernen Einziehtechnik hängt die Nutfüllung vor allem von dem Drahtdurchmesser ab. Bei sehr dünnen Drähten (z. B. $d'_d = 0,25$ mm) kann man sogar die Nutfüllung $k_n = 0,45$ erreichen, wogegen bei größeren Drahtdurchmessern nur wesentlich kleinere Werte erreichbar sind (z. B. bei $d'_d = 0,75$ mm liegt k_n bei 0,37).

Es gibt auch eine andere Art des Nutfüllfaktors. Man nimmt den Gesamtquerschnitt des Drahtbündels als Summe von d'^2_d und bezieht ihn auf die wickelbare Nutfläche A'_n, das heißt auf die Nutfläche nach Abzug der Nutisolation. Man schreibt

$$z_{An} d'^2_d = k'_n A'_n \tag{356}$$

und daher

$$d'_d = \sqrt{k'_n A'_n / z_{An}}, \tag{357}$$

wobei die Größe des Nutfüllfaktors je nach dem Drahtdurchmesser zwischen $k'_n = 0,59$ und $k'_n = 0,68$ liegt. Dabei nimmt die Nutauskleidung, welche ca. 0,3 mm dick ist, zusammen mit dem 0,4 mm dicken Deckschieber etwa 15 bis 20% der nackten Nutfläche ein, so daß annähernd $A'_n = 0,8 A_n$ bis $0,85 A_n$ genommen werden kann.

Weil die Leiterzahl des *Hilfsstranges* weder von der Netzspannung noch von der Sättigung des magnetischen Kreises abhängt, kann man sie auch nicht immer auf gleiche Weise festlegen. Es kommt darauf an, ob Rechnungen oder Experimente bei der Entwicklung des Motors die entscheidende Rolle spielen und welche Bedingungen eingehalten werden müssen. Beispiele zeigen es am besten:

Wenn es sich um einen zweisträngigen Betriebskondensatormotor handelt (Abb. 46a) und die Kapazität C des Kondensators von vornherein gegeben ist und wenn man die Entwicklung eher auf dem Wege der Experimente als nach Rechnungen durchführt, kann man von der zulässigen Stromdichte S ausgehen, welche besonders beim Leerlauf große Werte erreicht. Aus dem zunächst versuchsweise gewählten Übersetzungsverhältnis $\ddot{u}$ ($\ddot{u}$ liegt meistens zwischen 1,0 und 2,0) ergibt sich die Leiterzahl des Hilfsstranges

$$z_B = \ddot{u} z_A \xi_A / \xi_B, \tag{358}$$

und man kann wie beim Hauptstrang nach Gln. (355) oder (357) den Durchmesser des isolierten und nach Abzug der Isolation (welche bei Lackdrähten 0,008 bis 0,1 mm beträgt) den des blanken Drahtes d_d bestimmen. Gleichzeitig gilt aber nach Gl. (195) sehr annähernd für den Strom des Hilfsstranges bei Nennlast

$$I_B \approx 2\pi f C U \sqrt{1 + \ddot{u}^2} = \pi d^2_d S / 4, \tag{359}$$

und man sieht, welcher Wert der Stromdichte S diesem Strom entspricht. Es muß auch beachtet werden, daß beim Leerlauf der Strom des Hilfsstranges I_B noch um ca. 20% größer als nach Gl. (359) ist. Die danach erforderliche Änderung des vorläufigen Entwurfs muß sich nicht nur auf die Übersetzung $\ddot{u}$, sondern auch auf die Verteilung des Nutenraumes beziehen.

Die Einphasenasynchronmotoren werden heute mit Isolierstoffen der Klasse B isoliert, welche eine um 25 C höhere Dauertemperatur (130 C) als Isolierstoffe der Klasse A zulassen. Dementsprechend liegen auch die üblichen Stromdichten (8 bis 10 A/mm²) höher. Wegen des Anzugsmomentes läßt man in Hilfssträngen von Dauerkondensatormotoren Stromdichten über 10 A/mm² zu, insbesondere bei

Einbaumotoren mit genau definierter Betriebsart, bei welcher der thermische Beharrungszustand nie erreicht wird (auch mehr als 12 A/mm²).

Im Abschnitt 7.1 wird gezeigt, daß man die Leiterzahlen beider Stränge experimentell optimieren kann, ohne daß die Wicklung des Mustermotors tatsächlich geändert werden müßte.

Den vorläufigen Entwurf des Hilfsstranges kann man wesentlich besser als bisher gestalten, wenn man vorher die Parameter des Ersatzschaltbildes eines symmetrischen Zweiphasenmotors berechnet, dessen Stränge gleich denen des bereits entworfenen Hauptstrangs des Einphasenmotors sind (Abschnitt 6.1), oder wenigstens die Impedanz des alleinigen Hauptstranges bei ruhendem Läufer an einem teilweise fertigen Mustermotor gemessen hat. Man kann dann nach Abschnitt 3.5.4.2, 3.5.3 oder 3.5.6.1 den Hilfsstrang entsprechend dem geforderten Anzugsmoment bestimmen.

Eine besondere Aufmerksamkeit verdient der Entwurf des Hilfsstranges beim *Widerstandanlauf*, weil man normalerweise den notwendigen Anlaßwiderstand (Abb. 83a) in den Wirkwiderstand des Hilfsstranges selbst einbezieht und der Hilfsstrang teilweise aus magnetisch unwirksamen Windungen besteht (siehe Abschnitt 3.5.6 und 2.4.4). Der Hilfsstrang ist bestimmt durch den zur Verfügung stehenden Nutenraum, die Abstufung der Leiterzahlen, die effektive Leiterzahl und den geforderten Wirkwiderstand. Weil der Hilfsstrang während des Hochlaufs abgeschaltet wird, wird ihm normalerweise nur ein kleinerer Anteil des Nutenraumes zugewiesen (etwa $\frac{1}{3}$). Die Abstufung der Leiterzahlen erfolgt meistens nach der Kosinusfunktion (siehe Abschnitt 2.4.4). Die effektive Leiterzahl S_B und der Wirkwiderstand R_B hängen von dem geforderten Anzugsmoment und der Kurzschlußimpedanz des Hauptstranges ab und können rechnerisch nach Abschnitt 3.5.6.1 oder experimentell nach Abschnitt 7.1 gefunden werden. Aus der abgestuften Verteilung des Stranges in den Nuten berechnet man nach Abschnitt 6.1.5 den Wicklungsfaktor ξ_B und erhält die magnetisch wirksame Leiterzahl des Hilfsstranges

$$z_B = S_B/\xi_B. \tag{360}$$

Diese Leiter werden nun nach der vorher angenommenen Abstufung den einzelnen Nuten aller $2p$ Polgruppen zugewiesen, und man erhält die magnetisch wirksamen Leiterzahlen der einzelnen Spulenseiten $z_1, z_2, z_3, \ldots, z_k, \ldots, z_g$ (Abb. 140). Diese Leiterzahlen sind jedoch nicht maßgebend für die Größe des vorgesehenen Wirkwiderstandes R_B, weil die Spulen des Hilfsstranges auch magnetisch unwirksame (bifilare) Windungen enthalten. Der Widerstand R_B hängt nach Gln. (366) und (367) von den Gesamtleiterzahlen $z_1', z_2', \ldots, z_k', \ldots, z_g'$ ab, welche den zur Verfügung stehenden Raum der Nuten etwa gleichmäßig ausfüllen. Nach dem Abzug der Nutisolation und der teilweise in gleichen Nuten liegenden Spulenseiten des Hauptstranges kann man für jede Nut die gesamte Querschnittsfläche A_k' der dem Hilfsstrang gehörenden Leiter (ohne Isolation) vorläufig bestimmen. Es gilt für die k-te Nut der Gruppe

$$A_k' = \pi d_d^2 z_k'/4, \tag{361}$$

wo d_d der Durchmesser des blanken Drahtes ist. Wenn man z_k' aus Gl. (361) in Gl. (366) einsetzt, erhält man mit Gl. (367) die Beziehung für den Durchmesser d_d in der

Form

$$d_d^4 = \frac{64p}{\pi^2 \gamma R_B} \sum_{k=1}^{k=g} \left\{ A'_k \left[l + (\pi - 2)l_y + d_w \left(\frac{\pi}{2p} - \alpha_k \right) \right] \right\}. \tag{362}$$

Die Leiterzahlen z'_k der einzelnen Nuten sind dann

$$z'_k = \frac{4A'_k}{\pi d_d^2}. \tag{363}$$

Man wickelt dann in jeder Spule der Gruppe nach Abb. 140 $(z'_k + z_k)/2$ Windungen in einer Richtung und dann $(z'_k - z_k)/2$ Windungen in Gegenrichtung. Die Differenz ist gleich der magnetisch wirksamen Windungszahl z_k und die Summe der für den Widerstand notwendigen Windungszahl z'_k.

6 Berechnung von Einphasenasynchronmotoren

Als Berechnung wird in diesem Kapitel eine Nachrechnung der Betriebseigenschaften eines vorläufig entworfenen Motors verstanden. Weil die Formeln für die Berechnung von Strömen und Drehmomenten schon in Kap. 3 und 4 erörtert wurden, besteht der Schwerpunkt dieses Kapitels in der Bestimmung der Impedanzen, aus welchen die Gleichungen und Ersatzschaltbilder bestehen.

Das „Gesetz über Einheiten im Meßwesen" läßt die Anwendung von dezimalen Teilen und Vielfachen der Einheiten des Internationalen Einheitensystems (SI) zu, so daß man z. B. weiterhin in der Praxis die Abmessungen von Maschinen in mm angibt. In Berechnungsformeln führt jedoch die Abweichung von der Grundeinheit zu zusätzlichen Faktoren, welche die physikalischen Zusammenhänge unübersichtlich machen. Der Vergleich mit der einschlägigen Literatur wird noch dadurch erschwert, daß man hier die angegebenen Formeln nicht ausführlich herleiten und anschließend für die Praxis umformen kann. Deswegen werden auch in diesem für die Praxis wichtigen, aber dabei sehr kurz gefaßten Kapitel nur die Grundeinheiten des SI-Einheitensystems verwendet, um damit mögliche Mißverständnisse zu vermeiden. Dem Leser wird es sicherlich nicht schwer fallen, die Formeln, in welchen alle Abmessungen in m oder m^2 einzusetzen sind, sich für den täglichen Gebrauch entsprechend umzuformen. (Bei seltenen Ausnahmen werden die Einheiten angegeben.)

Die Berechnung der Impedanzen bezieht sich vor allem auf zweisträngige Motoren, welche die Mehrheit der Einphasenmotoren darstellen.

6.1 Impedanzen

6.1.1 Leitfähigkeit des Materials

In der Tabelle 2 (S. 20) sind die wichtigsten Materialien für Wicklungen von kleinen Asynchronmotoren angeführt. Die SI-Einheit für die elektrische Leitfähigkeit γ ist S/m. In der Praxis verwendet man jedoch die kleinere Einheit Sm/mm^2. Für die Leitfähigkeit des Kupfers in diesen Einheiten bei der Temperatur ϑ [°C] gilt dann

$$\gamma'_{Cu} = \frac{\gamma'_{Cu\,20}}{1 + 0,0039\,\Delta\vartheta} = \frac{57}{1 + 0,0039\,\Delta\vartheta} \quad [\text{Sm/mm}^2;\text{K}], \tag{364}$$

wobei $\gamma'_{Cu\,20} = 57\,\text{Sm/mm}^2$ die Leitfähigkeit bei der Temperatur $\vartheta_0 = 20\,°\text{C}$ und $\Delta\vartheta$ [K] die angenommene Übertemperatur $\Delta\vartheta = \vartheta - \vartheta_0 = \vartheta - 20$ bedeuten.

Für das reine Aluminium gilt ganz analog

$$\gamma'_{Al} = \frac{\gamma'_{Al\,20}}{1 + 0,0037\,\Delta\vartheta} = \frac{35}{1 + 0,0037\,\Delta\vartheta} \quad [\text{Sm/mm}^2;\text{K}]. \tag{365}$$

Bei den Materialien für die gegossene Käfigwicklung (Tab. 2) muß man unterscheiden zwischen der Leitfähigkeit des Materials im Anlieferungszustand und der Leitfähigkeit des Käfigs, welche um 10 bis 20% tiefer liegen kann. Die Leitfähigkeit eines Käfigs aus Silumin kann durch nachträgliches Glühen des Läufers bis um ca. 15% erhöht werden.

6.1.2 Digitale Beschreibung der Ständerwicklung

Die Wicklungen von Einphasenmotoren mit Hilfsstrang bestehen aus konzentrisch gewickelten Polspulengruppen (Abschnitt 2.4). Jeder der beiden elektrisch senkrecht aufeinander stehenden Stränge A und B kann entweder nach Abb. 139a oder b verteilt sein. Der Unterschied besteht darin, daß beim Typ a eine Nut

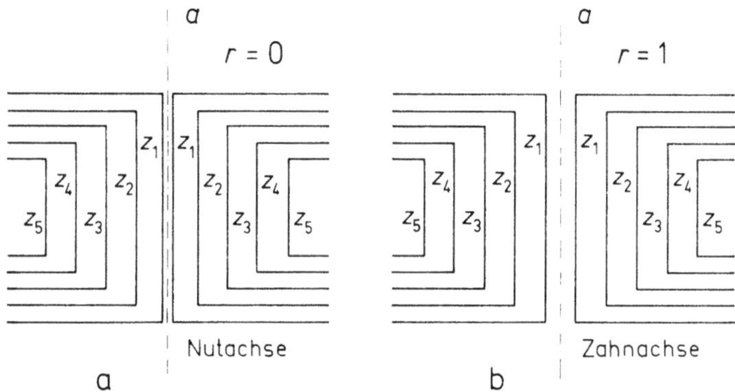

Abb. 139. Spulenseitengruppen der Ständerwicklung; a) Symmetrie zur Nutachse ($r = 0$); b) Symmetrie zur Zahnachse ($r = 1$)

und beim Typ b ein Zahn in der Achse der Spulenseitengruppe liegt. Die beiden Verteilungen können mit der Hilfsgröße r charakterisiert werden, welche direkt in die Rechnung eingeht. Es genügt daher, nur die Leiterzahlen $z_1, z_2, z_3, \ldots, z_q$ einer Hälfte der Spulenseitengruppe, welche zu der Achse a symmetrisch ist, anzugeben und die Wicklungsart mit der Hilfskonstante r zu charakterisieren. Die genannten Daten werden bei der Berechnung des Wirkwiderstandes, des Wicklungsfaktors und der Streuung verwendet.

6.1.3 Widerstand eines Ständerstranges

Die Drahtlänge eines Stranges hängt nicht nur von der in Abb. 139 beschriebenen Wicklungsverteilung, sondern auch von den Abmessungen der Stirnverbindungen, welche man annähernd durch den mittleren Abstand l_y vom Ständerpaket (Abb. 140a) und dem mittleren Durchmesser d_w (Abb. 140b) angeben kann. Dieser Durchmesser hängt von der Fertigungstechnik ab und kann annähernd dem Nutgrundkreis d_S (Abb. 140b) gleich gesetzt werden, wenn der Strang unten in der Nut liegt. Der in Abb. 140a dargestellten vereinfachten Form der Wicklungsköpfe

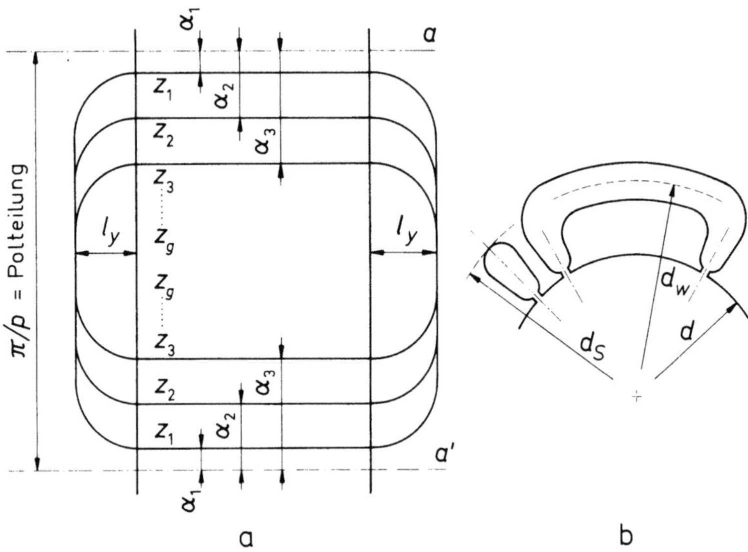

Abb. 140. Digitale Beschreibung der Ständerwicklung

entspricht die Drahtlänge je Hälfte der Polspulengruppe

$$l_g = \sum_{k=1}^{k=g} \left\{ z_k \left[l + (\pi - 2)l_y + d_w \left(\frac{\pi}{2p} - \alpha_k \right) \right] \right\}, \tag{366}$$

wobei die Winkel

$$\alpha_1 = r\alpha_n/2, \qquad \alpha_2 = \alpha_1 + \alpha_n, \qquad \alpha_3 = \alpha_2 + \alpha_n$$

durch den Winkel

$$\alpha_n = 2\pi/N_S$$

zwischen zwei benachbarten Nuten ausgedrückt werden. Der Strangwiderstand ist dann[1]

$$R = \frac{4pl_g}{\gamma A_d} = \frac{16pl_g}{\pi d_d^2 \gamma}. \tag{367}$$

Diese Berechnung des Wirkwiderstandes ist für beide Wicklungsarten in Abb. 139 geeignet. Der Unterschied ist durch die Konstante r gegeben, welche entweder gleich 1 oder 0 genommen wird, und die erste Koordinate α_1 bestimmt. Der Abstand der Wicklungsköpfe vom Paket l_y, der erfahrungsgemäß auch unterschiedlich für die beiden Stränge genommen werden kann, ermöglicht die Anpassung an die vorhandene Fertigungstechnik.

---

[1] Gl. (367) bleibt unverändert; wenn man γ in Sm/mm^2 und den Drahtquerschnitt in mm^2 einsetzt.

6.1.4 Wirkwiderstand des Käfigläufers

Der Käfigläufer stellt eine Mehrphasenwicklung dar (Stab = Strang), welche, abgesehen von Sonderfällen ($v' = N_R$), mit einer Ständerwicklung beliebiger Polzahl zusammenwirken kann. Dem gewählten Schrägungswinkel α_s (Abb. 132a) entspricht die Abweichung von der Achsrichtung

$$\varepsilon = \frac{1}{2}\frac{d}{l}\alpha_s, \tag{368}$$

und der Wirkwiderstand eines Stabes ist dann

$$R_t = \frac{l}{\gamma A_t}\frac{1}{\cos^2\varepsilon}. \tag{369}$$

Der auf einen Stab reduzierte Wirkwiderstand der Kurzschlußringe ist nach [1, S. 96]

$$R_{rv} = \frac{\pi d_r}{\gamma A_r N_R}\frac{1}{2\sin^2(vp\pi/N_R)}, \tag{370}$$

und der auf den Ständer bezogene Läuferwiderstand ergibt sich zu

$$R_{Rv} = \rho_v(R_t + R_{rv}), \tag{371}$$

wobei ρ_v den Umrechnungsfaktor darstellt (siehe Gl. (58) und Abschnitt 6.1.7), der bei Berücksichtigung von Querströmen einen komplexen Wert hat (siehe Abschnitt 4.7.4.1 und 6.2).

6.1.5 Die effektive Leiterzahl und der Wicklungsfaktor

Im Abschnitt 8.1.3 werden die effektiven Leiterzahlen und die Wicklungsfaktoren als komplexe Größen eingeführt. Bei zwei- und dreisträngigen Ganzlochwicklungen kennt man jedoch die Achsen der Stränge und ihre gegenseitige Lage (siehe Abb. 30), und es genügt nur, die Beträge dieser Größen anhand der Wicklungsbeschreibung in Abb. 139 zu bestimmen. Ausgehend von dem elektrischen Winkel zwischen benachbarten Nuten (v — Ordnungszahl der Oberwelle)

$$\beta_{nv} = \frac{2\pi}{N_S}vp \tag{372}$$

erhält man den elektrischen Winkel zwischen der Achse a (Abb. 139) und der ersten Nut

$$\beta_{1v} = r\beta_{nv}/2 \tag{373}$$

und für andere Nuten

$$\beta_{kv} = \beta_{1v} + (k-1)\beta_{nv}. \tag{374}$$

Die effektive Leiterzahl für die halbe Polteilung ist dann

$$S'_v = \sum_{k=1}^{k=g} z_k \cos\beta_{kv} \tag{375}$$

und die effektive Leiterzahl des Stranges

$$S_\nu = 4pS'_\nu.$$

(376)

Der Wicklungsfaktor ergibt sich zu

$$\xi_\nu = S'_\nu/(z_1 + z_2 + \cdots + z_k + \cdots + z_g).$$

(377)

Die Leiterzahlen z_k müssen nicht unbedingt bekannt sein; es genügt nur ihr Verhältnis, ausgedrückt in %.

6.1.6 Der Schrägungsfaktor

Mit Hilfe des Schrägungsfaktors wird die Schrägung der Läufernuten in der Berechnung berücksichtigt [1]. Wenn man die Querströme im Läufer vernachlässigt (siehe Abschnitt 4.7), ist der Schrägungsfaktor eine reelle Größe, welche formal als Wicklungsfaktor des Läufers in die Berechnung eingeführt und berechnet werden kann (siehe [1, 2] und Abschnitt 8.2.1). Für den Schrägungsfaktor der ν-ten Oberwelle gilt dann (Abb. 132a)

$$\chi_\nu = \frac{\sin(\nu p\alpha_s/2)}{\nu p\alpha_s/2}.$$

(378)

Wenn man die Querströme berücksichtigt, ist der Schrägungsfaktor eine komplexe Größe, deren Berechnung wesentlich komplizierter ist [32]. Im Abschnitt 8.2.2 wird die Berechnung des komplexen Schrägungsfaktors angegeben. Er ersetzt den reellen Schrägungsfaktor in allen Gleichungen.

6.1.7 Umrechnungsfaktor der Läuferimpedanzen

Der Umrechnungsfaktor für Läuferkonstanten folgt unmittelbar aus Gl. (58), wenn man für die Käfigwicklung $m_R = N_R$, $z_R = 1$ und $\xi_{R\nu} = \chi_\nu$ einsetzt. Es gilt daher für die Einzelwelle der Ordnung ν

$$\rho_\nu = \frac{m_S(z_S\xi_\nu)^2}{N_R\chi_\nu^2}.$$

(379)

Für die Nachrechnung der Asynchronmotoren mit Oberwellen ist am besten die im Abschnitt 4.2.3 beschriebene Methode geeignet, wo man die Läuferkonstanten auf einen einzigen Ständerleiter bezieht. Es gilt dann

$$\rho_\nu = 1/(N_R\chi_\nu^2).$$

(380)

6.1.8 Reaktanzen des Luftspaltfeldes

Die auf den Ständer bezogene Gesamtreaktanz des Luftspaltfeldes ist gegeben durch die Summe der Hauptreaktanzen $X_{h\nu}$ der einzelnen harmonischen Komponenten des radialen Luftspaltfeldes (Kreisfelder), welche sowohl mit der Ständer- als auch der Läuferwicklung verkettet sind (Abb. 114).

6.1.8.1 Der Cartersche Faktor

Die einfachste Möglichkeit, die Nutöffnungen des Ständers und Läufers in der Berechnung zu berücksichtigen, bietet der sogenannte Cartersche Faktor, der das

Verhältnis der effektiven zu der geometrischen Luftspaltbreite angibt [10]. Der resultierende Faktor k_C ergibt sich annähernd als Produkt von Carterschen Faktoren des Ständers und Läufers zu

$$k_C \approx 1 \left/ \left\{ \left[1 - \frac{b_S^2 N_S}{\pi(5\delta + b_S)d} \right]\left[1 - \frac{b_R^2 N_R}{\pi(5\delta + b_R)d} \right] \right\} \right. , \tag{381}$$

wobei b_S, b_R die Nutschlitzbreiten bezeichnen. Mit diesem Faktor wird der geometrische Luftspalt δ bei Berechnung von Hauptreaktanzen multipliziert.

6.1.8.2 Die Hauptreaktanz

Für die auf eine symmetrische Ständerwicklung mit m_S Strängen und z Leitern je Strang bezogene Hauptreaktanz der v-ten Einzelwelle (Kreisfeld) gilt nach [1] die Formel

$$X_{hv} = 2\pi f m_S z^2 \xi_v^2 \frac{d(l + 2\delta)}{v^2 p^2 k_C \delta} k_{\mu v} \cdot 10^{-7}, \tag{382}$$

wobei ξ_v der Wicklungsfaktor ist und die doppelte Luftspaltbreite 2δ im Klammerausdruck den Randflüssen an beiden Paketenden Rechnung trägt. Der Faktor $k_{\mu v}$, der annähernd den magnetischen Widerstand des Eisens berücksichtigt, wird für die Arbeitsgrundwelle im Abschnitt 6.1.11 berechnet.

Die im Abschnitt 3.4 und 3.5 eingeführten Reaktanzen der Arbeitsgrundwelle ($v = 1$) wurden überwiegend auf einen zweisträngigen Ständer ($m_S = 2$) und die effektive Leiterzahl des Hauptstranges A bezogen. Für größere Rechenprogramme mit Oberwellen ist jedoch das im Abschnitt 4.2.3 beschriebene Verfahren günstiger, und man berechnet die Hauptreaktanzen X_{hv} in Abb. 118 für $m_S = z = \xi_v = 1$ (siehe Abschnitt 6.2).

6.1.9 Streureaktanz des Ständers

Die Streuflüsse der elektrisch senkrecht aufeinander stehenden Stränge von zweisträngigen Ständerwicklungen sind bei Vernachlässigung der Sättigungseinflüsse voneinander unabhängig.

6.1.9.1 Die Nutstreuung eines Ständerstranges

Für die Streureaktanz einer Spulenseite mit z_n Leitern in der Nut mit dem geometrischen Leitwert λ_S gilt nach [10]

$$X_n = 2\pi f \mu_0 \lambda_S l z_n^2, \tag{383}$$

so daß man die Streureaktanz eines ganzen Stranges der nach Abb. 139 verteilten Ganzlochwicklungen erhält in der Form

$$X_{nS} = 3,16 \cdot 10^{-5} \cdot p f l \lambda_S [(2 - r)z_1^2 + z_2^2 + \cdots + z_q^2]. \tag{384}$$

Die Bedeutung der Symbole $z_1, z_2, \ldots, z_q$ und r ist aus Abb. 139 und Abschnitt 6.1.2 ersichtlich.

Den geometrischen Leitwert λ_S der Nut kann man im allgemeinen als Summe der Beiträge der einzelnen Elemente Δh der Nuthöhe erhalten in der Form (Abb. 141)

$$\lambda_S = \sum \frac{\Delta h}{b} \left(\frac{A}{A + A'} \right)^2 . \tag{385}$$

Dabei bedeutet A die Fläche des Wicklungsquerschnittes unter dem Element Δh und A' die Fläche darüber. Die Summierung, welche bei einfachen Nutformen durch Integration ersetzt wird, erstreckt sich über die ganze Nuthöhe bis zu der Läuferoberfläche. Die geometrischen Leitwerte λ_S, deren Berechnung in [10] und jedem anderen Buch über die Berechnung der elektrischen Maschinen zu finden ist,

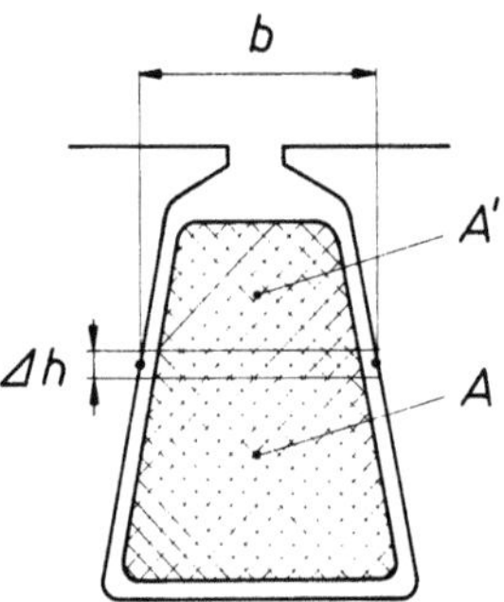

Abb. 141. Zur Herleitung der Nutstreuung

hängen nach Gl. (385) nicht nur von der Nutform allein, sondern auch von der Lage der Wicklung in der Nut ab. Dementsprechend sind die geometrischen Leitwerte für den Haupt- und Hilfsstrang unterschiedlich, wenn entweder die Nuten nicht gleich sind oder die beiden Stränge teilweise in gleichen Nuten übereinander liegen.

6.1.9.2 Die Oberwellenstreuung

Wie im Abschnitt 4.2.2 und Abb. 115 gezeigt wurde, besteht die Oberwellenstreuung des Ständers aus den Hauptreaktanzen der räumlichen Wellen ungerader Ordnung, bei denen man die Läuferrückwirkung vernachlässigt. Die gesuchte Streureaktanz X_δ kann man daher als Summe der Reaktanzen $X_{h\nu}$ nach Gl. (382) berechnen (für $m_S = 2$ und $k_{\mu\nu} \approx 1$). Man muß jedoch beachten, daß die Formel (382) nicht die Breite der Ständernuten berücksichtigt, welche die Amplituden der Wellen höherer Ordnung wesentlich abschwächen (siehe Abschnitt 8.1.1). Erweitert um den Nutschlitzfaktor ergibt die Gl. (382) die Formel

$$X_{\delta S} = \frac{64\pi f d(l + 2\delta) \cdot 10^{-7}}{k_C \delta} \sum_{\nu_0}^{\nu_m} \left[\frac{S'_\nu \sin(p\nu b_S/d)}{\nu(p\nu b_S/d)} \right]^2 , \tag{386}$$

wobei S'_ν die effektive Leiterzahl je Hälfte einer Polteilung darstellt (Gl. (375)). In Gl. (386) bedeutet ν_0 die niedrigste Ordnungszahl der nicht voll berücksichtigten Wellen und ν_m eine gewissermaßen willkürlich wählbare obere Grenze der Summierung. Diese Grenze sollte nicht zu hoch gewählt werden (z. B. nur $\nu_m = 2(N_S/p + 1)$, weil die höheren Wellen durch den Nutschlitzfaktor unterdrückt werden, eine gewisse Dämpfung des Läufers immer vorhanden ist und der Einfluß der Eisensättigung nie genau erfaßt werden kann. Beim Anzug des Motors ist der

Einfluß der Eisensättigung sicher unbedeutend, weil die Nutdurchflutungen bei kleinen Motoren zur Sättigung der Zahnkanten nicht ausreichen und der Hauptfluß bei $s = 1$ klein ist. Deswegen bezieht man oft die Reaktanz der Oberwellenstreuung X_δ auf die ungesättigte Hauptreaktanz der Arbeitsgrundwelle und führt den Faktor

$$\sigma_0 = X_{\delta S}/X_h \tag{387}$$

ein. Bei der Anwendung dieser Faktoren muß man jedoch immer beachten, für welche Strangzahl die Reaktanz X_h berechnet wurde. Man kann z. B. den einsträngigen Motor mit Konstanten beschreiben, welche für $m_S = 2$ oder $m_S = 1$ oder eine andere Strangzahl gelten; die Reaktanz $X_{\delta S}$ der Oberwellenstreuung des Hauptstranges ist davon unabhängig.

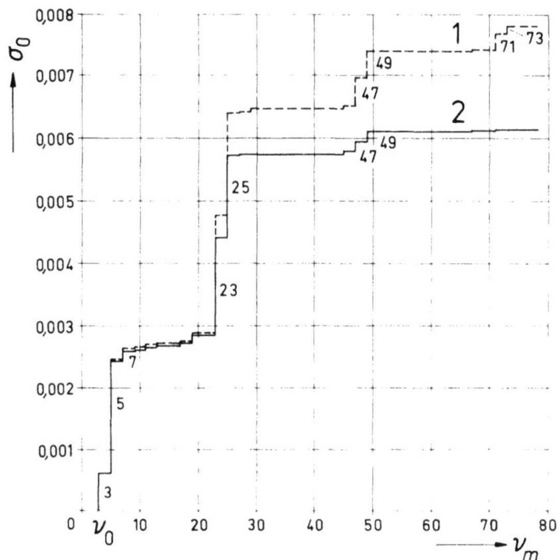

Abb. 142. Beteiligung der einzelnen Nutharmonischen und der Einfluß des Nutschlitzfaktors auf die Oberwellenstreuung ($N_S = 24$, $p = 1$, $r = 1$, $z_1 = z_2 = z_3 = 112$, $z_4 = 83$, $b_S = 2{,}05$ mm, $d = 61{,}96$ mm); *1* σ_0 berechnet ohne Nutschlitzfaktor; *2* σ_0 berechnet mit Nutschlitzfaktor

Die Streureaktanz $X_{\delta S}$ hängt von der Anzahl der in den Gleichungen voll berücksichtigten Oberwellen ab. Sie ist am größten, wenn die Gleichungen nur auf der Arbeitsgrundwelle aufgebaut sind (Kap. 3). Ein Beispiel der Beteiligung der einzelnen Wellen zeigt Abb. 142. Man sieht, daß in der Summe die Wellen niedriger Ordnung ($v = 3$ und 5) und die Nutharmonischen der Ordnung $v = kN_S/p \pm 1$ ($k = 1; 2; 3$) am stärksten vertreten sind. Wenn man mit dem Nutschlitzfaktor rechnet (Abschnitt 8.1.1), ist jedoch der Einfluß der dritten Nutharmonischen ($v = 71$ und 73) schon unbedeutend.

6.1.9.3 Die Stirnstreuung

Ausgehend von Gl. (382) für die Hauptreaktanzen kann man auch zu einer befriedigenden Formel für die Berechnung der Stirnstreuung in zweisträngigen Motoren gelangen, wenn man den Stirnraum des Motors als leere Bohrung betrachtet [40]. Es genügt, in Gl. (382) $k_{\mu\nu} = 1$, $\nu = 1$, $m_S = 2$ einzusetzen und folgende Größen gegen neue auszutauschen:

$$(l + 2\delta) \rightarrow 2l_x, \qquad (k_C\delta) \rightarrow d/(2p)$$

(Abb. 143a). Man erhält die Streureaktanz der Stirnstreuung in der Form

$$X_w = 16\pi f z^2 \xi^2 \frac{l_x}{p} \cdot 10^{-7}. \tag{388}$$

Diese Streureaktanz hängt von dem Abstand der Stirnverbindungen von den Kurzschlußringen l_x sowie von der Leiterzahl z und dem Wicklungsfaktor ξ für die

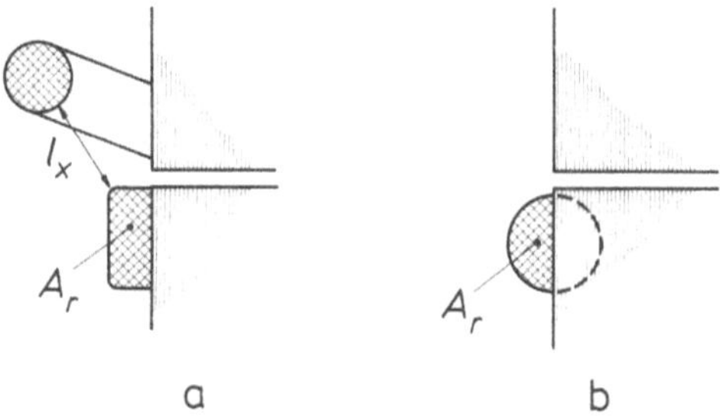

Abb. 143. Zur Herleitung der Streuung im Stirnraum; a) Wickelkopfstreuung des Ständers; b) Streuung der Kurzschlußringe

Grundwelle des betrachteten Stranges ab. Sie muß daher für beide Stränge der zweisträngigen Motoren getrennt berechnet werden.

6.1.9.4 Streureaktanz eines Stranges

Die Streureaktanz eines Ständerstranges von Einphasenasynchronmotoren mit elektrisch senkrechten Strängen ergibt sich als Summe der bisher berechneten Streukomponenten

$$X_{\sigma S} = X_{nS} + X_{\delta S} + X_w. \tag{389}$$

6.1.10 Die Streuung des Käfigläufers

Die Streuung des Käfigläufers besteht aus vier Komponenten: Nutstreuung, Oberwellenstreuung, Stirnstreuung und Streuung der Schrägung. Bei Berücksichtigung der asynchronen Zusatzmomente in größeren Rechenprogrammen (Abschnitt 4.2) muß die Läuferstreureaktanz für jede Einzelwelle des Ständers getrennt berechnet werden.

6.1.10.1 Streuung in Läufernuten

Die Streureaktanz eines Läuferstabes ($=$ Stranges) ergibt sich aus Gl. (383) für $z_n = 1$. Wenn man die durch Schrägung verursachte Verlängerung der Nut berücksichtigt, erhält man

$$X_l = 8\pi^2 f \, \frac{l\lambda_R}{\cos \varepsilon} \cdot 10^{-7}. \tag{390}$$

Diese Reaktanz gilt für alle Einzelwellen des Ständers und ist unabhängig von der Strangzahl des Läufers. Erst die Umrechnung auf den Ständer mit dem Faktor ρ_v (Gln. (379) und (380)) macht die Reaktanz der Läufernuten von diesen Größen abhängig (Abschnitt 6.2).

Die Berechnung des geometrischen Leitwertes der Läufernut λ_R in Gl. (390) ist gleich wie für die Ständernuten. Erhebliche Schwierigkeiten bereiten jedoch geschlossene Läufernuten, deren Eisenbrücken über den Stäben (Abb. 138c) einen nichtlinearen Beitrag zu dem magnetischen Leitwert der Nut darstellen. Messungen an Käfigläufern haben gezeigt, daß die Sättigung die Amplitude des magnetischen Flusses der Streubrücken praktisch stabilisiert. Trotz der Nichtlinearität ist es aber möglich, die Effektivwerte der im Stab induzierten Spannung nach den üblichen Formeln zu berechnen. Diese Spannung, umgerechnet auf den Ständer, erscheint dann als Senkung der Ständerspannung. Wenn man jedoch nicht diesen Weg wählt und auch für den Eisenweg über dem Stab einen entsprechenden Anteil λ_{Fe} in den Gesamtleitwert der Läufernut λ_R einbeziehen will, erhält man

$$\lambda_{Fe} \approx \frac{h_{Fe} B_{Fe} k_{Fe}}{\sqrt{2}\,\mu_0 I_l} \cos \varepsilon, \tag{391}$$

wobei I_l den Effektivwert des Stabstromes, h_{Fe} die Höhe der Eisenbrücke und B_{Fe} die angenommene Sättigungsinduktion im Eisensteg (ca. 2,5 T) bedeuten. Der Leitwert λ_{Fe} ändert sich daher mit I_l und mit dem Schlupf.

6.1.10.2 Streuung der Oberwellen und der Nutschrägung

Die Einzelwellen der Ständerwicklung, deren Wirkungen als überlagerte Asynchronmotoren mit unterschiedlicher Polzahl gedeutet werden können, rufen im rotierenden Läufer Stromsysteme mit unterschiedlichen Frequenzen hervor. Abgesehen von Ausnahmen [27, 49] sind diese Stromsysteme voneinander unabhängig. Auf eine erregende Ständerwelle der Ordnung v' wirken diese Systeme mit einer unendlichen Reihe von Raumwellen der Ordnung

$$\mu' = v' + k N_R \qquad (k = 0; \pm 1; \pm 2; \pm \cdots) \tag{392}$$

zurück [1, 17]. Die Wellen mit $\mu' \neq v'$ stellen die Streuung des betreffenden Systems dar (auch $\mu' < v'$!). Die Oberwellenstreuung des Läufers muß daher für jede Einzelwelle des Ständers der Ordnung v' getrennt berechnet werden.

Wie im Abschnitt 8.2.1 gezeigt ist, entsteht durch die Schrägung der Läufernuten eine zusätzliche Komponente der Läuferstreuung, welche man mathematisch zusammen mit der Oberwellenstreuung berechnen und auf die Hauptreaktanz der betrachteten Ständerwelle beziehen kann [1]. Es gilt daher für diese auf die

Ständerwicklung bezogene Reaktanz

$$X_{\delta v} = X_{hv}\sigma_{0\chi}, \tag{393}$$

wobei

$$\sigma_{0\chi} = 1/(\eta_v\chi_v)^2 - 1 \tag{394}$$

ist. In Gl. (394) bedeutet χ_v den Schrägungsfaktor nach Gl. (378) und η_v den sogenannten Kopplungsfaktor (siehe [1, S. 145])

$$\eta_v = \frac{\sin(\pi v p/N_R)}{\pi v p/N_R}. \tag{395}$$

Mit dem reellen Schrägungsfaktor χ_v gilt Gl. (394) bei Vernachlässigung der Nutöffnungen und Querströme. Wenn man Querströme im Käfigläufer berücksichtigt (Abschnitt 4.7), führt man den Schrägungsfaktor als komplexe Größe ein (Abschnitt 8.2.2). Den Einfluß der Nutschlitze kann man nach Abschnitt 4.6 annähernd als Korrektur k_{nv} der Hauptreaktanz X_{hv} (siehe Abb. 130) einführen und dementsprechend auch Gl. (394) erweitern. Man erhält

$$\dot{\sigma}_{0\chi} = 1/(\eta_v\dot{\chi}_v)^2 - k_{nv}. \tag{396}$$

Die Gln. (396) und (393) bilden die Grundlage für eine einfache Berücksichtigung der Nutöffnungen und der Querströme in Rechenprogrammen mit Oberwellenmomenten (Abschnitt 6.2).

6.1.10.3 Läuferstreuung im Stirnraum

Bei eng am Eisenpaket anliegenden Kurzschlußringen des Käfigläufers ist das Streufeld im Stirnraum des Motors überwiegend mit der Ständerwicklung verkettet. Die Stirnstreuung des Läufers beschränkt sich daher praktisch nur auf das Feld in den Läuferringen selbst. Wenn man nach Abb. 143 den Querschnitt des Kurzschlußringes durch einen Halbkreis gleicher Fläche A_r und das anliegende Eisen des Läuferpaketes durch das Spiegelbild dieser Fläche ersetzt, kann man das Verhältnis σ_r der inneren Reaktanz X_r eines Ringsegmentes zu seinem Widerstand R_r nach den bekannten Formeln für runde Stromleiter bestimmen. Bei der Vernachlässigung der Stromverdrängung, welche ganz unbedeutend ist, gilt nach [11, Seite 307]

$$\sigma_r = X_r/R_r = \mu_0\gamma f A_r/2. \tag{397}$$

Der Faktor σ_r muß auch dann gelten, wenn beide Größen X_r und R_r auf einen Läuferstab umgerechnet sind. Man kann daher nach Gl. (370) für die auf einen Läuferstab bezogene Reaktanz der Ringe schreiben

$$X_{rv} = \sigma_r R_{rv} = \frac{\pi\mu_0 f d_r}{4N_R \sin^2(\pi v p/N_R)} = 8\pi^2 f \frac{l}{\cos\varepsilon}\lambda_r \cdot 10^{-7}, \tag{398}$$

wobei

$$\lambda_r = \frac{d_r\cos\varepsilon}{8lN_R\sin^2(\pi v p/N_R)} \tag{399}$$

ist. Die letzte Umformung in Gl. (398) dient nur dem Vergleich mit der Formel (390) für die Nutstreuung. Die Größe λ_r stellt eine Vergrößerung des geometrischen Leitwertes der Läufernut dar, welche der Streuung der Kurzschlußringe gleichwertig ist. Die Streuung der Kurzschlußringe ist praktisch nur bei der Grundwelle der zweipoligen, axial kurzen Motoren von Bedeutung, wo sie etwa 30% der Nutstreuung ausmacht.

6.1.10.4 Die Streureaktanz des Läufers

Die auf einen Strang der Ständerwicklung bezogene Streureaktanz des Läufers erhält man als Summe

$$\underline{X}_{\sigma R\nu} = \dot{\rho}_\nu (X_t + X_{r\nu}) + \dot{\sigma}_{0\chi} X_{h\nu}, \tag{400}$$

wobei die beteiligten Größen nach Gln. (379), (390), (396), (398) und (382) zu berechnen sind[1].

6.1.11 Magnetischer Kreis

Die allgemeine Theorie der elektrischen Maschinen beruht auf der Annahme der Linearität; die Berechnung des magnetischen Kreises bedeutet daher immer nur einen unvollkommenen Versuch, den Einfluß des nichtlinearen Eisens nachträglich in die Lösung einzuführen. Diese Korrektur ist immer ungenau und muß anhand von Erfahrungen verbessert werden, damit man möglichst zuverlässige Ergebnisse erzielt. Weil man einfache Handrechnungen wesentlich leichter als komplizierte, für einen größeren Anwenderkreis bestimmte Rechenprogramme durch persönliche Erfahrungen ergänzen kann, haben die modernen Rechenanlagen die praktische Berechnung des magnetischen Kreises bisher nicht so entscheidend verbessert, wie man erwarten könnte. Die sonst hervorragenden Methoden der endlichen Differenzen oder Elemente [42] sind wegen der außerordentlich langen Rechenzeiten für die tägliche Praxis nicht geeignet. Bei der Entwicklung von einfacheren Verfahren steht man nicht selten vor dem Problem, mit einer neuen, qualitativ verbesserten Methode wenigstens die Genauigkeit der alten und oft sogar qualitativ falschen Berechnung zu erreichen. In solchen Fällen handelt es sich um eine gegenseitige Kompensation von Fehlern, welche in der neuen Berechnung zunächst voneinander getrennt und auf eine andere Weise erfaßt werden müssen. Die Ungenauigkeit der Berechnung des magnetischen Kreises hängt auch mit der Tatsache zusammen, daß die Verteilung des magnetischen Flusses im Luftspalt bei geschrägten Nuten von der Koordinate in der Achsrichtung stark abhängt und ein dreidimensionales Problem darstellt. Auch wenn man die Querströme vernachlässigt, wird der magnetische Fluß der Arbeitsgrundwelle axial zu den voreilenden Enden der geschrägten Nuten so stark verdrängt, daß beim Ausgleich im Eisen der Fluß auch teilweise axial fließen muß. Diese bisher in der Literatur vernachlässigte Erscheinung bestätigen nicht nur Messungen der Feldverteilung, sondern auch ungleiche Erwärmung der beiden Läuferenden.

---

[1] Die Größe $\underline{X}_{\sigma R\nu}$ in Gl. (400) wird weiterhin als „Reaktanz" bezeichnet, obwohl sie bei Berücksichtigung der Querströme, infolge des komplexen Schrägungsfaktors, zu einer Impedanz mit imaginärem Anteil wird (Abschnitt 4.7.4 und 8.2.2).

Die in diesem Kapitel enthaltene Berechnung des magnetischen Kreises geht von der einfachen Handrechnung aus. Es wird jedoch dabei auf Einflüsse hingewiesen, welche auch für größere Rechenprogramme wichtig sind. Vom Umfang der Berechnung her genügt ein Tischrechner oder sogar nur ein Taschenrechner. Die Berechnung selbst bezieht sich wie vorher auf zweisträngige Motoren, bei welchen der magnetische Kreis entweder nur für den Hauptstrang oder für beide Stränge nachgerechnet wird.

6.1.11.1 Induzierte Spannung und magnetischer Fluß

Die Belastung des magnetischen Kreises in der Achse des Hauptstranges A hängt nicht direkt von der Klemmenspannung, sondern von der induzierten Spannung ab, welche man nach Abzug der Spannungsabfälle erhält in der Form

$$\underline{U}_{iA} = \underline{U} - \underline{I}_A(R_A + jX_{\sigma A}). \tag{401}$$

Der Hauptfluß (je Hälfte einer Polteilung, das heißt der Jochfluß) ist dann

$$\Phi = U_{iA}/(4{,}44 f S_A), \tag{402}$$

wobei S_A nach Gl. (376) berechnet wird. Man muß daher den Strom $\underline{I}_A$ am Anfang der Berechnung abschätzen und die Berechnung wiederholen.

6.1.11.2 Magnetische Spannung am Luftspalt

Aus dem Fluß Φ berechnet man den Scheitelwert der Luftspaltinduktion

$$B_\delta = \frac{2p\Phi k_a}{d(l + 2\delta)}, \tag{403}$$

wobei der Abflachungsfaktor k_a zunächst nur als Schätzungswert eingeführt und erst später nach Abb. 144 überprüft werden kann, wenn es sich um normale Motoren handelt, deren Zähne mehr als das Joch gesättigt werden[1].

Die magnetische Spannung am Luftspalt ist dann

$$V_\delta = \frac{k_C\,\delta B_\delta}{\mu_0} = \frac{k_C\,\delta B_\delta}{4\pi \cdot 10^{-7}}. \tag{404}$$

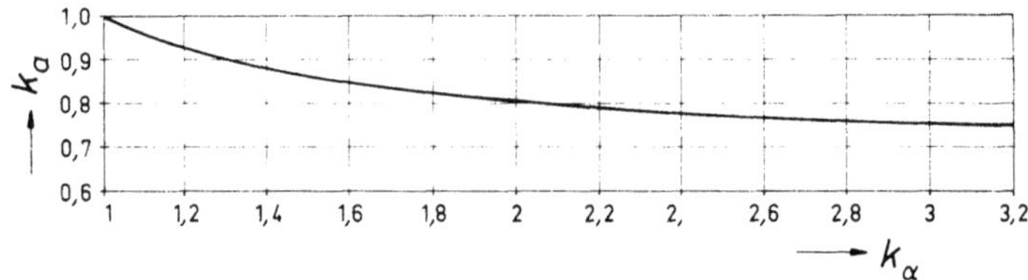

Abb. 144. Der Abflachungsfaktor

---

[1] Bei polumschaltbaren Motoren, deren Joch bei kleinerer Polzahl hoch gesättigt wird, ist das Luftspaltfeld sogar zugespitzt, und man muß mit $k_a > 1$ rechnen und eine Korrektur bei der Flußdichte im Joch einführen.

6.1.11.3 Magnetische Spannung im Ständerjoch

Bei der Berechnung der magnetischen Spannung im Ständerjoch muß man einerseits berücksichtigen, daß der Fluß im Joch um die Stirn- und Nutstreuung vergrößert (Faktor k_j) und andererseits das Joch weitgehend durch Luftwege und Ständerzähne entlastet wird (Abb. 145 und 146).

Es gilt für den ersten Einfluß

$$k_j \approx [U_{iA} + I_A(X_{wA} + X_{nA})\sin\varphi_A]/U_{iA}. \tag{405}$$

Die sonst übliche Anwendung der empirisch korrigierten Magnetisierungskurven für das Joch kann man unter Beibehaltung einer einzigen Magnetisierungskurve des verwendeten Materials durch zwei Korrekturen ersetzen: a) Entlastungsfaktor (für Motoren ohne Gehäuse)

$$g_j \approx \frac{\pi(d_S + 2h_A)}{4ph_A}, \tag{406}$$

der das Verhältnis der Querschnitte des Luftweges und des Joches annähernd erfaßt (Abb. 146), und b) Zuschlag zur Jochhöhe h_A (Jochhöhe unter den mit Strang A belegten Nuten), der ungefähr dem halben Radius r_z eines Kreises entspricht, dessen Mittelpunkt M auf dem Nutgrundkreis d_S liegt und die beiden neben-

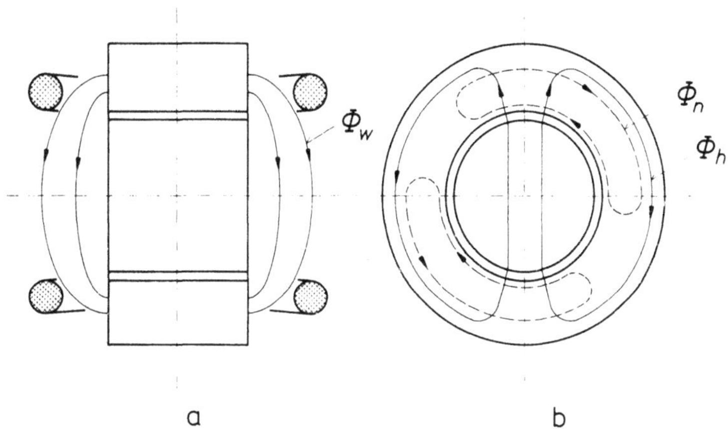

Abb. 145. Überlagerung der Streuflüsse im Ständerjoch

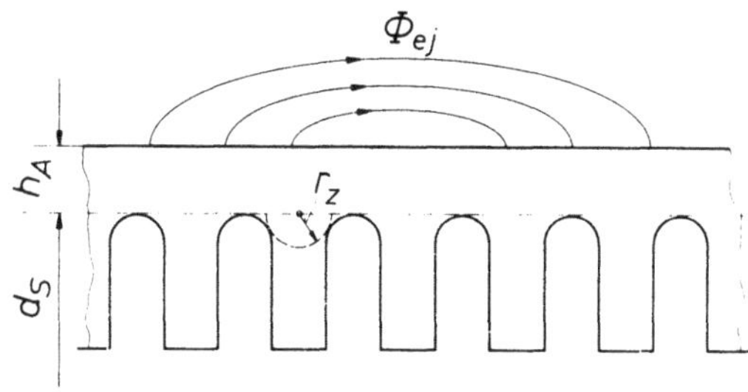

Abb. 146. Magnetische Entlastung des Ständerjochs auf Luftwegen

einander liegenden Nuten eben berührt (Abb. 146). Von den beiden erwähnten Korrekturen kann man direkt nur die zweite (b) einführen und die scheinbare Sättigung B'_j im Ständerjoch bestimmen

$$B'_j = \frac{\Phi k_j}{l(h_A + r_z/2) \cdot k_{\text{Fe}}}.$$ (407)

Die Entlastung g_j des Joches auf Luftwegen verwendet man bei der Berechnung der magnetischen Feldstärke H_j im Joch nach Abschnitt 6.1.11.4. Wenn diese Feldstärke bekannt ist, erhält man die magnetische Spannung im Joch nach der Formel

$$V_j = \frac{\pi(d_S + h_A)}{8p} H_j.$$ (408)

In dieser Formel wird angenommen, daß die effektive Länge des gesättigten Joches pro Pol einem Viertel der Polteilung entspricht. Zusätzliche Korrekturen sind in konkreten Fällen immer noch möglich [1].

6.1.11.4 Die Magnetisierungskurve und der Einfluß der Luftwege

Es wurde im Abschnitt 6.1.11.3 gezeigt, daß parallel zum Ständerjoch ein breiter Luftweg besteht, der das Joch magnetisch entlastet (Faktor g_j in Gl. (406) und Abb. 146). Dementsprechend wurde auch die Induktion B'_j in Gl. (407) als scheinbar bezeichnet. Eine ähnliche Situation entsteht auch bei Zähnen des Ständers und Läufers (siehe Abschnitt 6.1.11.5), wo die Nuten einen zum Eisen der Zähne

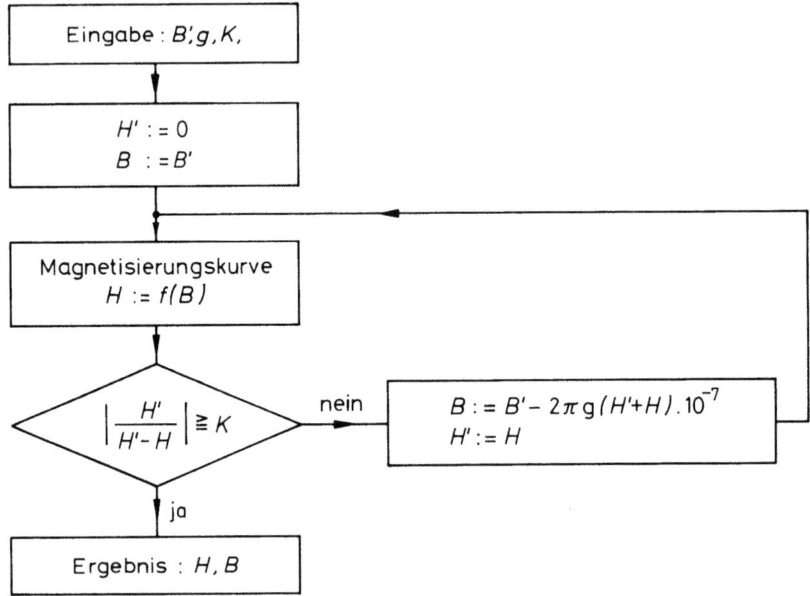

Abb. 147. Kurzes Rechenprogramm für die Berücksichtigung der Entlastung des Joches und der Zähne auf Luftwegen

parallelen Luftweg darstellen. Die Luftwege kann man jedoch nur in Verbindung mit der Magnetisierungskurve des verwendeten Materials berücksichtigen. Wenn man mit einer einzigen Magnetisierungskurve auskommen will, muß man sich für das Joch und die Zähne ein kleines Unterprogramm aufstellen, das iterativ die wirkliche Sättigung und die zugehörige Feldstärke findet. Den Vorgang im Unterprogramm kann man beschreiben nach Abb. 147 (B' scheinbare Sättigung, g der Entlastungsfaktor, K Konstante, welche der geforderten Genauigkeit der iterativ gefundenen Feldstärke H entspricht).

In dem Unterprogramm in Abb. 147 wird angenommen, daß die magnetische Feldstärke H der Magnetisierungskurve entnommen wird, welche als eine Reihe von Werten der Feldstärke H eingegeben wird. Bei kleinen Rechnern genügt die Angabe von 10 Werten:

B	1,0	1,1	1,2	1,3				1,9	[T]
H	H_1	H_2	H_3	H_4				H_{10}	[A/m]

Wenn $B < 1$ T ist, gilt einfach

$$H = B \cdot H_1.$$

Wenn $B > 1$ ist, berechnet man die Zahl

$$\zeta = (B - 1) \cdot 10 + 1.$$

Dieser Zahl ζ entspricht die am nächsten kleinere ganze Zahl

$$\zeta' = \mathrm{Int}(\zeta),$$

welche man ebenso wie ζ speichert. Wenn $\zeta' > 9$ ist, wird $\zeta' = 9$ genommen. Diese Zahl ist die Adresse des Speicherplatzes, in welchem sich die untere Grenze des gesuchten Intervalls der Magnetisierungskurve befindet. Es gilt dann für die gesuchte magnetische Feldstärke

$$H = (H_{(\zeta'+1)} - H_{\zeta'}) \cdot (\zeta - \zeta') + H_{\zeta'}.$$

Die Adressen der Speicherplätze müssen natürlich nicht mit 1 anfangen. Wenn der erste Punkt der Magnetisierungskurve in dem n-ten Speicher gespeichert wird, gilt

$$\zeta = (B - 1) \cdot 10 + n.$$

Bei größeren Anlagen rechnet man ähnlich, aber die Größe ζ' dient als Index des Feldes der Magnetisierungskurve.

6.1.11.5 Magnetische Spannung in den Ständerzähnen

Die Ständerzähne führen einen etwas größeren magnetischen Fluß als Luftspalt. Man kann annähernd den Korrekturfaktor

$$k_{zA} \approx (U_{iA} + I_A X_{nA} \sin \varphi_A)/U_{iA} \tag{409}$$

einführen und für die scheinbare Induktion in den Ständerzähnen schreiben

$$B'_z = \frac{2\pi p \Phi k_a k_{zA}}{k_{\mathrm{Fe}} l N_s b_{zB}}. \tag{410}$$

Für die Anwendung des im Abschnitt 6.1.11.4 beschriebenen Unterprogramms braucht man wieder den Entlastungsfaktor für die Luftwege, die jetzt in den Nuten liegen. Es gilt

$$g_z = \frac{\pi(d + d_S)}{2N_S b_{zB}} - 1. \tag{411}$$

Die Werte von B'_z und g_z ergeben als Ausgangsgrößen des im Abschnitt 6.1.11.4 beschriebenen Unterprogramms die wirkliche Induktion B_z und die zugehörige Feldstärke H_z. Die magnetische Spannung in den Ständerzähnen (pro Pol) ist dann

$$V_z = H_z h_{zB}. \tag{412}$$

6.1.11.6 Magnetische Spannung in den Läuferzähnen

Der Fluß in den Läuferzähnen ist etwas kleiner als im Luftspalt, weil sich der Hauptfluß der Arbeitsgrundwelle teilweise um die Streuflüsse des Läufers vermindert. Man korrigiert den Luftspaltfluß meistens mit einem Erfahrungsfaktor (bis $k_{zR} = 0{,}96$). Eine genauere Berechnung ist schwierig, weil die Streuflüsse des Läufers gegenüber dem Hauptfluß räumlich verschobn sind und bei Einphasenmotoren das Luftspaltfeld auch die gegenlaufende Komponente enthält. Man kann annähernd annehmen

$$k_{zR} \approx (U_{iA} - 0{,}5I_A X_{\sigma R})/U_{iA}, \tag{413}$$

wobei $X_{\sigma R}$ nach Gl. (400) für $v = 1$ zu berechnen ist.

Die scheinbare Sättigung der Läuferzähne ergibt sich zu

$$B'_{zR} = \frac{2\pi p\Phi k_a k_{zR}}{k_{Fe} l N_R b_{zR}}, \tag{414}$$

den Entlastungsfaktor für die Luftwege in den Nuten findet man zu

$$g_{zR} = \frac{\pi(d + d_R)}{2N_R b_{zR}} - 1, \tag{415}$$

und man erhält mit dem im Abschnitt 6.1.11.4 beschriebenen Unterprogramm B_{zR} und H_{zR}. Die gesuchte magnetische Spannung in den Läuferzähnen ist dann

$$V_{zR} = H_{zR} \cdot h_{zR}. \tag{416}$$

6.1.11.7 Magnetische Spannung im Läuferjoch

Für das Läuferjoch gibt es keine Entlastung auf Luftwegen. Das Läuferjoch wird jedoch entlastet durch die Welle, welche bei größeren Sättigungen einen Teil des Flusses übernimmt. Der Zuschlag zu der Jochhöhe Δh hängt vom Schlupf s und der magnetischen Spannung im Joch ab. Wenn man für das Material der Welle annähernd die gleiche Magnetisierungskurve wie für das aktive Eisen annimmt, gilt für den einseitigen Zuschlag zu der Jochhöhe

$$\Delta h = \sqrt{H/(\pi\gamma_{Fe} s f B)}, \tag{417}$$

wobei γ_{Fe} die Leitfähigkeit des Wellenmaterials bedeutet. Die Werte H und B sind annähernd gleich wie im Joch selbst, und man kann daher die Entlastung für jeden Schlupf s berechnen. Dies lohnt sich jedoch nur bei hohen Sättigungen im Joch.

Es gilt für die Induktion im Läuferjoch

$$B_{jR} = \frac{\Phi k_{zR}}{(h_A + \Delta h)k_{Fe}l}.$$ (418)

Auf der Magnetisierungskennlinie findet man H_{jR}, und die magnetische Spannung im Läuferjoch (pro Pol) ist dann

$$V_{Rj} = \pi(d_R - h_R)H_{jR}/(8p).$$ (419)

6.1.11.8 Überprüfung des Abflachungsfaktors

Für die Kontrolle des vorher nur schätzungsweise eingeführten Abflachungsfaktors berechnet man nun

$$k_\alpha = (V_\delta + V_z + V_{zR})/V_\delta$$ (420)

und findet mit Hilfe der Kurve in Abb. 144 einen genaueren Wert von k_a [13].

6.1.11.9 Korrektur der Hauptreaktanz

In der Berechnung der Reaktanzen erscheint der Einfluß der Sättigung in Gl. (382) als Korrektur der Hauptreaktanzen X_{hv}. Die beschriebene, auf den Hauptstrang A bezogene Berechnung des magnetischen Kreises ergibt den gesuchten Korrekturfaktor $k_{\mu v}$ für die Arbeitsgrundwelle ($v = 1$) in der Form

$$k_{\mu 1} = V_\delta/(V_\delta + V_j + V_z + V_{zR} + V_{Rj}).$$ (421)

Es empfiehlt sich jedoch, den Sättigungsfaktor $k_{\mu 1}$ auch für die Achse des Hilfsstranges zu berechnen und für die Korrektur der Hauptreaktanz der Arbeitsgrundwelle den Mittelwert der erhaltenen Sättigungsfaktoren zu verwenden.

Die Berechnung des magnetischen Kreises bietet leider keine zuverlässige Grundlage für die Korrektur der Hauptreaktanzen von Oberwellen. Bei Kondensatormotoren nimmt man für $v > 1$ meistens $k_{\mu v} \approx 1$, weil der Motor bei kleinen Drehzahlen, bei welchen die Oberwellen höherer Ordnung meistens zur Wirkung kommen, wenig gesättigt ist. Bei Motoren kleiner Leistung mit kleiner Nutenzahl je Pol, das heißt vor allem bei Spaltpolmotoren, kommen auch starke Oberwellen niedriger Ordnung zur Geltung, bei welchen der Einfluß der Sättigung im allgemeinen nicht vernachlässigt werden kann. Bei symmetrischen Spaltpolmotoren (Abb. 104) kann man die Hauptreaktanz der 3. Oberwelle praktisch mit dem gleichen Sättigungsfaktor wie die Arbeitsgrundwelle korrigieren.

6.1.12 Eisen- und Zusatzverluste

Bei der Berechnung des magnetischen Kreises (Abschnitt 6.1.11) kann man auch aus den Flußdichten und Massen die Eisenverluste im Ständer bestimmen. Es gilt für die Eisenverluste eines jeden Teiles des magnetischen Kreises

$$\Delta P'_{Fe} = v_{Fe}m_{Fe},$$ (422)

wobei m_{Fe} die Masse und v_{Fe} die spezifische Verlustleistung

$$v_{Fe} = aB^b(f/50)^c \quad [\text{W/kg}; \text{T}, \text{Hz}] \tag{423}$$

bedeuten. Für das übliche Kaltbandblech (Dicke 0,63 mm) kann man nach entsprechender Glühbehandlung annehmen: $a \approx 3{,}25$, $b \approx 2{,}25$ und $c \approx 1{,}75$. Z. B. für $f = 50$ Hz und $B = 1{,}8$ T erhält man $v_{Fe} \approx 12$ W/kg. Wenn man den magnetischen Kreis in zwei Achsen berechnet, betrachtet man die Verluste in beiden Achsen als unabhängig und übernimmt für jede Achse die Hälfte der Masse des betrachteten Teiles (Zähne, Joch) bei maximaler Flußdichte in die Berechnung.

Wie bei großen Maschinen ergibt die oben beschriebene, im allgemeinen ganz richtige Berechnung der Eisenverluste zu kleine Werte im Vergleich mit Messungen an ausgeführten Motoren, und man muß die spezifischen Verluste v_{Fe} oft um mehr als 100% erhöhen, um zu befriedigenden Ergebnissen zu gelangen. Dafür gibt es zwei Gründe: Die mechanischen Spannungen, welche bei der Bearbeitung der Eisenpakete unvermeidlich sind, können die Verluste wesentlich vergrößern, und es gibt auch Verlustquellen, welche die beschriebene Berechnung nicht erfaßt (Verluste im Stirnraum, einseitige Verdrängung des Luftspaltflusses in der Achsrichtung infolge der Nutschrägung, hochfrequente Flußpulsationen aufgrund der Nutung, Kurzschlüsse zwischen den Läuferblechen und anderes).

Die Eisenverluste können mit Hilfe des ohmschen Widerstandes R_{Fe} in das Ersatzschaltbild und das Gleichungssystem einbezogen werden (Abb. 39). Bei zweisträngigen Motoren kann man diesen Widerstand für jede Achse getrennt aus den zugehörigen Eisenverlusten berechnen. Weil auch die Streufelder an Eisenverlusten beteiligt sind, kann man von den in Abb. 39 dargestellten Möglichkeiten den Widerstand R_{Fe2} wählen. Unabhängig davon, wie man die Gleichungen der Maschinen aufstellt, erhält man für jeden der beiden Stränge das Schema in Abb. 148a, wobei die Impedanz $\underline{Z}_S$ auch die Hilfsimpedanz $\underline{Z}_H$ enthält, wenn es sich um den Hilfsstrang handelt. Weil der Widerstand R_{Fe} das Schaltbild komplizierter macht, kann man das Schaltbild in Abb. 148a nach Abb. 148b umformen. Es gilt nach dem Helmholtzschen Satz über die Zweipolquelle [11, S. 23]

$$\underline{U}_S' = \underline{U}_S R_{Fe}/(\underline{Z}_S + R_{Fe}) \tag{424}$$

und

$$\underline{Z}_S' = \underline{Z}_S R_{Fe}/(\underline{Z}_S + R_{Fe}), \tag{425}$$

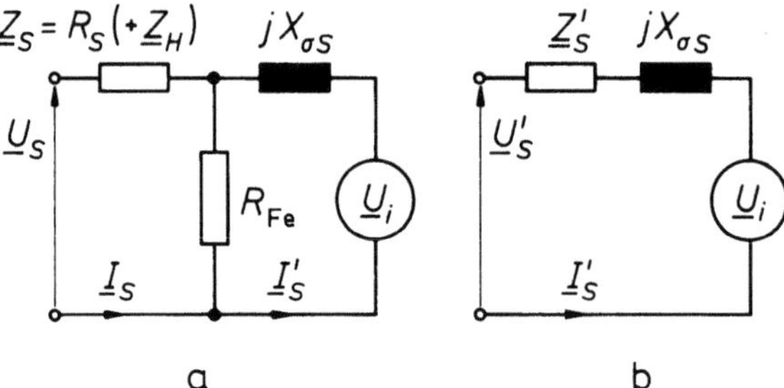

Abb. 148. Eisenverluste im Ersatzschaltbild (a) vor und (b) nach der Transformation

und mit diesen neuen Größen bleibt die einfache Form des Schaltbildes für die weitere Lösung unverändert. Man muß nur nach der abgeschlossenen Berechnung der Ströme $\underline{I}'_S$ die wirklichen Wicklungsströme nach der Formel

$$\underline{I}_S = \frac{\underline{U}_S + R_{\mathrm{Fe}}\underline{I}'_S}{\underline{Z}_S + R_{\mathrm{Fe}}} \tag{426}$$

berechnen. Weil die im Schaltbild nach Abb. 148a, b beteiligten Impedanzen für den Haupt- und Hilfsstrang unterschiedlich sind, muß man auch die Umrechnungen nach Gln. (424) bis (426) für jeden Strang getrennt durchführen.

6.2 Grundgleichungen für Rechenprogramme

Es wurde schon im Abschnitt 3.5 darauf hingewiesen, daß die Methode der symmetrischen Komponenten zwar für die Analyse des Grundwellenverhaltens gut geeignet ist (Kap. 3), aber für größere Rechenprogramme mit Oberwellen das im Abschnitt 3.7 und 4.2.3 aufgestellte Verfahren vorzuziehen ist. Es ist daher an dieser Stelle zweckmäßig, den Zusammenhang der im Abschnitt 6.1 berechneten Konstanten mit den in Abb. 118 eingeführten Impedanzen $\underline{Z}'_{mv}$, $\underline{Z}'_{gv}$ zu zeigen und die Anwendung der allgemeinen Lösungsmethode im Abschnitt 4.2.3 auf zweisträngige Motoren anzudeuten.

6.2.1 Impedanzen $\underline{Z}'_{mv}$, $\underline{Z}'_{gv}$

Die Impedanzen in Abb. 118 wurden ohne Berücksichtigung der Nutöffnungen und der Querströme eingeführt. Ihre verallgemeinerte Form ist in Abb. 149

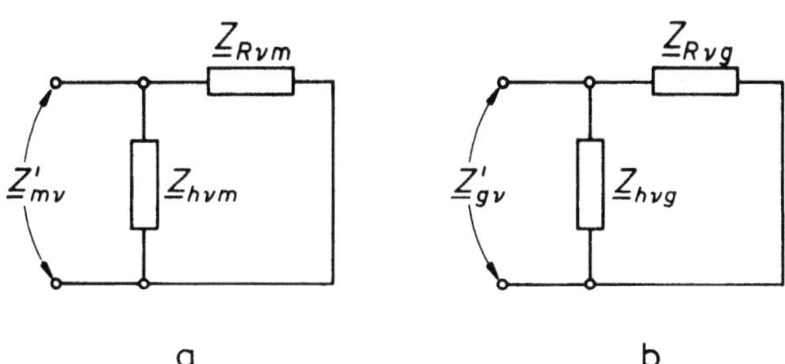

Abb. 149. Verallgemeinerte Form der inneren Impedanzen $\underline{Z}'_{mv}$, $\underline{Z}'_{gv}$, welche Nutöffnungen und Querströme berücksichtigt

dargestellt. Wenn man die Nutöffnungen berücksichtigt, gilt für die Impedanzen des Magnetisierungszweiges nach Abb. 130b

$$\underline{Z}_{hv} = jk_{nv}X_{hv}, \tag{427}$$

wobei k_{nv} nach Gl. (337) und X_{hv} nach Gl. (382) zu berechnen sind. Diese Impedanz ist für die mit- und gegenlaufenden Wellen gleich, wenn man in beiden Fällen denselben Sättigungsfaktor $k_{\mu v}$ in Gl. (382) einführt. Das trifft bei Oberwellen normalerweise zu ($k_{\mu v} \approx 1$).

Die Impedanzen des Läuferkreises $\underline{Z}_{Rvm}$, $\underline{Z}_{Rvg}$ haben die gemeinsame Form

$$\underline{Z}_{Rv} = \dot{\rho}[(R_t + R_{rv})/s_v + j(X_t + X_{rv})] + jX_{hv}[1/(\eta_v\dot{\chi}_v)^2 - k_{nv}]. \tag{428}$$

Die beteiligten Konstanten sind durch Gln. (380), (369), (370), (319), (390), (398), (382), (395) und (337) gegeben. Die Impedanzen $\underline{Z}_{Rv}$ berechnet man immer getrennt für die mit- und gegenlaufende Einzelwelle, weil in Gl. (428) nicht nur der Schlupf s_v (Gl. (319)), sondern auch der komplexe Schrägungsfaktor $\dot{\chi}_v$ und der von ihm abhängige Umrechnungsfaktor $\dot{\rho}_v$ (Gl. (380)) von der Drehrichtung der Welle abhängen. Man kann jedoch beide Impedanzen nach gleichen Formeln berechnen, wenn man für die gegenlaufenden Wellen die Ordnungszahl v mit dem negativen Vorzeichen einsetzt (siehe auch Gl. (319) und die Berechnung des komplexen Schrägungsfaktors im Abschnitt 8.2.2).

6.2.2 Gleichungen des zweisträngigen Motors mit Oberwellen

Nach Abschnitt 4.2.3 gelten für den Einphasenmotor mit zwei elektrisch senkrecht aufeinander stehenden Strängen (Abb. 45, 46 und 54) die Gleichungen

$$U = \underline{Z}_{AA}\underline{I}_A + \underline{Z}_{AB}\underline{I}_B,$$
$$U = \underline{Z}_{BA}\underline{I}_A + \underline{Z}_{BB}\underline{I}_B, \tag{429}$$

wobei

$$\underline{Z}_{AA} = \underline{Z}_{\sigma A} + \sum_v S^2_{Av}\underline{Z}'_{mv} + \sum_v S^2_{Av}\underline{Z}'_{gv},$$

$$\underline{Z}_{BB} = \underline{Z}_{\sigma B} + \sum_v S^2_{Bv}\underline{Z}'_{mv} + \sum_v S^2_{Bv}\underline{Z}'_{gv}, \tag{430}$$

$$\underline{Z}_{AB} = \sum S_{Av}S_{Bv}\underline{Z}'_{mv}\exp(-jv\pi/2) + \sum S_{Av}S_{Bv}\underline{Z}'_{gv}\exp(jv\pi/2),$$

$$\underline{Z}_{BA} = \sum S_{Bv}S_{Av}\underline{Z}'_{mv}\exp(jv\pi/2) + \sum S_{Bv}S_{Av}\underline{Z}'_{gv}\exp(-jv\pi/2). \tag{431}$$

Die Berechnung der Impedanzen $\underline{Z}'_{mv}$, $\underline{Z}'_{gv}$ wurde im Abschnitt 6.2.1 behandelt; sie müssen für jeden Schlupfwert berechnet werden. Die Summen $\sum$ in Gln. (430) und (431) beziehen sich auf ungerade Ordnungszahlen v von 1 bis zu einer wählbaren Grenze v_n, welche normalerweise als $v_n = N_S/p + 1$ genommen wird (siehe auch Abschnitt 6.1.9.2).

Die Impedanzen $\underline{Z}_{\sigma A}$, $\underline{Z}_{\sigma B}$ bestehen aus den Wirkwiderständen und Streureaktanzen der beiden Stränge; die Impedanz $\underline{Z}_{\sigma B}$ enthält noch dazu die Hilfsimpedanz $\underline{Z}_H$ (siehe Abschnitt 3.5). Es ist daher ohne Schwierigkeiten möglich, nach Abschnitt 6.1.12 die Eisenverluste in der Form von ohmschen Widerständen R_{Fe} in die Gleichungen einzuführen.

7 Einige praktische Hinweise

7.1 Experimentelle Ermittlung der günstigsten Leiterzahl

Wegen der unvermeidlichen Ungenauigkeit der Berechnung von Kleinmotoren werden die optimalen Leiterzahlen der Ständerwicklung oft erst experimentell an Mustermotoren festgestellt. Eine Änderung der Leiterzahl eines direkt am Netz liegenden Stranges kann man durch bloße Änderung der Speisespannung simulieren. Dazu sind Spartransformatoren besonders gut geeignet, weil sie keine wesentliche Phasenverschiebung verursachen. Wenn man feststellen will, wie sich die Änderung der Leiterzahl z eines Stranges auswirkt, speist man den Strang von der Versuchsspannung

$$U_\mathrm{r} = Uk_\mathrm{tr} = Uz/z_\mathrm{neu}, \tag{432}$$

wobei z_neu die neue Leiterzahl und U die Nennspannung bedeuten. Man sieht, daß eine Vergrößerung der Speisespannung einer Verkleinerung der Leiterzahl gleichwertig ist (siehe Abschnitt 1.6).

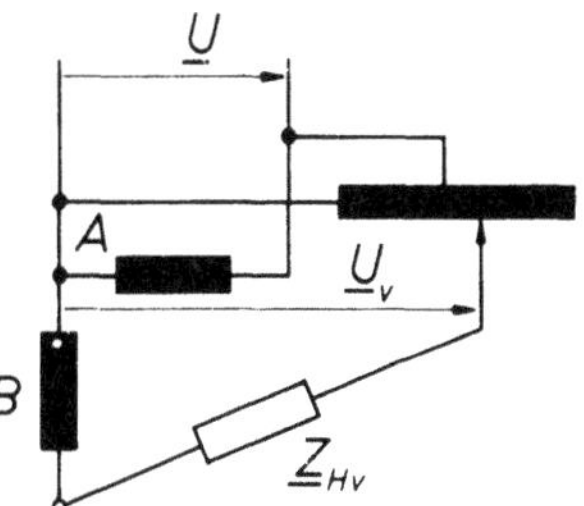

Abb. 150. Experimentelle Ermittlung der günstigsten Leiterzahl des Hilfsstranges

Wenn man die optimale Leiterzahl des Hilfsstranges sucht (Abb. 150), muß man bei dem Versuch nicht nur die Speisespannung nach Gl. (432) ändern, sondern auch eine andere Hilfsimpedanz

$$\underline{Z}_{Hr} = \underline{Z}_H k_\mathrm{tr}^2 = \underline{Z}_H(U_\mathrm{r}/U)^2 \tag{433}$$

verwenden, wobei $\underline{Z}_H$ die Hilfsimpedanz ist, mit welcher der Hilfsstrang mit der neuen Leiterzahl z_neu arbeiten soll. Man muß daher z. B. statt der geplanten Kapazität C die Kapazität

$$C_\mathrm{r} = C/k_\mathrm{tr}^2 = C(U/U_\mathrm{r})^2 = C(z_\mathrm{neu}/z)^2 \tag{434}$$

benutzen (Abschnitt 1.6).

Bei dem Versuch mit Widerstandshilfsstrang mit bifilaren Windungen genügt die Spannungsänderung nach Gl. (432), wenn man zwar eine günstigere Windungszahl sucht, aber das Verhältnis der magnetisch wirksamen und bifilaren Windungen nicht ändern will (Abschnitt 5.2.2.2). Man kann jedoch auch bei diesem Versuch dem bestehenden Hilfsstrang einen veränderlichen Zusatzwiderstand R_v vorschalten und damit auch die vorläufig festgelegte Anzahl der bifilaren Windungen prüfen. Weil es keine einfachen negativen Widerstände gibt, sollte man bei Mustermotoren nur wenige oder überhaupt keine bifilaren Windungen einbauen, damit man sich bei diesem Versuch beide Möglichkeiten offen hält. Wenn man dann das Optimum des Betriebsverhaltens bei einem Zusatzwiderstand R_v findet, bestimmt man den Widerstand des „verbesserten" Hilfsstranges mit der neuen Leiterzahl z_{neu} nach der Beziehung

$$R_{neu} = (R + R_v) \cdot (z_{neu}/z)^2, \tag{435}$$

wobei R der Widerstand des bestehenden Hilfsstranges ist.

Über die Richtigkeit der in diesem Absatz angegebenen Formeln kann man sich nach Abschnitt 1.6 leicht überzeugen, wenn man den bei dem Versuch aufgestellten Stromkreis des zu untersuchenden Stranges auf die Nennspannung umrechnet.

7.2 Klemmenbezeichnungen

In dem vorliegenden Buch werden die Wicklungsstränge mit großen $(A, B, C, \ldots, Z)$ und die Nuten mit kleinen Buchstaben $(a, b, c, \ldots, z)$ bezeichnet. Dieselben Buchstaben wurden auch als Indizes bei den zugehörigen physikalischen Größen verwendet. Für den Benutzer des Motors ist jedoch eine andere Beschreibung der Wicklung notwendig, denn er muß nur informiert werden, welche Klemmen zu welchen Strängen gehören. Die Klemmenbezeichnungen sind genormt und in VDE 0570/7.57, „Regeln für Klemmenbezeichnungen" angegeben. Die für Einphasenasynchronmotoren wichtigsten Klemmenbezeichnungen sind in der Tabelle 6 zusammengestellt.

Tabelle 6. *Klemmenbezeichnungen*

Wicklungsart	Strang	Klemmen
einsträngig		$U - V$
zweisträngig	Hauptstrang	$U - V$
	Hilfsstrang	$W - Z$
dreisträngig	1. Strang	$U - X$
	2. Strang	$V - Y$
	3. Strang	$W - Z$

Bei Einbaumotoren, welche normalerweise keinen Klemmenkasten haben, unterscheidet man die Wicklungsenden nach der Farbe der zugehörigen Anschlußleitungen. Diese Farben müssen schon in dem Schema der Wicklung angegeben sein.

7.3 Die Drehrichtung und ihre Umkehr

Die Drehrichtung von Asynchronmotoren ist durch die Phasenfolge der Strangströme gegeben, deren Phasenverschiebung bei Einphasenmotoren durch vorgeschaltete Hilfsimpedanzen erreicht wird. Weil sich der Motor selbst wie eine Kombination von Induktivitäten und ohmschen Widerständen verhält, eilt der Strom des Stranges mit dem Kondensator oder dem zusätzlichen Wirkwiderstand immer dem Strom des parallel geschalteten Stranges ohne Hilfsimpedanz vor. Die Schemata aller Ständerschaltungen sind in dem vorliegenden Buch so gezeichnet, daß der Lage der Stränge eine Drehrichtung entgegen dem Uhrzeigersinn entspricht (Abb. 151).

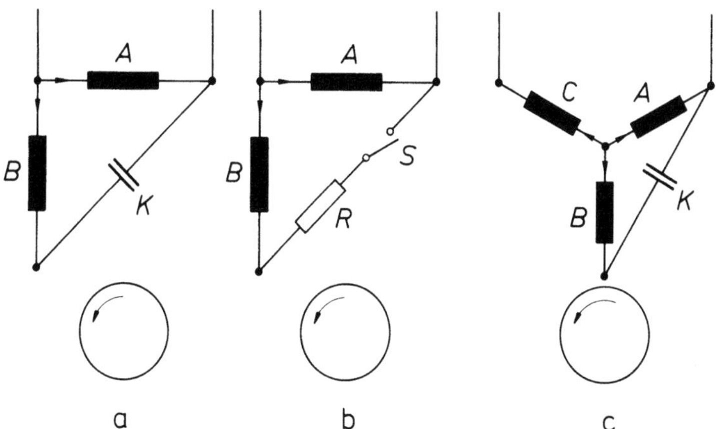

Abb. 151. Ständerschaltungen und die Drehrichtung des Läufers

Für die richtige Schaltung der Ständerwicklung muß man die Drehrichtung des Motors der Verteilung der Stränge in Nuten zuordnen (Abb. 30). Genauso wie in der schematischen Darstellung in Abb. 151 trägt man, ausgehend von den verbundenen Klemmen beider Stränge V und Z, in gleicher Richtung Zählpfeile ein, welche die positiven Richtungen der Ströme in den einzelnen Spulenseiten angeben (Abb. 30). Die Drehrichtung des umlaufenden Ständerfeldes gibt dann die gegenseitige Lage von zwei beliebigen, nebeneinander liegenden Spulenseiten beider Stränge mit gleicher Stromrichtung an (z. B. Nuten 10 und 11 in Abb. 30). Das Feld läuft in der Richtung von dem Hilfsstrang B (mit Kondensator oder Widerstand) zum Hauptstrang A (in Abb. 30 nach rechts). Die Drehrichtung von links nach rechts findet man auch in Abb. 29 und 31, wenn die dem Hilfsstrang B vorgeschaltete Hilfsimpedanz ein Kondensator oder Wirkwiderstand ist (bei einer Drosselspule ist es umgekehrt — Abb. 54b).

Bei der Steinmetzschaltung (Abb. 151c) ergibt sich die Drehrichtung aus der Tatsache, daß der Strom des Stranges B dem Strom im Strang A voreilt. Das Drehfeld bewegt sich daher von den Spulenseiten des Stranges B zu den mit gleicher Stromrichtung versehenen Spulenseiten des Stranges A (in Abb. 28 nach links).

Das Reversieren eines Asynchronmotors beruht immer auf der Umkehr der
Phasenfolge der Strangströme. Bei symmetrischen Wicklungen ist es nach Abb. 152
mit einem einpoligen Umschaltglied möglich. Bei zweisträngigen Motoren mit
ungleichen Strängen muß man beim Reversieren die Stromrichtung in einem der
beiden Stränge umkehren, wozu ein zweipoliges Umschaltglied notwendig ist.

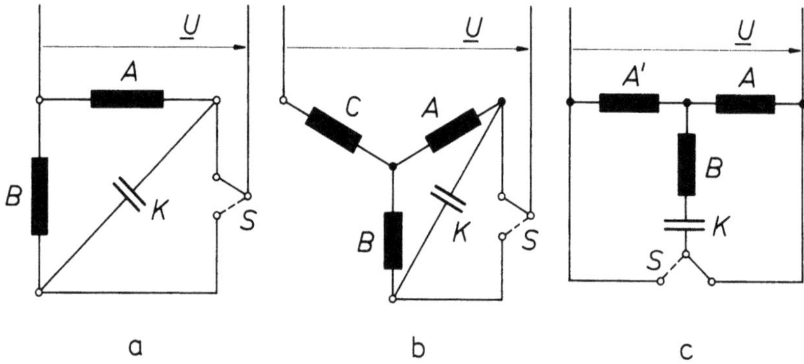

Abb. 152. Drehrichtungsumkehr bei Wicklungssymmetrie: bei Schaltung a) und b) sind die
Stränge A und B gleich; bei Schaltung c) sind A und A' gleich verteilt

8 Anhang

8.1 Strombelagsfunktion des Ständers

8.1.1 Strombelag einer Nut

Vernachlässigt man in der allgemeinen Theorie der elektrischen Maschinen den Einfluß des nicht-linearen Eisens (siehe Abschnitt 3.1), kann man die Luftspaltfelder der einzelnen Wicklungen (Ständer, Läufer), Stränge oder sogar der einzelnen Nuten überlagern. Man kann daher bei der Herleitung von Grundgleichungen von einer Nut am Umfang ausgehen [35, 37, 39, 43]. In Abb. 153b ist

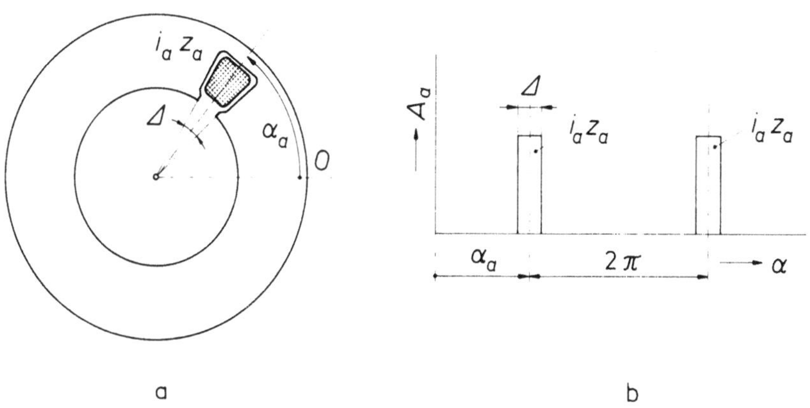

Abb. 153. Strombelag einer Nut als periodische Impulsfunktion: a) Nut mit Durchflutung; b) Strombelagsfunktion

der Strombelag $A_a(\alpha)$ veranschaulicht, den eine Ständernut mit z_a Leitern und dem augenblicklichen Leiterstrom i_a darstellt (Abb. 153a). Es ist eine raumperiodische Funktion, welche man durch die Fourier-Reihe

$$A_a(\alpha) = A_g + A_1 \cos(\alpha - \alpha_a) + A_2 \cos[2(\alpha - \alpha_a)]$$

$$+ \cdots + A_{v'} \cos[v'(\alpha - \alpha_a)] \tag{436}$$

ersetzen kann. Das konstante Glied

$$A_g = \frac{i_a z_a}{2\pi} \tag{437}$$

stellt eine gleichmäßige Verteilung der Nutdurchflutung über den ganzen Ständerumfang dar. Dieses Glied kann im weiteren weggelassen werden, sofern die

Ständerwicklung aus ganzen Windungen besteht, das heißt wenn, wie es üblich ist, alle Wicklungsanschlüsse nur von einem der beiden Wickelköpfe herausgeführt sind. Die Amplituden der anderen Glieder in Gl. (436) sind

$$A_{v'} = \frac{1}{\pi} \frac{i_a z_a}{\Delta} \int\limits_{\alpha_a - \Delta/2}^{\alpha_a + \Delta/2} \cos[v'(\alpha - \alpha_a)] \, d\alpha = \frac{i_a z_a}{\pi} \frac{\sin(v'\Delta/2)}{v'\Delta/2}$$

$$= \frac{i_a z_a}{\pi} \xi_{nv'}, \tag{438}$$

wobei

$$\xi_{nv'} = \frac{\sin(v'\Delta/2)}{v'\Delta/2} \tag{439}$$

den sogenannten Nutschlitzfaktor bedeutet, weil der Winkel Δ dem Nutschlitz entspricht (Abb. 153a). Wenn die Nutschlitzbreite und der zugehörige Winkel Δ als unendlich klein betrachtet werden, ist der Faktor

$$\xi_{nv'} = \lim_{\Delta \to 0} \frac{\sin(v'\Delta/2)}{v'\Delta/2} = 1, \tag{440}$$

und die Amplituden $A_{v'}$ in Gl. (436) sind für alle v' gleich

$$A_{v'} = \frac{i_a z_a}{\pi}. \tag{441}$$

Der Nutschlitzfaktor $\xi_{nv'}$ vermindert Oberwellen höherer Ordnung und wird im Abschnitt 6.1.9.2 bei der Berechnung der Oberwellenstreuung verwendet; für die Wellen niedriger Ordnung ist er praktisch gleich 1. Weil man diesen Faktor immer auch nachträglich in die Gleichungen einführen kann, werden im Abschnitt 8.1.2 unendlich schmale Nuten angenommen.

8.1.2 Zeigerdarstellung der Strombelagswellen

Bei der Annahme von unendlich schmalen Nuten kann man entsprechend dem Muster nach Gl. (16) jedes Glied der Reihe (436) in der Form

$$A_{v'} \cos[v'(\alpha - \alpha_a)] = \frac{i_a z_a}{\pi} \cos[v'(\alpha - \alpha_a)]$$

$$= \frac{1}{\pi} \operatorname{Re}[i_a z_a \exp(jv'\alpha_a) \exp(-jv'\alpha)]$$

$$= \frac{1}{\pi} \operatorname{Re}[\underline{i}_{v'a} \underline{r}_v^*(\alpha)] \tag{442}$$

schreiben, wobei

$$\underline{i}_{v'a} = i_a z_a \exp(jv'\alpha_a) \tag{443}$$

der Raumzeiger der v'-ten Strombelagswelle der Nut a ist und $\dot{r}_{v'}(\alpha)$ den Ortsstrahl nach Gl. (18) bedeutet (siehe [35, 39, 43]).

8.1.3 Der komplexe Wicklungsfaktor

Die resultierende Strombelagswelle einer bestimmten Ordnung v' im Luftspalt ergibt sich als Summe der Wellen der einzelnen Nuten, welche man als Summe der zugehörigen Raumzeiger erhalten kann. Weil die zu einem Strang gehörenden Leiter denselben Strom führen, bietet sich zunächst die Summierung der Strombelagswellen dieser Leiter an. Es gilt dann für einen beliebig verteilten Strang A mit dem Strom i_A

$$
\begin{aligned}
\underline{i}_{v'A} &= \underline{i}_{v'a} + \underline{i}_{v'b} + \cdots + \underline{i}_{v'z} \\
&= i_A[\pm z_a \exp(jv'\alpha_a) \pm z_b \exp(jv'\alpha_b) \pm \cdots \pm z_z \exp(jv'\alpha_z)] \\
&= i_A \dot{S}_{Av'} = i_A z_A \dot{\xi}_{Av'},
\end{aligned}
\tag{444}
$$

wobei

$$
z_A = z_a + z_b + z_c + \cdots + z_z
\tag{445}
$$

die Leiterzahl des Stranges A und

$$
\dot{\xi}_{Av'} = [\pm z_a \exp(jv'\alpha_a) \pm z_b \exp(jv'\alpha_b) \pm \cdots \pm z_z \exp(jv'\alpha_z)]/z_A
\tag{446}
$$

den komplexen Wicklungsfaktor des Stranges A für die Raumwelle der Ordnung v' bedeutet. Die Vorzeichen in Gl. (444) und (446) hängen davon ab, ob der Strom i_A die Leiter in den Nuten a, b bis z in der positiven oder negativen Richtung durchfließt (siehe Abb. 4 und 30). Das Produkt der Leiterzahl und des Wicklungsfaktors

$$
\dot{S}_{Av'} = z_A \dot{\xi}_{Av'} = z_A |\dot{\xi}_{Av'}| \exp(jv'\alpha_A)
\tag{447}
$$

bezeichnet man als komplexe effektive Leiterzahl des Stranges. Diese Größe sowie der komplexe Wicklungsfaktor geben die Lage des Stranges an (Abschnitt 3.7, 4.2.3 und [35, 37, 39, 43]).

8.1.4 Die Nutharmonischen

Anhand des komplexen Wicklungsfaktors kann man zeigen, daß es unmöglich ist, die sogenannten Nutharmonischen der Ordnung $v' = N \pm p$ durch die Verteilung der Wicklung zu unterdrücken. Wenn man der Einfachheit halber den Nullstrahl der Polarkoordinaten α in die Achse einer Nut legt, ist die Polarkoordinate der um q gleiche Nutteilungen weiter am Umfang liegenden Nut

$$
\alpha_q = \frac{2\pi}{N} q,
\tag{448}
$$

und der dazugehörige elektrische Winkel

$$
\beta_q = v' \frac{2\pi}{N} q.
\tag{449}
$$

Für $v' = N + p$ gilt

$$\beta_q = (N + p)\frac{2\pi}{N}q = p\frac{2\pi}{N}q + 2\pi q, \tag{450}$$

und man erhält nach Gl. (446)

$$\dot{\xi}_{(N+p)} = \dot{\xi}_p. \tag{451}$$

Ganz analog findet man auch für die andere Nutharmonische der Ordnung $v' = N - p$

$$\dot{\xi}_{(N-p)} = \dot{\xi}_p^*. \tag{452}$$

Man kann daher bei gleichförmiger Nutung nicht die Nutharmonischen unabhängig von der Arbeitsgrundwelle durch die Wicklungsverteilung unterdrücken [1, 2, 30, 27, 37].

8.1.5 Strombelagswellen einer vielsträngigen Wicklung

Den Raumzeiger der Strombelagswellen einer vielsträngigen, unsymmetrischen Ständerwicklung erhält man für jede Ordnung v' als Summe der Raumzeiger aller Stränge nach Gl. (444). Es gilt

$$\underline{i}_{v'S} = \underline{i}_{v'A} + \underline{i}_{v'B} + \cdots + \underline{i}_{v'Z} = i_A \dot{S}_{Av'} + i_B \dot{S}_{Bv'} + \cdots + i_Z \dot{S}_{Zv'}. \tag{453}$$

Fließen in den Strängen $A, B, C, \ldots, Z$ Wechselströme gleicher Frequenz (Zeiger $\underline{I}_A, \underline{I}_B, \ldots, \underline{I}_Z$), erhält man nach Gln. (5) und (453)

$$\underline{i}_{v'S} = \dot{S}_{Av'}\,\mathrm{Re}[\underline{I}_A\sqrt{2}\exp(j\omega t)] + \dot{S}_{Bv'}\,\mathrm{Re}[\underline{I}_B\sqrt{2}\exp(j\omega t)]$$

$$+ \cdots + \dot{S}_{Zv'}\,\mathrm{Re}[\underline{I}_Z\sqrt{2}\exp(j\omega t)]$$

$$= \frac{1}{\sqrt{2}}(\dot{S}_{Av'}\underline{I}_A + \dot{S}_{Bv'}\underline{I}_B + \cdots + \dot{S}_{Zv'}\underline{I}_Z)\exp(j\omega t)$$

$$+ \frac{1}{\sqrt{2}}(\dot{S}_{Av'}\underline{I}_A^* + \dot{S}_{Bv'}\underline{I}_{Bv'}^* + \cdots + \dot{S}_{Zv'}\underline{I}_Z^*)\exp(-j\omega t). \tag{454}$$

Nach Gl. (454) zerfällt der Raumzeiger

$$\underline{i}_{v'S} = \underline{i}_{v'm} + \underline{i}_{v'g} \tag{455}$$

in eine mitlaufende

$$\underline{i}_{v'm} = \frac{1}{\sqrt{2}}(\dot{S}_{Av'}\underline{I}_A + \dot{S}_{Bv'}\underline{I}_B + \cdots + \dot{S}_{Zv'}\underline{I}_Z)\exp(j\omega t) \tag{456}$$

und eine gegenlaufende Strombelagswelle

$$\underline{i}_{v'g} = \frac{1}{\sqrt{2}}(\dot{S}_{Av'}^*\underline{I}_A + \dot{S}_{Bv'}^*\underline{I}_B + \cdots + \dot{S}_{Zv'}^*\underline{I}_Z)^*\exp(-j\omega t). \tag{457}$$

Die Klammerausdrücke wurden schon im Abschnitt 4.2.3 gefunden; sie stellen die beiden Strombelagswellen in der komplexen Zahlenebene der Stromzeiger dar [17, 35, 37, 43].

8.1.6 Symmetrische Komponenten

Die Klammerausdrücke in Gln. (456) und (457) führen direkt zu den symmetrischen Komponenten des Stromsystems, wenn die Wicklung symmetrisch ist. Handelt es sich um eine Wicklung, deren beide Stränge A und B im elektrischen Winkelmaß der Arbeitsgrundwelle ($v' = p$) um $90°$ versetzt sind und

$$\dot{S}_{Ap} = |\dot{S}_{Ap}| = S_A, \tag{458}$$

$$\dot{S}_{Bp} = \dot{S}_{Ap}\exp\left(-j\frac{\pi}{2}\right) = -jS_A, \tag{459}$$

so gilt nach Gln. (456) und (457)

$$\underline{i}_{pm} = \frac{1}{\sqrt{2}}S_A(\underline{I}_A - j\underline{I}_B)\exp(j\omega t) = \sqrt{2}\,S_A\underline{I}_m\exp(j\omega t), \tag{460}$$

$$\underline{i}_{pg} = \frac{1}{\sqrt{2}}S_A(\underline{I}_A^* - j\underline{I}_B^*)\exp(-j\omega t) = \sqrt{2}\,S_A\underline{I}_g^*\exp(-j\omega t), \tag{461}$$

wobei die Ausdrücke

$$\underline{I}_m = \tfrac{1}{2}(\underline{I}_A - j\underline{I}_B), \tag{462}$$

$$\underline{I}_g = \tfrac{1}{2}(\underline{I}_A + j\underline{I}_B) \tag{463}$$

die symmetrischen Komponenten des als unsymmetrisch angenommenen Stromsystems darstellen (siehe Gln. (26) und (27) im Abschnitt 1.4).

8.2 Der Schrägungsfaktor

8.2.1 Die Bedeutung des Schrägungsfaktors in Gleichungen

Nach Abb. 132a erscheint der geschrägte Stab wie ein über dem Raumwinkel α_s gleichmäßig an der Läuferoberfläche verteilter Strang. In diesem Sinne wird auch der reelle Schrägungsfaktor (Gln. (344) und (378)) in der Literatur hergeleitet (siehe [1, S. 122] und [2, S. 244]). Weil er sich jedoch von dem Wicklungsfaktor der Läuferstränge qualitativ unterscheidet, kommen oft Fehler bei seiner Einführung in die Maschinengleichungen vor.

Wenn man annimmt, daß das in Abb. 118a dargestellte Ersatzschaltbild für einen Motor mit geraden Nuten gilt, erwartet man bei geschrägten Nuten das Schaltbild in Abb. 154a. Bei der Schrägung der Nuten wird nämlich die Wirkung jeder Läuferwelle auf den Ständer und umgekehrt geschwächt, aber die Verkettung dieses Feldes mit der Wicklung, welche es erregt hat, bleibt unverändert, weil sich mit der Schrägung die ganze Feldverteilung des Läufers nur mit den Nuten schraubenförmig verdreht. Es ändert sich daher nach Abb. 154a die der gegenseitigen Wirkung entsprechende Hauptreaktanz, aber die Summe der Reaktanzen in jeder der beiden Maschen bleibt gleich wie in Abb. 118a. Man kann jedoch anhand der im Abschnitt 1.5 beschriebenen rechnerischen Umformung das

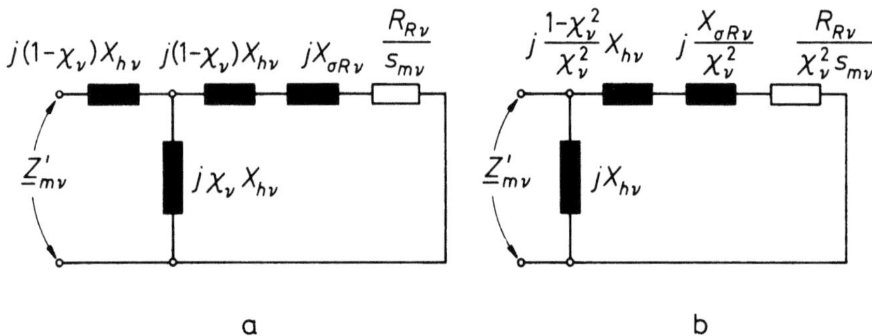

Abb. 154. Nutschrägung im Ersatzschaltbild der Einsimpedanzen (a) vor und (b) nach der Umformung des Ersatzschaltbildes

Schaltbild in Abb. 154a in das in Abb. 154b umwandeln. Das umgeformte Schaltbild in Abb. 154b ist für die praktische Berechnung günstiger, weil sich die Schrägung nur in dem Läuferstromkreis geltend macht. Aus dem Vergleich der Abb. 154a und b ist jedoch ersichtlich, daß ein Unterschied in der Umrechnung der Läuferkonstanten auf die Ständerwicklung besteht: in Abb. 154a sind die Läuferkonstanten ohne Beteiligung des Schrägungsfaktors umgerechnet, wogegen in Abb. 154b die Läuferimpedanzen durch χ_v^2 dividiert werden und der Schrägungsfaktor die Rolle des Wicklungsfaktors des Läufers übernimmt. Die beiden in Abb. 154 dargestellten Auffassungen des Schrägungsfaktors sind daher zwar richtig, aber nicht ohne Berücksichtigung des Umrechnungsfaktors ρ_v (Gl. (428)) vertauschbar. Im Kap. 6 wird der Schrägungsfaktor folgerichtig im Sinne des Schaltbildes in Abb. 154b in die Berechnung eingeführt (siehe Gln. (379), (380)).

Aus dem umgeformten Schaltbild in Abb. 154b ergibt sich auch der in Gl. (394) eingeführte Faktor $\sigma_{0\chi}$ für die Streuung der Oberwellen und Schrägung [1]. Wenn man für die Oberwellenstreuung des ungeschrägten Läufers schreibt [1]

$$X'_{\delta v} = X_{hv}\sigma_0 = X_{hv}\left(\frac{1}{\eta_v^2} - 1\right), \qquad (464)$$

gilt in dem umgeformten Schaltbild

$$X_{\delta v} = X_{hv}\frac{\sigma_0}{\chi_v^2} = X_{hv}\frac{1}{\chi_v^2}\left(\frac{1}{\eta_v^2} - 1\right). \qquad (465)$$

Die Streuung der Schrägung allein ist in Abb. 154b

$$X_{\chi v} = \frac{1 - \chi_v^2}{\chi_v^2} X_{hv}, \qquad (466)$$

und die Summe ist dann (siehe Gln. (393) bis (395))

$$X_{\delta \chi v} = X_{\delta v} + X_{\chi v} = X_{hv}\frac{1}{\chi_v^2}\left[\frac{1}{\eta_v^2} - 1 + (1 - \chi_v^2)\right]$$

$$= X_{hv}\left(\frac{1}{\eta_v^2 \chi_v^2} - 1\right) = X_{hv}\sigma_{0\chi}. \qquad (467)$$

8.2.2 Der komplexe Schrägungsfaktor

Die Herleitung der Formeln für den komplexen Schrägungsfaktor ist recht kompliziert [32]. Hier soll daher möglichst kurz die praktische Berechnung dieses Faktors gezeigt werden.

Die Berücksichtigung der Querströme ist vor allem bei Oberwellen wichtig (Abschnitt 4.2). Deswegen bezieht sich die Berechnung auf eine beliebige Welle der Ordnung $v' = vp$, welche sowohl in dem positiven als auch in dem negativen Sinne umlaufen kann.

Es hat sich herausgestellt, daß man bei relativ kleinen Einphasenmotoren die Impedanz des Läufereisens nicht unbedingt in der Berechnung der Querströme berücksichtigen muß [31]. Man führt daher nur den Übergangswiderstand zwischen einem Läuferstab und Läufereisen

$$Z_q = R_q = \frac{\rho_q}{10^3 A_{kn}} \quad [\Omega; \mathrm{m\Omega cm^2, cm^2}] \tag{468}$$

ein, wobei ρ_q den spezifischen Übergangswiderstand $[\mathrm{m\Omega cm^2}]$ und A_{kn} $[\mathrm{cm^2}]$ die Oberfläche eines Läuferstabes, das heißt die Kontaktfläche zwischen Stab und Eisen, darstellen (siehe Abschnitt 4.7.3).

Für die Impedanz eines Läuferstabes selbst kann man schreiben

$$Z_{lv'} = R_t + js_{v'}(X_t + X_{hv'R}/\eta_{v'}^2), \tag{469}$$

wobei der Wirkwiderstand R_t und die Streureaktanz X_t nach Gln. (369) und (390) berechnet werden, und für den Kopplungsfaktor gilt (Gl. (395))

$$\eta_{v'} = \frac{\sin(v'\pi/N_R)}{v'\pi/N_R}. \tag{470}$$

Die Reaktanz

$$X_{hv'R} = 2\pi f N_R \frac{dl \cdot 10^{-7}}{v'^2 k_c \delta} \tag{471}$$

ist die der v'-ten Welle entsprechende Hauptreaktanz des N_R-phasigen Läuferkäfigs (siehe auch Gl. (382)).

Den Schlupf $s_{v'}$ berechnet man nach der Formel

$$s_{v'} = 1 \mp \frac{v'}{p}(1 - s), \tag{472}$$

wobei s der auf die Arbeitsgrundwelle bezogene Schlupf ist. Das Vorzeichen Minus gilt für die mitlaufende und Plus für die gegenlaufende Welle. Die Ordnungszahl v' wird in allen Formeln als positive ganze Zahl betrachtet, so daß der Unterschied zwischen den mit- und gegenlaufenden Wellen nur in der Größe des Schlupfes $s_{v'}$ enthalten ist.

Die beiden Impedanzen $Z_{lv'}, Z_q$ ergeben die erste komplexe Hilfsgröße

$$\dot{b} = \tfrac{1}{2}\sqrt{Z_{lv'}/Z_q}. \tag{473}$$

Aus dem räumlichen Schrägungswinkel α_s (Abb. 132a) und der Ordnungszahl der Welle ν' ergeben sich weitere Hilfsgrößen

$$\beta = \nu' \alpha_s / 2, \tag{474}$$

$$\dot{c} = \dot{b} + j\beta, \tag{475}$$

$$\dot{d} = \dot{b} - j\beta. \tag{476}$$

Weiter berechnet man (Gl. (370))

$$\dot{A} = \frac{R_{r\nu'} \cos\beta - 4\beta \underline{Z}_q \sin\beta}{R_{r\nu'} \cosh\dot{b} + 4\dot{b}\underline{Z}_q \sinh\dot{b}} \tag{477}$$

und

$$\dot{B} = -j\frac{R_{r\nu'} \sin\beta + 4\beta \underline{Z}_q \cos\beta}{R_{r\nu'} \sinh\dot{b} + 4\dot{b}\underline{Z}_q \cosh\dot{b}}. \tag{478}$$

Das Quadrat des gesuchten komplexen Schrägungsfaktors ergibt sich dann zu

$$\dot{\chi}_{\nu'}^2 = \frac{\underline{Z}_{l\nu'} + R_{r\nu'}}{\underline{Z}_{l\nu'} + 4\beta^2 \underline{Z}_q}\left[1 - (\dot{A} + \dot{B})\frac{\sinh\dot{c}}{2\dot{c}} - (\dot{A} - \dot{B})\frac{\sinh\dot{d}}{2\dot{d}}\right]. \tag{479}$$

(In dem transformierten Schaltbild nach Abb. 154b kommt der Schrägungsfaktor nur im Quadrat vor.)

8.3 Pendelmomente der Arbeitsgrundwelle im einsträngigen Motor

Für die Arbeitsgrundwelle des Ständerstrombelages des Motors mit einem Strang am Ständer gilt bei $\dot{S}_{Ap} = |\dot{S}_{Ap}|$ nach Gl. (454)

$$\underline{i}_{pS} = \frac{1}{\sqrt{2}} S_{Ap}[\underline{I}_A \exp(j\omega t) + \underline{I}_A^* \exp(-j\omega t)]. \tag{480}$$

Im Abschnitt 3.4 wurde gezeigt, daß der symmetrische Läufer auf diese Erregung mit eigenen, synchron mit den Wellen des Ständers umlaufenden Strombelagswellen zurückwirkt, welche im Schaltbild in Abb. 63 durch die Zeiger $\underline{I}_{mR}$ und $\underline{I}_{gR}$ dargestellt sind (Index 1 weglassen). Weil diese Stromzeiger auf die Ständerwicklung umgerechnet sind, kann man für die Strombelagswellen des Läufers in den Ständerkoordinaten schreiben

$$\underline{i}_{pR\sigma} = \frac{1}{\sqrt{2}} S_{Ap}[\underline{I}_{mR} \exp(j\omega t) + \underline{I}_{gR}^* \exp(-j\omega t)]. \tag{481}$$

Für das Drehmoment gilt nach [35, Gl. (35)] beim konstanten Luftspalt

$$M = pL_p' \operatorname{Re}[j\underline{i}_{pS}^* \underline{i}_{pR\sigma}]$$

$$= \tfrac{1}{2}pS_{Ap}^2 L_p' \operatorname{Re}\{j[\underline{I}_A^* \underline{I}_{mR} + \underline{I}_A \underline{I}_{gR}^* + \underline{I}_A^* \underline{I}_{gR}^* \exp(-j2\omega t)$$

$$+ \underline{I}_A \underline{I}_{mR} \exp(j2\omega t)]\}, \tag{482}$$

wobei

$$L'_p = \frac{\mu_0 dl}{2\pi \,\delta p^2} \tag{483}$$

ist. Aus dem Vergleich mit Gl. (382) und Abb. 63 folgt

$$X_h = \omega S^2_{Ap} L'_p/2, \tag{484}$$

und man erhält

$$M = \frac{p}{\omega} X_h \,\mathrm{Re}\{-j\underline{I}_A[(\underline{I}_{mR} - \underline{I}_{gR})^* - (\underline{I}_{mR} - \underline{I}_{gR})\exp(j2\omega t)]\}. \tag{485}$$

Das Drehmoment besteht nach Gl. (485) aus einer konstanten (mittleren) Komponente und einem Pendelmoment mit der doppelten Netzfrequenz. Wenn man der Einfachheit halber den Zeiger $\underline{I}_A$ in die imaginäre Achse der komplexen Zahlenebene setzt, kann man die Komponenten der Gl. (485) nach Abb. 155

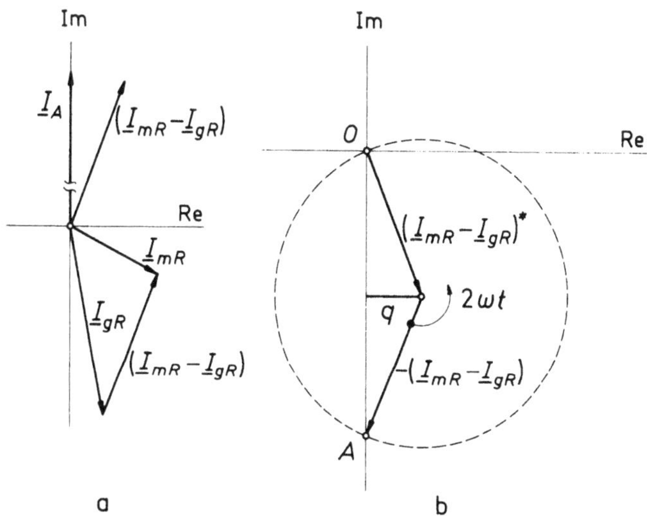

Abb. 155. Abhängigkeit der Pendelmomente von den Stromgrößen

veranschaulichen. Das mittlere Drehmoment entspricht der Länge q in Abb. 155b und die Pendelkomponente dem Halbmesser des Kreises. Weil die Pendelmomente immer größer als der Mittelwert sind, hat das Drehmoment in jeder Periode des Ständerstromes vier Nullstellen: zwei im Ursprung O und zwei im Punkt A (siehe Abb. 155b). Anhand Gl. (485) kann man sich davon überzeugen, daß die Nullstellen im Punkt O dem Nulldurchgang des Ständerstromes entsprechen und in dem Punkt A die Strombelagswellen des Ständers und Läufers gerade gleiche räumliche Lage besitzen, so daß auch in diesem Augenblick kein Drehmoment entwickelt werden kann.

8.4 Systematische Herleitung der Maschinengleichungen

Es soll gezeigt werden, daß es möglich ist, die Gleichungen, welche die Spannungen und Ströme einer elektrischen Maschine miteinander verbinden, systematisch aufzubauen.

8.4.1 Zusammenhang der elektromagnetischen Grundgrößen

Im Abschnitt 1.3 wurde die gegenseitige Abhängigkeit von Strombelag, Luftspaltfeld und Jochfluß anhand von sinusförmigen Raumwellen anschaulich demonstriert. Diesen Zusammenhang kann man nach Abb. 156 ganz allgemein

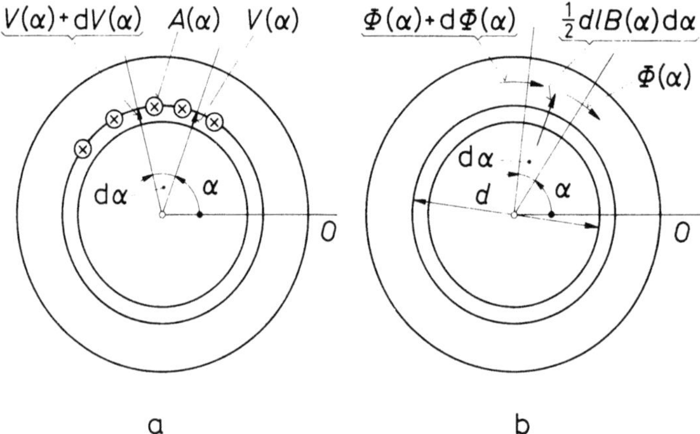

Abb. 156. Zusammenhang zwischen Strombelag, Luftspaltinduktion und Jochfluß

formulieren. Wenn man in Abb. 156a den magnetischen Widerstand des Eisens vernachlässigt und auf das Element $d\alpha$ das Durchflutungsgesetz anwendet, gilt für die magnetische Spannung am Luftspalt

$$V(\alpha) + \mathrm{d}V(\alpha) - V(\alpha) = A(\alpha)\,\mathrm{d}\alpha \qquad (486)$$

und daher

$$V(\alpha) = \int A(\alpha)\,\mathrm{d}\alpha + V_0. \qquad (487)$$

Man sieht, daß man durch Integration der Strombelagsfunktion $A(\alpha)$ die Felderregerkurve $V(\alpha)$ erhält. Bei konstantem Luftspalt δ gilt für die Luftspaltinduktion

$$B(\alpha) = \frac{\mu_0}{\delta}\,V(\alpha). \qquad (488)$$

Aus Abb. 156b folgt der Zusammenhang zwischen der Luftspaltinduktion und dem Jochfluß

$$\mathrm{d}\Phi = -\tfrac{1}{2}dlB(\alpha)\,\mathrm{d}\alpha \qquad (489)$$

und daher

$$\Phi(\alpha) = -\frac{1}{2}dl \int B(\alpha)\,d\alpha + \Phi_0.$$

(490)

Der Jochfluß als die einzige, allgemein definierbare Flußgröße der elektrischen Maschine bietet auch die Möglichkeit, die in den einzelnen Wicklungsleitern

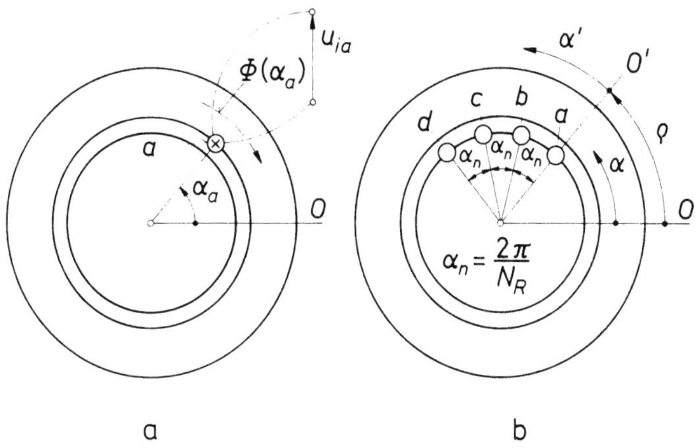

Abb. 157. Induzierte Leiterspannung; a) ein Leiter am Ständer; b) Läuferstäbe und das Läuferkoordinatensystem

induzierten Spannungen äußerst einfach auszudrücken [35, 36, 39]. Es gilt z. B. für den in Abb. 157a dargestellten Leiter in der Ständernut a (Koordinate α_a)

$$u_{ia} = \frac{d\Phi(\alpha_a)}{dt}.$$

(491)

Die Gl. (491) besagt, daß die in einem Leiter induzierte Spannung durch die zeitliche Änderung des Jochflusses an der Stelle des Joches gegeben ist, an der die Nut mit dem Leiter liegt [36].

8.4.2 Gleichungen für die Arbeitsgrundwelle

Nach Gln. (442), (444) und (453) kann man die Arbeitsgrundwelle des Ständerstrombelages in der Form schreiben

$$\underline{A}_{pS} = \frac{1}{\pi}\,\mathrm{Re}[\underline{i}_{pS}\exp(-jp\alpha)].$$

(492)

Setzt man Gl. (492) in Gl. (487) ein, erhält man

$$V(\alpha) = \frac{1}{\pi}\,\mathrm{Re}\left[\underline{i}_{pS}\int\exp(-jp\alpha)\,d\alpha\right] = \frac{1}{\pi}\,\mathrm{Re}\left[\frac{j}{p}\underline{i}_{pS}\exp(-jp\alpha)\right].$$

(493)

Für den Raumzeiger der Luftspaltinduktion gilt dann nach Gln. (488) und (492)

$$\underline{B}_{pS} = j\,\frac{\mu_0}{\pi p \delta}\,\underline{i}_{pS}.\tag{494}$$

Die Gl. (494) bestätigt die im Abschnitt 1.3 aufgestellten Überlegungen über den Zusammenhang zwischen Strombelag und Induktion (Abb. 5 und 7).

Für die Arbeitsgrundwelle des Jochflusses folgt aus Gln. (490) und (494)

$$\Phi(\alpha) = -\frac{1}{2}\,dl\,\mathrm{Re}\left[j\,\frac{\mu_0}{\pi p \delta}\,\underline{i}_{pS}\int \exp(-jp\alpha)\,\mathrm{d}\alpha\right]$$

$$= \mathrm{Re}\left[\frac{\mu_0 dl}{2\pi p^2 \delta}\,\underline{i}_{pS}\exp(-jp\alpha)\right].\tag{495}$$

Für den Raumzeiger der durch die Ständerwicklung erregten Grundwelle des Jochflusses kann man daher schreiben

$$\underline{\Phi}_{pS} = L'_p\underline{i}_{pS},\tag{496}$$

wobei

$$L'_p = \frac{\mu_0 dl}{2\pi p^2 \delta}\tag{497}$$

ist [35, 36, 37, 39].

Wenn man den Raumzeiger des resultierenden Flusses sucht, muß man die Arbeitsgrundwelle des Jochflusses $\underline{\Phi}_{pR}$ auch für den Läufer ausdrücken und zu der Flußwelle des Ständers addieren. Dabei muß man beachten, daß zwischen den Koordinatensystemen des Ständers und Läufers der Winkel ρ liegt (Abb. 157b), der infolge der Läuferdrehung eine Zeitfunktion ist. In den Ständerkoordinaten erhält man den resultierenden Flußzeiger in der Form (siehe [35])

$$\underline{\Phi}_p = \underline{\Phi}_{pS} + \underline{\Phi}_{pR}\exp(jp\rho) = L'_p[\underline{i}_{pS} + \underline{i}_{pR}\exp(jp\rho)].\tag{498}$$

Die induzierte Spannung eines Stranges ergibt sich als Summe der Leiterspannungen. Für einen Leiter in der Nut a gilt nach Gl. (491)

$$u_{ia} = \frac{\mathrm{d}\Phi(\alpha_a)}{\mathrm{d}t} = \mathrm{Re}\left[\frac{\mathrm{d}\underline{\Phi}_p}{\mathrm{d}t}\exp(-jp\alpha_a)\right],\tag{499}$$

wobei α_a die Koordinate der Nut ist. Wenn der Strang A mehrere Leiter in den Nuten $a, b, c,\ldots$ hat, gilt für die in diesem Strang induzierte Spannung

$$u_{iA} = \mathrm{Re}\left[\frac{\mathrm{d}\underline{\Phi}_p}{\mathrm{d}t}(\pm z_a\exp(-jp\alpha_a) \pm z_b\exp(-jp\alpha_b) \pm \cdots)\right]$$

$$= \mathrm{Re}\left[\frac{\mathrm{d}\underline{\Phi}_p}{\mathrm{d}t}\,\dot{S}^*_{Ap}\right],\tag{500}$$

wobei $z_a, z_b, z_c,\ldots$ die Leiterzahlen in den einzelnen Nuten sind und $\dot{S}_{Ap}$ dieselbe komplexe effektive Leiterzahl des Stranges A darstellt, welche schon bei dem Aufbau des Feldes gefunden wurde (siehe Gl. (444)).

8.4.3 Gleichungen des symmetrischen Zweiphasenmotors

Die in Abschnitt 8.4.1 und 8.4.2 hergeleiteten Gleichungen gelten für einen beliebigen Betriebszustand von Maschinen mit konstantem Luftspalt und daher auch für den Dauerbetrieb eines symmetrischen und symmetrisch gespeisten Zweiphasenmotors. Wenn man den Nullstrahl der Ständerkoordinaten in der Achse des Stranges A wählt (Gl. (458)), gilt nach Gln. (460) und (462) für die Grundwelle des Ständerstrombelages die Beziehung

$$\underline{i}_{pS} = \sqrt{2}\, S_p \underline{I}_A \exp(j\omega t), \tag{501}$$

wobei S_p die effektive Leiterzahl eines Ständerstranges ist.

Die Gl. (501) beschreibt eine mit konstanter Amplitude umlaufende Strombelagswelle. Es ist zu erwarten, daß der symmetrische Käfigläufer auf dieses Kreisfeld des Ständers mit einer umlaufenden Welle gleicher Art reagiert. Man kann daher vorab die resultierende Strombelagswelle des Ständers und Läufers in der Form

$$\underline{i}_p = \underline{i}_{pS} + \underline{i}_{pR}\exp(jp\rho) = \sqrt{2}\, S_p(\underline{I}_A + \underline{I}_R)\exp(j\omega t) \tag{502}$$

einführen und die Bedeutung des Zeigers $\underline{I}_R$ erst später bestimmen.

Die Strombelagswelle $\underline{i}_p$ erregt nach Gln. (496) und (497) den Hauptfluß

$$\underline{\Phi}_p = L'_p \underline{i}_p. \tag{503}$$

Für die Bestimmung der in den einzelnen Läuferstäben induzierten Spannungen muß man diesen Fluß $\underline{\Phi}_p$ in die Läuferkoordinaten transformieren. Wenn man dabei den Winkel (Abb. 157b)

$$\rho = \omega_{\text{mech}} t \tag{504}$$

entsprechend dem Dauerbetrieb als Zeitfunktion einführt, kann man schreiben (siehe Gl. (498))

$$\underline{\Phi}_{p\rho} = \underline{\Phi}_p \exp(-jp\omega_{\text{mech}}t)$$

$$= \sqrt{2}\, S_p L'_p(\underline{I}_A + \underline{I}_R)\exp(js\omega t), \tag{505}$$

wobei

$$s = (\omega - p\omega_{\text{mech}})/\omega = (n_S - n)/n_S \tag{506}$$

der Schlupf des Motors ist (siehe Abschnitt 3.2.1). Die erste Ableitung des Flusses $\underline{\Phi}_{p\rho}$ stellt die Welle der im Läufer induzierten Spannungen

$$\underline{u}_i = \frac{\mathrm{d}\underline{\Phi}_{p\rho}}{\mathrm{d}t} = j\sqrt{2}\, s\omega S_p L'_p(\underline{I}_A + \underline{I}_R)\exp(js\omega t) \tag{507}$$

dar. Für den Stab a (Abb. 157b) gilt dann nach Gl. (499)

$$u_{ia} = \mathrm{Re}[\underline{u}_i \exp(-jp\alpha_a)] = \mathrm{Re}[\underline{u}_i]$$

$$= \mathrm{Re}[j\sqrt{2}\, s\omega S_p L'_p(\underline{I}_A + \underline{I}_R)\exp(js\omega t)], \tag{508}$$

so daß der Zeiger dieser Spannung (siehe Abschnitt 1.2)

$$\underline{U}_{ia} = js\omega S_p L'_p(\underline{I}_A + \underline{I}_R) \tag{509}$$

ist. Auf dieselbe Weise bestimmt man nach Gl. (499) auch die Spannungen der anderen Stäbe b, c, d, ... (Abb. 157b). Es gilt

$$\underline{U}_{ib} = \underline{U}_{ia}\exp(-jp\alpha_n)$$

$$\underline{U}_{ic} = \underline{U}_{ia}\exp(-2jp\alpha_n) \tag{510}$$
$$\vdots$$

und man findet ein symmetrisches Spannungssystem in Abb. 158. Wegen der angenommenen Symmetrie des Käfigläufers ruft ein solches Spannungssystem

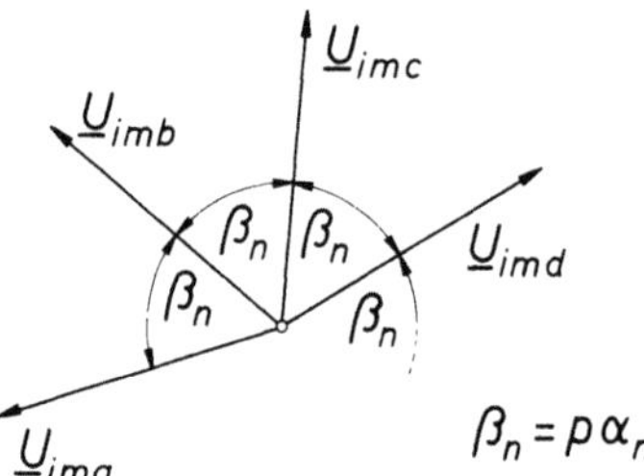

Abb. 158. Zeitliche Folge der in den Läuferstäben induzierten Spannungen

auch ein symmetrisches Stromsystem hervor, dessen Ströme gleich groß, aber in der Phase um den Winkel $\beta_n = p\alpha_n$ verschoben sind. Für die Strombelagswelle des Läufers gilt dann nach Gln. (453) und (454)

$$\underline{i}_{pR} = i_a + i_b\exp(jp\alpha_n) + i_c\exp(j2p\alpha_n) + \cdots$$

$$= \frac{1}{\sqrt{2}}[\underline{I}_a + \underline{I}_a\exp(-jp\alpha_a)\cdot\exp(jp\alpha_a) + \cdots]\exp(js\omega t)$$

$$+ \frac{1}{\sqrt{2}}[\underline{I}_a^* + \underline{I}_a^*\exp(jp\alpha_a)\cdot\exp(jp\alpha_a) + \cdots]\exp(-js\omega t)]. \tag{511}$$

In Gl. (511) stellt der zweite Klammerausdruck ein geschlossenes Vieleck dar und verschwindet. Der erste Klammerausdruck entspricht jedoch dem N_R-fachen Zeiger $\underline{I}_a$, so daß gilt

$$\underline{i}_{pR} = \frac{N_R}{\sqrt{2}}\underline{I}_a\exp(js\omega t). \tag{512}$$

Nach der Transformation in die Ständerkoordinaten (siehe Gl. (498)) erhält man nach Gl. (506)

$$\underline{i}_{pR\sigma} = \underline{i}_{pR}\exp(jp\omega_{\text{mech}}t) = \frac{N_R}{\sqrt{2}}\underline{I}_a\exp(j\omega t). \tag{513}$$

Aus dem Vergleich der Gln. (513) und (502) folgt für die in Gl. (502) formal eingeführte Größe $\underline{I}_R$ die Beziehung

$$\underline{I}_R = \frac{N_R}{2S_p}\underline{I}_a = \frac{N_R}{m_S S_p}\underline{I}_a, \tag{514}$$

wo $m_S = 2$ ist. Die Gl. (514) stellt eine Umrechnung des Stabstromes $\underline{I}_a$ eines N_R-strängigen Käfigläufers auf eine zweisträngige Ständerwicklung mit der effektiven Leiterzahl eines Stranges S_p dar (siehe Gl. (56)).

Für den Stab a des Käfigläufers (Abb. 157b) gilt nach Gl. (509) die Spannungsgleichung

$$\underline{U}_a = 0 = js\omega S_p L_p'(\underline{I}_A + \underline{I}_R) + js\omega L_{\sigma t}\underline{I}_a + R_{Rt}\underline{I}_a, \tag{515}$$

wobei $L_{\sigma t}$ die Streuung und R_{Rt} den effektiven Widerstand eines Läuferstabes darstellen. Wenn man für $\underline{I}_a$ aus Gl. (514) einsetzt und Gl. (515) mit S_p/s multipliziert, erhält man

$$jX_h(\underline{I}_A + \underline{I}_R) + jX_{\sigma R}\underline{I}_R + \frac{R_R}{s}\underline{I}_R = 0, \tag{516}$$

wobei

$$X_h = \omega S_p^2 L_p' \tag{517}$$

die Hauptreaktanz,

$$X_{\sigma R} = \omega L_{\sigma t}\frac{2S_p^2}{N_R} \tag{518}$$

die auf den zweisträngigen Ständer bezogene Läuferstreuung und

$$R_R = R_{Rt}\frac{2S_p^2}{N_R} \tag{519}$$

den auf die Ständerwicklung umgerechneten Läuferwiderstand des in Abb. 37 dargestellten Ersatzschaltbildes darstellen ($\underline{I}_A \equiv \underline{I}_S$). Die Gl. (516) ist daher die Spannungsgleichung für die rechte Masche des Schaltbildes in Abb. 37. Die andere Maschengleichung erhält man aus den Spannungsverhältnissen in einem Ständerstrang. Der durch Gln. (502) und (503) gegebene Hauptfluß Φ_p induziert nach Gl. (500) in dem Ständerstrang A die Spannung

$$u_{iA} = \mathrm{Re}\left[\frac{d\underline{\Phi}_p}{dt}S_p\right] = \mathrm{Re}[\sqrt{2}\,j\omega S_p^2 L_p'(\underline{I}_A + \underline{I}_R)\exp(j\omega t)], \tag{520}$$

deren Zeiger

$$\underline{U}_i = j\omega S_p^2 L_p'(\underline{I}_A + \underline{I}_R) = jX_h(\underline{I}_A + \underline{I}_R) \tag{521}$$

der Spannung $\underline{U}_i$ in Abb. 37 entspricht. Für die Klemmenspannung des Stranges A gilt dann

$$\underline{U}_A = (R_S + jX_{\sigma S})\underline{I}_A + jX_h(\underline{I}_A + \underline{I}_R). \tag{522}$$

Die Gl. (522) ist die zweite Maschengleichung des Schaltbildes in Abb. 37, dessen Gültigkeit bewiesen werden sollte. Weil das Ersatzschaltbild für alle Ständerstränge eines symmetrischen Motors gültig ist, wurde der Strangstrom in Abb. 37 ganz allgemein als Ständerstrom mit $\underline{I}_S$ bezeichnet.

Die in diesem Abschnitt gezeigte Herleitung der Gleichungen eines symmetrischen mehrsträngigen Asynchronmotors ist nur ein einfaches Beispiel der systematischen Beschreibung der elektromagnetischen Vorgänge in einer elektrischen Maschine. Die hier verwendete Methode der Raumzeiger bleibt auch in wesentlich komplizierteren Fällen (Unsymmetrien, Oberwellenprobleme, transiente Vorgänge) uneingeschränkt anwendbar [35, 36, 37, 39, 43, 44, 49, 27, 29].

Schrifttum

Bücher

1. Richter, R.: Elektrische Maschinen, Band IV: Die Induktionsmaschinen, 2. Aufl. Basel-Stuttgart: Birkhäuser 1954.
2. Bödefeld, Th., Sequenz, H.: Elektrische Maschinen, 8. Aufl. von H. Sequenz. Wien-New York: Springer 1971.
3. Stepina, J.: Jednofazove indukcni motory (Einphasen-Induktionsmaschinen). Prag: SNTL 1957.
4. Richter, A.: Einphasenmotoren. Berlin: Elitera-Verlag 1972.
5. Sequenz, H.: Herstellung der Wicklungen elektrischer Maschinen. Wien-New York: Springer 1973.
6. Veinott, C. G.: Fractional- and Subfractional-Horsepower Electric Motors, 3. Aufl. New York: McGraw-Hill Book Company 1970.
7. Stepina, J.: Soumerne slozky v teorii tocivych elektrickych stroju (Symmetrische Komponenten in der Theorie der rotierenden elektrischen Maschinen). Prag: Academia 1969.
8. Nürnberg, W.: Die Prüfung elektrischer Maschinen. Berlin-Heidelberg-New York: Springer 1965.
9. Sequenz, H.: Die Wicklungen elektrischer Maschinen, Band 1: Wechselstrom-Wicklungen und Band 3: Wechselstrom-Sonderwicklungen. Wien: Springer 1950 und 1954.
10. Richter, R.: Elektrische Maschinen, Band I: Allgemeine Berechnungselemente, 3. Aufl. Basel-Stuttgart: Birkhäuser 1967.
11. Küpfmüller, K.: Einführung in die theoretische Elektrotechnik, 10. Aufl. Berlin-Heidelberg-New York: Springer 1973.
12. Heller, B., Hamata, V.: Harmonic Field Effects in Induction Machines. Oxford-New York: Elsevier Scientific Publishing Company 1977.
13. Pustola, J., Sliwinski, T.: Kleine Einphasenmotoren. Berlin: VEB Verlag Technik 1961.
14. AEG-Hilfsbuch 1: Grundlagen der Elektrotechnik. Heidelberg: Dr. Alfred Hüthig Verlag 1976.
15. Kovacs, K. P.: Symmetrische Komponenten in Wechselstrommmaschinen. Basel: Birkhäuser 1962.

Veröffentlichungen in Zeitschriften

16. Krondl, M.: Berechnung von Einphasenkondensatormotoren. EuM **52** (1934), 133.
17. Stepina, J.: Die Einzelwellen der Felderregerkurve bei unsymmetrischen Asynchronmaschinen. Arch. f. Elektrotech. **43** (1958), 384.
18. Koch, I.: Relaisanpassung bei Widerstands-Hilfsphasenmotoren. AEG-Mitt. **54** (1964), 564.
19. Stepina, J.: T-Schaltung von unsymmetrischen Kleinstasynchronmotoren. Deutsche Elektrotech. **9** (1955), 356.
20. Stepina, J.: Theorie des Asynchronmotors mit elliptischer Bohrung. ETZ-A **93** (1972), 187.

21. Stepina, J.: Magnetische Netzwerke mit komplexen magnetischen Widerständen und ihre duale Abbildung. Bull. SEV/VSE **69** (1978), 384.
22. Koch, I.: Dimensionierung von Widerstands-Hilfswicklungen. AEG-Mitt. **55** (1965), 110.
23. Stepina, J.: Air-Gap Irregularities and Iron Reluctances in Rotating-Field Theory and Calculation of Shaded-Pole Motors. Electric Machines and Electromechanics **5** (1980), 497.
24. Taegen, F.: Die Bedeutung der Läufernutschlitze für die Theorie der Asynchronmaschine mit Käfigläufer. Arch. f. Elektrotech. **48** (1964), 373.
25. Koch, I.: Widerstandsdrähte für die Anlaufwicklung von Widerstandshilfsphasenmotoren. Elektr. Maschine **43** (1964), 249.
26. Stepina, J.: Die effektive Gegeninduktivität für die Oberwellen des Luftspaltfeldes beim Käfigläufermotor. Arch. f. Elektrotech. **52** (1969), 381.
27. Stepina, J.: Die resultierende Auswirkung der Nutöffnungen des Ständers und Läufers auf die zusätzlichen Momente und Verluste in Asynchronmaschinen. Acta Technica CSAV **14** (1969), 36.
28. Neuhaus, W., Weppler, R.: Der Einfluß der Nutöffnungen auf den Drehmomentverlauf von Drehstrom-Asynchronmotoren mit Käfigläufer. ETZ-A **90** (1969), 186.
29. Stepina, J.: Zeigerdarstellung von Radialkraftwellen in Asynchronmaschinen. ETZ-A **91** (1970), 503.
30. Stepina, J.: Verwertung der Raumzeiger bei den Problemen der Nutungsoberfelder in Asynchronmaschinen. Acta Technica CSAV **12** (1967), 171.
31. Stepina, J.: Querströme in Käfigläufern. E und M **92** (1975), 8.
32. Weppler, R.: Ein Beitrag zur Berechnung von Asynchronmotoren mit nicht isoliertem Käfigläufer. Arch. f. Elektrotech. **50** (1966), 238.
33. Rossmaier, V.: Berechnung der durch unisolierte Käfige hervorgerufenen Zusatzverluste bei Asynchronmaschinen. E und M **57** (1939), 249.
34. Schuisky, W.: Zusatzströme im unisolierten Käfig. Bull. SEV **44** (1953), 330.
35. Stepina, J.: Raumzeiger als Grundlage der Theorie der elektrischen Maschinen. ETZ-A **88** (1967), 584.
36. Stepina, J.: Der Jochfluß und die allgemeine Drehmomentgleichung der elektrischen Maschinen. Arch. f. Elektrotech. **57** (1976), 313.
37. Stepina, J.: Die physikalische Bedeutung der symmetrischen Komponenten der Momentanwerte in elektrischen Maschinen und ihrer Verallgemeinerung. Acta Technica CSAV **7** (1962), 451.
38. Stepina, J.: Oberwellenverhältnisse, Querströme und unsymmetrische Sättigung in der programmierten Berechnung von Einphasen-Asynchronmotoren. Siemens-Z. **46** (1972), 819.
39. Stepina, J.: Fundamental Equations of the Space Vector Analysis of Electrical Machines. Acta Technica CSAV **13** (1968), 184.
40. Stepina, J., Pohlig, D.: Axialkräfte in Asynchronmaschinen. Siemens-Z. **44** (1970), 572.
41. Altenbernd, G., Bausch, H., Jordan, H.: Theorie des Einphaseninduktionsmotors mit abgestuftem Luftspalt. Acta Technica **13** (1968), 403.
42. Erdelyi, E., Braess, H., Weh, H.: Numerische Berechnung magnetischer Felder und Kräfte. Arch. f. Elektrotech. **52** (1969), 306.
43. Stepina, J.: Non-Transformational Matrix Analysis of Electrical Machinery. Electric Machines and Electromechanics (1979), 255.
44. Stepina, J.: Raumzeiger in Matrizendarstellung in der Theorie der elektrischen Maschinen. Arch. f. Elektrotech. **55** (1972), 91.
45. Stepina, J.: Space Vector Analysis of Synchronising Tourques in Squirrel Cage Induction Motors. Acta Technica CSAV **12** (1967), 685.

46. Stepina, J.: Discussion on Starting of Induction Motors. Proceedings of IEE **107** (1960), 567.

Andere Veröffentlichungen

47. Tillner, S.: Auslegung und Betriebsverhalten moderner Spaltpolmotoren. Beiträge zu der ETG(VDE)-Fachtagung Elektrische Klein- und Kleinstmotoren, Hannover, April 1975, S. 267.
48. Labahn, D.: Kleinmotoren in Theorie und Praxis. Veröffentlichung des Würzburger Elektromotorenwerkes der Siemens AG: 1972.
49. Stepina, J.: General Conditions for Summing Space Harmonics of Different Orders in Electrical Machines. Proceedings ICEM, Brüssel, Sept. 1978, Bericht G4/3-1.
50. Stepina, J.: Introduction of the Step-Pole and Iron Reluctances as Additional Windings in the Calculation of Shaded-Pole Motors. Proceedings ICEM, Athen, Sept. 1980, Bericht SM/9.
51. Stepina, J.: Käfiganker. Deutsche Patentschrift Nr. 2215419.

Bedeutung der wichtigsten Formelzeichen

Die Nummern in Klammern geben die wichtigsten Gleichungen an, in welchen die Größe vorkommt; die Nummern der Abschnitte oder Abbildungen werden mit „Abschnitt" oder „Abb." bezeichnet.

A	Querschnitt: A_d — Draht (367); A_t — Stab des Käfigs (369); A_r — Kurzschlußring (370), A_n — Nutfläche (354);
A	Strombelag: A_S, A_R — des Ständers und Läufers (Abb. 4); A_a — einer Nut a (436);
b	Breite: b_S, b_R — der Nutöffnungen des Ständers und Läufers (381, 386); b_z — der Zähne (Engstelle); b_{zB} — der Zähne zwischen den mit Strang B belegten Nuten (351, 410); b_{zR} — der Läuferzähne (414);
B	Flußdichte = Induktion (maximale): B_δ — radiale im Luftspalt (403, Abb. 4, Abb. 5); B_z' — scheinbare Flußdichte in den Zähnen (ohne Entlastung auf Luftwegen) (410, 414); B_j' — scheinbare Flußdichte im Joch (407);
$B_{v'}$	Raumzeiger der v'-ten Induktionswelle (Abb. 7b);
$\widetilde{C}$	Kapazität des Kondensators;
d	Durchmesser: d — Bohrung (381, 382, 386, 403, 483); d_d — Draht (359, 361, 367); d_d' — Draht mit Isolation; d_S, d_R — Nutgrundkreis des Ständers und Läufers (406, 419, Abb. 140b); d_r — mittlerer Ringdurchmesser (370);
f	Frequenz: f — Netzfrequenz; f_R — im Läufer (63); f_{Rm}, f_{Rg} — im Läufer von der Mit- und Gegenkomponente (91, 92);
g	Faktor für magnetische Entlastung auf Luftwegen (Verhältnis der Querschnitte von Luft und Eisen, Abb. 147); g_j — für das Joch (406); g_z — für die Zähne (411, 415);
h	Höhe (radial betrachtete Länge): h_j — Jochhöhe allgemein (348); h_A — Jochhöhe über den mit Strang A belegten Nuten (352, 406); h_{zB} — Länge der Zähne zwischen den mit Strang B belegten Nuten (412); h_{zR} — Länge der Läuferzähne (416);
H	magnetische Feldstärke;
i_k	bezogener Wert des Anzugsstromes (168, Abschnitt 3.5.2, Abschnitt 3.5.6.1, Abb. 85);
$\underset{\sim}{i}_{v'}$	Raumzeiger der Strombelagswelle der Ordnung v' (443): $\underset{\sim}{i}_{v'}^*$ — konjugiert-komplex;
I	Effektivwert eines Wechselstromes: I_S — Ständerstrom (67); I_R — umgerechneter Läuferstrom (66); I_t — Strom in einem Läuferstab (96, 391);
$\underline{I}$	Zeiger eines Wechselstromes (6): $\underline{I}_A$, $\underline{I}_B$, $\underline{I}_C$ — Stränge A, B, C (454); $\underline{I}_S$ — Ständerstrom (65, Abb. 37, Abb. 38a); $\underline{I}_R$ — Läuferstrom, umgerechnet auf den Ständer (65, Abb. 37, Abb. 38); $\underline{I}_k$ — Anzugsstrom des Motors (165); $\underline{I}_{Ak}$ — Anzugsstrom des Stranges A (150); $\underline{I}_\mu$ — Magnetisierungsstrom (65, Abb. 37); $\underline{I}_B'$ — umgerechneter Strom des Hilfsstranges B (122); $\underline{I}_{mA}$, $\underline{I}_{gA}$, $\underline{I}_{mB}'$, $\underline{I}_{gB}'$ — symmetrische Komponenten des Ständerstromsystems (130, 462); $\underline{I}_{mR}$, $\underline{I}_{gR}$ — die

auf den Ständer bezogenen Läuferströme der symmetrischen Komponenten (Abb. 62); $\underline{I}_m, \underline{I}_g, \underline{I}_{mv}, \underline{I}_{gv}$ — Verallgemeinerung der symmetrischen Komponenten für unsymmetrische Wicklungen (274, 275, 328, 329, 456, 457); $\underline{I}^*$ — konjugiert-komplex;

j	$\sqrt{-1}$;
k	Faktor: k_a — Abflachung des Luftspaltfeldes (403, Abb. 144); k_C — Carterscher Faktor (381); k_{Fe} — Eisenfüllfaktor (351, 407); k_{nv} — Vergrößerung der magnetischen Koppelung zwischen Ständer und Läufer (337, 396, 427); $k_{\mu v}$ — Sättigungsfaktor der Hauptreaktanzen (382, für $v = 1$: 421); k_Z — bezogener Wert der Hilfsimpedanz (202); k'_Z — bezogener Wert der umgerechneten Hilfsimpedanz (149, 203)
l	Paketlänge des Ständers und Läufers (Abb. 132a);
L	Induktivität;
m	Strangzahl: m_S — Ständer; m_R — Läufer;
m_A	bezogenes Anzugsmoment (156, 158, 192, 204, 212, Abb. 82, Abb. 85);
M	in dem Motor entwickeltes Drehmoment: M_A — Anzugsmoment (156); M_m, M_g — des mit- und gegenlaufenden Feldes (99, 100, 141, 142, 271, 272); M_{As} — Anzugsmoment bei Symmetrie der Wicklung und Speisung (156);
n	Drehzahl (Drehfrequenz): n — des Läufers (62, 319); n_S — der Arbeitsgrundwelle des Ständerfeldes (61, 99, 100, 141, 142); n_{Sv} — der v-ten Welle des Ständerfeldes (316);
N	Nutenzahl: N_S, N_R — des Ständers und Läufers;
p	Polpaarzahl ($v' = p$);
P	mittlere Wirkleistung (13): P_S — Leistungsaufnahme des Ständers (104, 186, Abb. 64); P_R — auf den Läufer übertragene Leistung (72); P_{Dm}, P_{Dg} — Drehfeldleistung der Mit- und Gegenkomponente (67, 98, 100);
ΔP	Verluste (Verlustleistung);
r	Charakteristik der Ständerwicklung (366, 384, Abb. 139);
r_z	Radius in Abb. 146 (352);
$\dot{r}_{v'}(\alpha)$	Ortsstrahl (18, 442);
R	ohmscher Widerstand: R_S — eines Ständerstranges (Abb. 37); R_A, R_B — der Stränge A und B (367); R_R — auf den Ständer umgerechneter Läuferwiderstand (66, Abb. 37); R'_B — auf den Hauptstrang umgerechneter Widerstand des Hilfsstranges B (124); R_{Rv} — nach der v-ten Raumwelle umgerechneter Läuferwiderstand (371, Abb. 118); R_t — Widerstand eines Läuferstabes (369, 428); R_{rv} — auf einen Stab umgerechneter Widerstand der Kurzschlußringe (370, 428, 477);
ΔR	Unterschied der Widerstände R_A und R'_B (54, 127);
s	Schlupf des Läufers: $s_m = s$ — gegenüber dem mitlaufenden Feld (62, 91, 319); s_g — gegenüber dem gegenlaufenden Feld (92, 319, 472); s_{mv}, s_{gv} — gegenüber den Oberwellen (319, 472);
S	Stromdichte (224, 359, Abschnitt 3.5.6.2, Abschnitt 5.2.2.2);
S_v	$|\dot{S}_v| = z\xi_v$ = effektive Leiterzahl eines Stranges für die Einzelwelle der Ordnung v (oder v') (376): S_A, S_B — des Stranges A und B für die Arbeitsgrundwelle (120, 349, 376);
$\dot{S}_{v'}, \dot{S}_v$	komplexe effektive Leiterzahl eines Stranges für die Raumwelle der Ordnung v' oder v (326, 447, Abschnitt 8.1.3): $\dot{S}_{Av}$, $\dot{S}_{Bv}$ — der Stränge A und B (252, 253, 322); $\dot{S}^*$ — konjugiert-komplex;
t	Zeit;
$\ddot{u}$	Umrechnungsfaktor (Übersetzungsverhältnis der effektiven Leiterzahlen des Hilfsstranges und Hauptstranges für die Arbeitsgrundwelle (120);
U	Effektivwert einer Wechselspannung: U_i — induzierte (innere) Spannung;

$\underline{U}$	Zeiger einer Wechselspannung (4); $\underline{U}_A$, $\underline{U}_B$, $\underline{U}_C$ − der Stränge; $\underline{U}_Z$ − an der Hilfsimpedanz (139); $\underline{U}_{mA}$, $\underline{U}_{gA}$, $\underline{U}'_{mB}$, $\underline{U}'_{gB}$ − Mit- und Gegenkomponenten der Strangspannungen (130);
X	Blindwiderstand (Reaktanz): $X_{\sigma S}$ − Ständerstreuung (Abb. 37); $X_{\sigma A}$ − des Hauptstranges A (Abb. 61); $X_{\sigma R}$ − auf den Ständer umgerechnete Läuferstreuung für die Arbeitsgrundwelle (Abb. 37); $X_{\sigma Rv}$ − umgerechnete Streureaktanz des Läufers für Oberwellenströme (400, Abb. 114); X_h − Hauptreaktanz der Arbeitsgrundwelle (382, Abb. 37); X_{hv} − Hauptreaktanz der Einzelwellen (382, Abb. 118); X_t − Nutstreuung eines Läuferstabes (390, 400, 428, 469); X_{rv} − Streuung der Kurzschlußringe (398); $X'_{\sigma B}$ − auf den Hauptstrang umgerechnete Streuung des Hilfsstranges (125);
ΔX_σ	Unterschied der Reaktanzen $X_{\sigma A}$ und $X'_{\sigma B}$ (128);
z	Leiterzahl: z_a, z_b, z_c, ... − in Nuten (444); z_A, z_B, z_C, ... − der Stränge (445); z_S, z_R − der Ständer und Läuferstränge einer symmetrischen Wicklung;
$\underline{Z}$	komplexer Widerstand (Impedanz): $\underline{Z}_m$, $\underline{Z}_g$ − Mit- und Gegenimpedanz (28, 30, 130, Abb. 61); $\underline{Z}_H$ − Hilfsimpedanz (123, Abb. 67a); $\underline{Z}_H$ − Hilfsimpedanz des Kondensatormotors $= 1/(j\omega C)$; $\underline{Z}'_H$ − umgerechnete Hilfsimpedanz (123); $\underline{Z}''_H$ − Hilfsimpedanz $\underline{Z}'_H$ mit einbezogenen Differenzen ΔR und ΔX_σ (129, Abb. 67b); $\underline{Z}_{Ak}$ − Impedanz des Stranges A bei Stillstand (144); $\underline{Z}'_m$, $\underline{Z}'_g$ − auf einen Ständerleiter bezogene Mit- und Gegenimpedanz nach Abb. 98; $\underline{Z}_{\sigma A}$ (Abb. 63);
α	Polarkoordinate: α_A, α_B − der Stränge A, B (Abb. 97);
α_s	räumlicher Schrägungswinkel (Abb. 132a);
γ	elektrische Leitfähigkeit: γ' − Leitfähigkeit in Sm/mm^2 (364, 365);
γ	$(\varphi_k - \varphi_Z)$ (155, 190, 210);
δ	geometrische Luftspaltbreite;
δ_v	Verlustwinkel des Kondensators (59, 206);
Δ	Raumwinkel (Abb. 153);
Δ	ein Zeichen für Differenzen (siehe ΔP, ΔR, ΔX_σ, $\Delta\varphi$);
ε	Abweichung der geschrägten Nuten von der Achsrichtung (368, 390, 399, Abb. 132a);
λ_S, λ_R	geometrischer Leitwert der Ständer und Läufernut (385, 384, 390);
μ_0	Permeabilität des leeren Raumes $= 4\pi \cdot 10^{-7}$ H/m;
μ, μ'	Ordnungszahlen der Läufereinzelwellen: μ − bezogen auf die Arbeitsgrundwelle; μ' − bezogen auf ein zweipoliges Grundfeld;
v, v'	Ordnungszahlen der räumlichen Einzelwellen: v − bezogen auf die Arbeitsgrundwelle (316, 431); v' − bezogen auf ein zweipoliges Grundfeld ($v' = vp$) (16, 442); (Bemerkung: Als Index kommen beide Symbole v oder v' vor, je nachdem, welche Art dieser Ordnungszahl auch in der Formel verwendet wird);
$\xi = \lvert \underline{\xi} \rvert$	Wicklungsfaktor (377, Abschnitt 8.1.3): ξ − für die Arbeitsgrundwelle ($v' = p$) (388); ξ_A, ξ_B − der Stränge A und B (120, 252, 253, 282); ξ_v − eines beliebigen Stranges für die Welle der Ordnung v (377);
$\underline{\xi}$	komplexer Wicklungsfaktor (446, Abschnitt 8.1.3);
ρ_v	Umrechnungsfaktor für Läufergrößen (379);
$\underline{\rho}_v$	komplexer Umrechnungsfaktor, der den komplexen Schrägungsfaktor $\underline{\chi}_v$ enthält (400);
ρ_q	spezifischer Querwiderstand [mΩcm^2] (468, Abschnitt 4.7.3);
$\sigma_{0\chi}$	Faktor der Oberwellen- und Schrägungsstreuung des Läufers (394, 467): $\underline{\sigma}_{0\chi}$ − als komplexe Größe, wenn Querströme berücksichtigt werden (396);
$\underline{\sigma}$	komplexer Faktor (73, Abb. 40);
φ	Phasenverschiebung zwischen Strom und Spannung: φ_k − des Stranges A bei Stillstand (148, 155); φ'_k − korrigierter Phasenwinkel φ_k (190, 193, 206, 210);

Φ magnetischer Fluß (Maximalwert);

χ_ν Schrägungsfaktor des Läufers für die Welle der Ordnung ν (344, 378); ohne Index für die Arbeitsgrundwelle;

$\dot{\chi}_{\nu'}, \dot{\chi}_\nu$ komplexer Schrägungsfaktor für die Raumwelle der Ordnung ν' oder ν (479, 428, 396, Abschnitt 4.7.4);

ω Kreisfrequenz des Ständerstromes;

ω Winkelgeschwindigkeit: ω_S — des Kreisfeldes (Grundwelle).

Computergesteuerter Fotosatz und Umbruch: Dipl.-Ing. Schwarz' Erben KG, A-3910 Zwettl, NÖ. —
Reproduktion und Offsetdruck: Novographic, Ing. Wolfgang Schmid, A-1230 Wien.

Stromrichtergespeiste Drehfeldmaschinen

Von Univ.-Prof. Dr. **Hans Kleinrath,**
Vorstand des Instituts für Elektrische Maschinen,
Technische Universität Wien

1980. 140 Abbildungen. XVIII, 278 Seiten.
Gebunden DM 138,– S 986,–
ISBN 3-211-81565-1

Preisänderungen vorbehalten

Aus den Besprechungen:

„In diesem Buch behandelt der Verfasser mehrphasige Asynchron- und Synchronmaschinen, die über Stromrichter mit Spannungen und Strömen veränderlicher Frequenz gespeist werden. Der Schwerpunkt liegt klar bei den elektrischen Maschinen. Deren Darstellung ist jedoch auf Schaffung möglichst vieler Querverbindungen zu den Nachbargebieten ausgerichtet. Aus diesem Grund steht auch nicht Bau und Konstruktion der Maschinen im Vordergrund, sondern die Theorie ihres Betriebsverhaltens und Zusammenspiel mit Stromrichtern.
Der Inhalt des Buches ist nach Maschinentypen gegliedert, mit einer Unterteilung nach der Zusammenschaltung mit den verschiedenen Stromrichtertypen. Die Zusammenfassung aller Aussagen über typische Maschinen-Stromrichter-Kombinationen in einem der Hauptabschnitte macht dem Leser ein gezieltes Studium genau jenes Kapitels rasch zugänglich, für das er sich gerade interessiert.
Das Buch ist wohl in erster Linie für Studenten und junge Absolventen technischer Universitäten und Höherer Technischer Lehranstalten gedacht, wird aber sicherlich auch dem in der Praxis Stehenden wertvolle Hilfe sein."

ÖZE Österreichische Zeitschrift für Elektrizitätswirtschaft

Springer-Verlag Wien New York

Leistungselektronik
Bauelemente, Leistungskreise, Steuerungskreise, Beeinflussungen

Von Univ.-Prof. Dipl.-Ing. Dr. **Franz Zach,**
Technische Universität Wien

1979. 373 Abbildungen. 1 Ausschlagtafel. XXII, 640 Seiten.
Gebunden DM 198,—, S 1420,—
ISBN 3-211-81503-1

Preisänderungen vorbehalten

Aus den Besprechungen:

„ . . . Das Buch gibt eine hervorragende Einführung in dieses Gebiet. Der praxiserfahrene Autor geht zunächst auf die mathematischen und elektrotechnischen Grundlagen ein, um dann mit großer Ausführlichkeit die Bauelemente und die Schaltungstechnik der Leistungselektronik zu beschreiben. Wer eine derartige Anlage konzipieren will, der findet hier die Informationen, die er braucht. Mit diesem Band liegt ein Standardwerk vor, das seinesgleichen sucht."

Elektronik

„Das Buch kann als Standardwerk auf dem Gebiet der Leistungselektronik bezeichnet werden . . . Es eignet sich zum Studium und für den in der Praxis oder Forschung tätigen Ingenieur, der sich mit der Realisierung von Anlagen der Leistungselektronik befaßt."

Bulletin SEV

Springer-Verlag Wien New York

MIX
Papier aus verantwortungsvollen Quellen
Paper from responsible sources
FSC® C105338
FSC
www.fsc.org